Leitfäden der Informatik

Ludger Humbert

Didaktik der Informatik

Leitfäden der Informatik

Herausgegeben von

Prof. Dr. Bernd Becker
Prof. Dr. Friedemann Mattern
Prof. Dr. Heinrich Müller
Prof. Dr. Wilhelm Schäfer
Prof. Dr. Dorothea Wagner
Prof. Dr. Ingo Wegener

Die Leitfäden der Informatik behandeln

■ Themen aus der Theoretischen, Praktischen und Technischen Informatik entsprechend dem aktuellen Stand der Wissenschaft in einer systematischen und fundierten Darstellung des jeweiligen Gebietes.

■ Methoden und Ergebnisse der Informatik, aufgearbeitet und dargestellt aus Sicht der Anwendungen in einer für Anwender verständlichen, exakten und präzisen Form.

Die Bände der Reihe wenden sich zum einen als Grundlage und Ergänzung zu Vorlesungen der Informatik an Studierende und Lehrende in Informatik-Studiengängen an Hochschulen, zum anderen an „Praktiker", die sich einen Überblick über die Anwendung der Informatik (-Methoden) verschaffen wollen; sie dienen aber auch in Wirtschaft, Industrie und Verwaltung tätigen Informatikerinnen und Informatiker zur Fortbildung in praxisrelevanten Fragestellungen ihres Faches.

Ludger Humbert

Didaktik der Informatik

mit praxiserprobtem Unterrichtsmaterial

2., überarbeitete und erweiterte Auflage

Teubner

Bibliografische Information der Deutschen Bibliothek
Die Deutsche Bibliothek verzeichnet diese Publikation in der Deutschen Nationalbibliografie;
detaillierte bibliografische Daten sind im Internet über <http://dnb.ddb.de> abrufbar.

Dr. rer. nat. Ludger Humbert
1976 Informatiker (grad.), Universität Paderborn. Erstes Staatsexamen Lehramt Informatik und
Mathematik, Universität Paderborn 1983. Zweites Staatsexamen Studienseminar Hagen 1986. Informatiklehrer in Dortmund, Hagen und Bergkamen, ab 1997 darüber hinaus Fachleiter Informatik (GE,
GY) Studienseminar Hamm.
1998-2004 Abordnung mit halber Stelle, Fachbereich Informatik, Universität Dortmund. 2003 Promo-
tion zum Dr. rer. nat., Universität Siegen.

1. Auflage 2005
2., überarbeitete und erweiterte Auflage August 2006

Alle Rechte vorbehalten
© B.G. Teubner Verlag / GWV Fachverlage GmbH, Wiesbaden 2006

Lektorat: Ulrich Sandten / Kerstin Hoffmann

Der B.G. Teubner Verlag ist ein Unternehmen von Springer Science+Business Media.
www.teubner.de

Umschlaggestaltung: Ulrike Weigel, www.CorporateDesignGroup.de
Druck und buchbinderische Verarbeitung: Strauss Offsetdruck, Mörlenbach
Gedruckt auf säurefreiem und chlorfrei gebleichtem Papier.
Printed in Germany

ISBN-10 3-8351-0112-9
ISBN-13 978-3-8351-0112-8

Vorwort zur zweiten Auflage

Die zunehmende gesellschaftliche Forderung nach der Einbeziehung Informatischer Bildung (wird als Bezeichnung verwendet) in die allgemeine Bildung bedarf der grundständigen Qualifikation von Lehrerinnen und Lehrern. Im Informatikjahr 2006 ist es mir eine besondere Freude, dieses Lehrbuch in der zweiten Auflage vorlegen zu dürfen. Die im vorliegenden Buch dargestellten Ergebnisse und Erfahrungen speisen sich aus

- einer Ausbildung zum Informatiker und Informatiklehrer,

- einigen Jahren eigener Tätigkeit als überzeugter Informatiklehrer und damit aus vielen Erfahrungen mit Schülerinnen und Schülern,

- einigen Jahren in der universitären Lehrerbildung und damit Erfahrungen mit Studierenden, die sich auf den Weg begeben, den Beruf der Informatiklehrerin oder des Informatiklehrers anzustreben,

- einigen Jahren in der zweiten Phase der Lehrerbildung und damit vielen aktiven Beobachtungen der Mühen und des Arbeitsaufwandes, der nötig ist, um Informatikunterricht gut vorzubereiten und schülerorientiert umzusetzen,

- ungezählten Zusammenkünften, Diskussionen und produktiven Gesprächen mit Kolleginnen und Kollegen, mit denen ich um den *richtigen* Weg gerungen habe.

All jenen zu danken, all ihnen Mut zu machen, all ihnen Erfolg zu wünschen und vielen zukünftig eine Möglichkeit zu geben, von den Erfahrungen derjenigen zu profitieren, die vordem diese Schritte erfolgreich bewältigt haben, ist mein größter Wunsch. Ich glaube daran, dass wir dem gemeinsamen Ziel, durch einen guten Informatikunterricht für alle Schülerinnen zur allseitigen Bildung und zu einem Leben in Selbstbestimmung beizutragen, näherkommen werden. Allen, die mir Unterstützung und Hilfe gegeben haben, die mir Mut gemacht haben, wenn ich gezweifelt habe, möchte ich auf diesem Weg ganz herzlich meinen Dank aussprechen.

Die breite Akzeptanz, viele ermunternde und kritisch-konstruktive Anmerkungen bestätigen, dass dieses Lehrbuch eine Brücke zwischen fachwissenschaftlichen Ergebnissen und der verantwortlichen Gestaltung Informatischer Bildung zur Unterstützung des Qualifizierungsprozesses darstellt. Die Anfragen bestätigen die grundlegende Struktur, häufig wird gewünscht, dass dieses Buch erheblich erweitert werden sollte. Dieser Anforderung kann in dieser Auflage nicht entsprochen werden. Die Änderungen gegenüber der ersten Auflage bestehen im Wesentlichen darin, dass erkannte Fehler beseitigt und einige Stellen aktualisiert wurden.

Ohne die Arbeit vieler Informatikerinnen und Informatiker, die freie Werkzeuge entwickeln, den Einsatz dieser Werkzeuge in ihren freien Zeit kompetent begleiten und unterstützen, wäre die Erstellung des vorliegenden Buchs nicht möglich gewesen.

Hagen-Haspe, im Juni 2006   *Ludger Humbert*

Vorwort zur ersten Auflage

Informatik hat alle Bereiche der Gesellschaft durchdrungen. Fragen der allgemeinen Bildung können nicht mehr ohne Berücksichtigung der Informatik beantwortet werden. 30 Jahre nach der Einführung des Schulfachs Informatik in der gymnasialen Oberstufe zeichnet sich ab, dass Schüler nicht unvorbereitet zukunftsentscheidenden Technologien ausgesetzt werden sollten. Alle Schüler sind informatisch zu bilden. Dazu müssen Lehrkräfte für den Unterricht im Schulfach Informatik qualifiziert sein.

Die Lehrerbildung umfasst in der Bundesrepublik Deutschland zwei Phasen. Das Ziel der ersten – universitären – Phase besteht in einer umfassenden, wissenschaftlich orientierten Vorbereitung auf den Beruf als Lehrkraft. Die zweite Phase wird in staatlichen Studienseminaren mit einem hohen schulpraktischen Anteil absolviert und führt über die theoriegeleitete, reflektierte Schulpraxis zur zweiten Staatsprüfung. Die institutionellen Grundlagen für diese zwei Phasen der Lehrerbildung für das Schulfach Informatik sind in der Bundesrepublik Deutschland vorhanden: *Didaktik der Informatik* ist an einigen Hochschulen als Fachgebiet der Informatik etabliert und in allen Bundesländern der Bundesrepublik Deutschland existieren die Voraussetzungen für die Durchführung der zweiten Phase an Studienseminaren.

Aktuelle Forschungsergebnisse der *Didaktik der Informatik* liefern notwendige Basiselemente für eine umfassende Informatische Bildung von Lehrkräften. Es besteht jedoch ein Mangel an Lehrwerken, die das Fachgebiet in einer für die Qualifikation von Lehrkräften notwendigen Klarheit und Verdichtung – unter Berücksichtigung aktueller Quellen – differenziert darstellen. Das vorliegende Lehrbuch wurde in der Absicht zusammengestellt, diesem Mangel abzuhelfen, indem es praxiserprobte Materialien aus der Lehrerbildung für das Schulfach Informatik allen Interessierten zur Verfügung stellt.

Das Lehrwerk ist für fachdidaktische Veranstaltungen aller Lehramtsstudiengänge Informatik und als Begleitwerk zur zweiten Phase der Lehrerbildung geeignet. Die Inhalte wurden im Rahmen der Vorlesungen, Übungen (Teile 1, 2 und 3 – jeweils zwei SWS Vorlesung und Übung), Seminare, Praktika und Projektarbeiten zur Didaktik der Informatik der Universität Dortmund und an den Studienseminaren für Lehrämter in Hamm und Arnsberg entwickelt und erprobt. Einige konzeptionelle Elemente wurden darüber hinaus für die dritte Phase (Lehrerfortbildung) vorbereitet.

In diesem Lehrbuch wird für geschlechtsspezifische Bezeichnungen das generische Femininum gewählt. Männer mögen sich nicht ausgeschlossen fühlen.

> Weiterführende Angaben, Überlegungen zur Vertiefung, die für das Verständnis nicht unbedingt notwendig sind, werden in diesem Lehrbuch wie in diesem Absatz gesetzt. Das Lehrbuch enthält eine sehr umfassende Bibliographie und ein ausführliches Stichwortverzeichnis. Diese Eigenschaften illustrieren, wie sehr sich das Fachgebiet *Didaktik der Informatik* entwickelt. Die Leserin wird ermutigt, diesen reichhaltigen Fundus zu nutzen.

Hagen-Haspe, im August 2005   *Ludger Humbert*

Inhaltsverzeichnis

Und dann erklärte er es ihr, und sie
verstand. Das Wissen brach mit der
Wucht und der Gleichgültigkeit eines
Gletschers über sie herein, sie würde
es nie wieder vergesssen.

[Reynolds 2001, S. 341]

1 Einführung

Grundlegende Begriffe der *Didaktik der Informatik* werden geklärt. Ausgewählte wissenschaftstheoretische Sichten werden vorgestellt, um Bezüge zwischen allgemeiner Didaktik, der Wissenschaft Informatik und der *Didaktik der Informatik* herzustellen.

Nach dem Durcharbeiten dieses Kapitels charakterisieren Sie verschiedene wissenschaftlichen Arbeitsweisen und schätzen die Auswirkungen auf unterschiedliche Theoriebildung an Hand konkreter Beispiele ab.

Die Gliederung der Schulbildung in Schulfächer hat zu unterschiedlichen, pragmatisch orientierten Fachdidaktiken geführt. Diese richten ihre Anstrengungen darauf, zentrale Inhalte und Methoden der Bezugswissenschaften zu identifizieren und bezogen auf Bildungsprozesse so zu strukturieren, dass sie Eingang in die allgemeine und die berufliche Bildung finden.

Fachdidaktiken der etablierten Schulfächer weisen häufig eine große Kontinuität bezüglich ihrer Forschungen auf und sind an der unterrichtlichen Praxis orientiert. Damit können Fachdidaktiken wichtige Impulse schnell auf die konkrete unterrichtliche Praxis beziehen. Diese Orientierung macht die Ergebnisse der fachdidaktischen Forschung für Studierende und Lehrende gleichermaßen attraktiv. Unabhängig von aktuellen Schlagworten kann mit den Mitteln der *Didaktik der Informatik* Unterricht der Analyse und Reflexion zugänglich gemacht werden. Fachbezogene Fragen sind integraler Bestandteil fachdidaktischer Überlegungen. Der *Didaktik der Informatik* fällt die Aufgabe zu, konkrete Vorschläge zur Umsetzung »fachlicher Erkenntnisse« für das Unterrichtsfach zu entwickeln und bezüglich ihrer Umsetzbarkeit zu evaluieren. Ebenso finden Impulse aus der allgemeinen pädagogischen Diskussion Eingang in die fachdidaktische Arbeit.

In diesem Lehrbuch werden Grundlagen und Ergebnisse der *Didaktik der Informatik* auf die allgemeine Bildung bezogen. Informatik wurde als allgemeinbildendes Schulfach bisher nur in wenigen Bundesländern eingeführt. Es kann auf Forschungsergebnisse für das Schulfach Informatik für den allgemeinbildenden Teil der Sekundarstufe II und für die berufliche Bildung zurückgegriffen werden. Seit 1969 wird das Schulfach Informatik an bundesdeutschen Schulen kontinuierlich unterrichtet. In diesem Lehrbuch kann nicht auf eine Diskussion um die allgemeine Bildung verzichtet werden, da jede Fachdidaktik sich dieser Problematik immer wieder neu zu stellen hat. Überlegungen zur allgemeinen Bildung können nicht »ein für alle Mal« abschließend geklärt werden. Antworten auf Fragen der Informatischen Bildung sind bis in den konkreten Unterricht hinein gestaltungsleitend und eröffnen die Möglichkeit, Schülerinnen auf heute noch unbekannte Anforderungen der zukünftigen Gesellschaft vorzubereiten.

Neben fachlichen Anforderungen erfahren die Grundfragen der *Didaktik der Informatik* eine differenzierte Darstellung. Dies betrifft die wissenschaftstheoretische Einordnung, aber auch die Darstellung wichtiger Impulse aus der Pädagogik. Dabei stellt sich das methodische Problem der Verschränkung unterschiedlicher wissenschaftlicher Arbeitsweisen. In diesem Lehrbuch wird Gebrauch von einer in den Naturwissenschaften verbreiteten Technik gemacht: zentrale Begriffe werden in Form von Definitionen oder Erklärungen dargestellt. Dieses Vorgehen kann und soll nicht darüber hinwegtäuschen, dass die ausgewählten Definitionen nicht den Grad an Exaktheit erreichen, der in den Naturwissenschaften als Standard angesehen wird.

Es werden Elemente diskutiert, die sich aus der Anwendung informatischer Methoden im Feld fachdidaktischer Forschung als erfolgversprechend herauskristallisieren. Damit sollen Impulse für die Lehrenden gegeben werden, die auf einer fachlich ausgewiesenen Basis ihre Unterrichtsgestaltung und -reflexion um neue, zukunftsweisende Elemente ergänzen möchten. Dies wird durch einen Blick auf die forschende Lehrerin ergänzt, so dass die Untersuchung der eigenen Arbeit auf einer wissenschaftlich soliden Basis möglich wird.

Das Lehrbuch enthält ausgewählte Aufgaben aus der Praxis der Lehrerbildung Informatik. Diese Aufgaben wurden in mehreren Stufen evaluiert.

Erwartungen an die Didaktik der Informatik

Damit deutlich wird, welche Erwartungen an die *Didaktik der Informatik* herangetragen werden, sind im Folgenden ausgewählte Fragen und Anforderungen wiedergegeben.

(1) Gehört Informatik zu den Kulturtechniken? Sollen Fragestellungen aus der Informatik in der Grundschule – oder gar im Kindergarten – thematisiert werden?

(2) Welche Inhalte und Methoden der Informatik sind allgemeinbildend?

(3) Welche Entwicklungsumgebung (für Software) soll im Unterricht in der Jahrgangsstufe 6 in der Hauptschule eingesetzt werden?

(4) Kann mit Standardanwendungen »richtiger« Informatikunterricht geplant und durchgeführt werden?

(5) Die Fachdidaktik Informatik kann nicht nur auf die Schule bezogen dargestellt werden. Es gibt auch Fragen, die sich in der Fort- und Weiterbildung und im tertiären Bildungsbereich stellen. Werden diese Fragen hier ausgespart?

(6) Wie können abstrakte Fachinhalte so aufbereitet werden, dass sie transparenter dargestellt werden?

(7) Es liegt ein konkreter fachlicher Inhalt vor. Wie kann dieser Inhalt möglichst effizient vermittelt werden?

Es ist klar, dass der so genannte »Nürnberger Trichter« nicht funktioniert. Dennoch wird es sicherlich Methoden und Mechanismen geben, wie gegebene Inhalte so »vermittelt« werden können, dass eine nachhaltige Wirkung erzielt wird.

(8) Bei Vorträgen geschieht es manchmal, dass ein Teil der Zuhörerschaft nach einer bestimmten Zeit nicht mehr »wirklich« zuhört, sondern sich mit anderen Dingen beschäftigen. Wie können Vorträge so gestaltet werden, dass die Zuhörerschaft besser motiviert ist, den Ausführungen zu folgen?

(9) Es gibt verschiedene Modalitäten in der Wahrnehmung von Inhalten. Wie können Rezipienten so unterstützt werden, dass eine möglichst große Bandbreite dieser Eingangskanäle »bedient« wird?

Bild 1.1: Fragen an die Fachdidaktik Informatik

Den Fragen (1), (2), (4) und (6) wird – im Kontext der Fachdidaktik – Beachtung geschenkt. Bezüglich der Fragen (3), (7) und (8) werden exemplarisch Ergebnisse vorgestellt. Da die *Didaktik der Informatik* zur Zeit bzgl. der Hochschuldidaktik nur allein stehende Ergebnisse vorweisen kann, wird (5) sehr knapp thematisiert. Die durch (9) implizierten Elemente werden in diesem Lehrbuch nicht bearbeitet. Dazu sei auf grundlegende Werke der kognitiven Psychologie verwiesen, die Fragen der Wahrnehmung vertiefend darstellen (exemplarisch [Anderson 2001]). Fragestellungen der kognitiven Psychologie sind nicht nur für Lehrerinnen, sondern darüber hinaus auch für jede Informatikerin bedeutsam, die sich mit der Gestaltung von Informatiksystemen an der Schnittstelle zum Menschen beschäftigt. Sie können allerdings nicht in Rahmen eines Lehrbuchs zur Didaktik »nebenbei« geklärt werden.

Ohne Bezug auf eine »Theorie des Lernens« können keine Aussagen zur Gestaltung konkreter Lehrkonzepte entwickelt werden. In dem vorliegenden Lehrbuch werden Ergebnisse verschiedener Lerntheorien auf die Schulinformatik bezogen. Es werden Möglichkeiten zur Gestaltung von Lehrprozessen im Schulfach Informatik aufgewiesen.

1.1 Didaktik – Begriffsklärung

In einer kurzen Übersicht wird begründet, wie »Didaktik« als Begriff geklärt werden kann, um die Zielorientierung, die durch den Titel des Lehrwerks vorgezeichnet wird, begrifflich vorzubereiten und gegenüber konkurrierenden Interpretationsmöglichkeiten abzugrenzen. Über die pädagogische Diskussion wird der Begriff »Methode« in Abgrenzung und Differenzierung von »Didaktik« erklärt.

Der Begriff Didaktik wird seit dem 17. Jahrhundert im pädagogischen Sinn im deutschen Sprachraum verwendet.[1] COMENIUS füllt mit der »Didactica Magna« [Comenius 1657] (Titelblatt siehe Anhang A.1) den Begriff inhaltlich und legt damit die Grundlage für einen gestuften Aufbau des Unterrichtsprozesses. Für den Versuch einer Definition von »Didaktik« sind diverse Quellen heranzuziehen. So wird ausgehend von allgemeinen pädagogischen Konzepten, deren Denktradition bis ins Altertum zurück reichen, häufig ein hermeneutisches Wissenschaftsverständnis zu Grunde gelegt. Ausgehend von der

---

1 RATKE (1571–1635) und COMENIUS (1592–1670) benutzen den Begriff in ihren Veröffentlichungen.

Feststellung, dass Beobachterinnen unterrichtliches Geschehen als hochgradig komplex erfahren, wird hier – in Anlehnung an [Bovet und Huwendiek 1994, S. 91-113] – definiert:

Definition 1.1:   Didaktik als Wissenschaft

Didaktik als Unterrichtswissenschaft ist der Versuch – über subjektive Theorie-bildung hinaus – auf verschiedenen Ebenen mit unterschiedlicher Praxisnähe die Komplexität gestaltend zu reduzieren und damit unterrichtliches Handeln rational planbar und kontrollierbar zu machen. Dabei sind die Kriterien der Gestaltung vom jeweiligen Standpunkt des Beobachters abhängig.

Zum Begriff (etymologisch):

$\delta\iota\delta\alpha\kappa\tau\epsilon\iota\nu$ (didáskein)   »lehren«, »unterrichten« oder »belehrt«

$\tau\epsilon\chi\nu\eta$ (téchne)   »Technik«

Die Zielsetzung der Didaktik wird häufig auf die Frage »Was soll gelehrt werden?« ver-kürzt. Die Frage nach den Zielen kann nur durch ein intensives Studium der Bezüge in den Dimensionen *Ziele*, *Bildung*, *Themen* und *Inhalte* beantwortet werden. Neben dem Begriff Didaktik findet sich der Begriff Unterrichtsmethode, der die – ebenfalls verkürz-te – Frage »Wie soll gelehrt werden?« beantworten soll. Damit soll es möglich werden, die Organisation des Lernens, die Unterrichtsverfahren und die Medien in geeigneter Weise auszuwählen und einzusetzen.

Erklärung 1.1:   Unterrichtsmethodik – Methodik

Unterrichtsmethodik bezieht sich auf die konkrete Planung und Durchführung des Unterrichts. Sie ermöglicht die Inszenierung des Unterrichts durch die ziel-gerichtete Organisation der Arbeit, durch soziale Interaktion und sinnstiftende Verständigung mit den Schülerinnen. Handlungskompetenzen der Lehrerinnen[2] im Feld der Unterrichtsmethoden bezeichnen die Fähigkeit, in Unterrichtssitua-tionen Lernprozesse für die Schülerinnen auf dem Hintergrund der Rahmenbe-dingungen zu organisieren.

Zum Begriff (etymologisch):

$\mu\acute{\epsilon}\vartheta o\delta o\varsigma$ (méthodos)   »Weg nach ...«

$\mu\epsilon\vartheta o\delta\epsilon\acute{\iota}\alpha$ (methodeía)   »List«, »Trug«

Im Kontext fachdidaktischer Fragestellungen wird der Begriff »Methode« in erster Linie auf den Unterricht bezogen und bezeichnet dort die Frage der »Unterrichtsmethode«.

Der Begriff »Methode« umfasst eine weitere Dimension. Jede Wissenschaft verfügt über ein Repertoire an anerkannten wissenschaftlichen Methoden. Für konkrete Forschungsvorhaben werden die Methoden ausgewählt, die der Fragestellung und dem Gegenstand angemessen erscheinen.

---

2 In diesem Buch wird der Kompetenzbegriff in der Erklärung 4.2 (Seite 66) näher erläutert. Lehrer-kompetenz(en) werden darüber hinaus in der Erklärung 10.2 (Seite 191) differenziert dargestellt.

Um die beiden oben genannten Fragedimensionen anzureichern, formulieren [Jank und Meyer 2002, S. 16] die Aufgabe der Didaktik in der Beantwortung der Frage[n] »Wer, was, von wem, wann, mit wem, wo, wie, womit und wozu soll gelernt werden?«

1.2 Informatiksystem – Paradigma

In den letzten Jahren wurde in der Informatik Einigkeit darüber erzielt, dass Begriffe wie »Computer«, »Personal Computer (PC)« oder »Rechner« nur unzureichend die »neue« Qualität der hinter dieser Technik stehenden Wissenschaft verdeutlichen. Statt dessen wird der Begriff »Informatiksystem« benutzt. In Anlehnung an [Claus und Schwill 2006, S. 314 – Stichwort: Informatiksystem] und [Weicker 2003, Folie 35] definieren wir:

Definition 1.2: Informatiksystem
Ein Informatiksystem ist eine Einheit von Hard-, Software und Netzen einschließlich aller durch sie intendierten oder verursachten Gestaltungs- und Qualifizierungsprozesse bezüglich der Arbeit und Organisation.

Definition 1.3: Paradigma
Allgemein anerkannte wissenschaftliche Leistungen, die für eine gewisse Zeit einer Gemeinschaft von Fachleuten maßgebliche Probleme und Lösungen liefern, werden als Paradigma bezeichnet (nach [Kuhn 1969, S. 10] – siehe Aufgabe 1.2)

Zum Begriff (etymologisch):
$\pi\alpha\rho\alpha\delta\epsilon\iota\gamma\mu\alpha$ (paradeigma)   »Musterbeispiel«

Die Durchsetzung neuer Paradigmen wird in [Kuhn 1969] an Hand konkreter Beispiele dokumentiert. Im Ergebnis wird die These aufgestellt, dass die Durchsetzung eines neuen Paradigmas zeitlich »eine Forschergeneration« in Anspruch nimmt.

Erklärung 1.2: Paradigmenwechsel
Die fundamentale Neuorientierung eines fachlichen Zugangs wird als Paradigmenwechsel bezeichnet.

Die Aspekte *objektorientierte Modellierung* und *verteilte, vernetzte Systeme* stellen eine Umorientierung des informatischen Wissenschaftsverständnisses dar, die auch als »Paradigmenwechsel« bezeichnet wird. Dieser konstatierte Paradigmenwechsel der Informatik führte unter anderem zu einer Neuorientierung der Ansätze der *Didaktik der Informatik*.

1.3 Bearbeitungsreihenfolge der Kapitel

Um einen zielgruppenorientierten Zugang zu den Inhalten des vorliegenden Lehrbuchs zu verdeutlichen, werden in Bild 1.2 Pfade vorgeschlagen, die eine Bearbeitungsfolge für einzelne Kapitel angeben. In diesem Lehrwerk wird parallel zur Darstellung des sachlogischen Aufbaus der *Didaktik der Informatik* als durchgängiges Beispiel zur Illustration

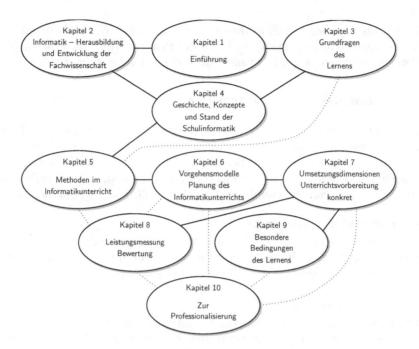

Bild 1.2: Durchgänge durch das Buch

und zur Bearbeitung verschiedener Fassetten immer wieder der **Login-Vorgang** herangezogen.

Login-Vorgang

> Sobald ein Informatiksystem genutzt werden soll, muss sich die Benutzerin – sei es eine
> Schülerin oder eine Lehrerin – gegenüber dem System authentifizieren. Dieser Vorgang
> berührt viele Dimensionen der inhaltlichen Auseinandersetzung mit Informatiksyste-
> men. In dem vorliegenden Lehrwerk wird dieser Vorgang immer wieder zum Anlass
> genommen, um von den vorgestellten Elementen den Bezug auf eine konkrete Problem-
> stellung darzustellen.

Das Beispiel mutet von der Problemsituation zunächst einmal für Informatikerinnen recht
einfach an. Dennoch eignet es sich, um die verschiedenen Dimensionen fachdidaktischer
Argumentationen zu verdeutlichen. Hinweise zu diesem Beispiel finden sich in den Aufgabenstellungen, ihren Lösungen und in den vertiefenden Anmerkungen.

1.4   Aufgaben – Lösungen

Aufgabe 1.1:   Didaktik – Begriffsklärung

Klären Sie den Begriff Didaktik. Grenzen Sie ihn von dem Begriff Unterrichtsmethode,
-methodik ab.

Aufgabe 1.2:   Paradigmen[-wechsel] in der Informatik

KUHN hat 1962 den Wechsel von Paradigmen in verschiedenen Wissenschaften untersucht. Im Kontext der Informatik werden die Begriffe Paradigma und Paradigmenwechsel ebenfalls benutzt. Geben Sie Beispiele für diese Paradigmen[-wechsel] an. Welcher dieser Paradigmen[-wechsel] erfüllt die mit der Definition 1.3 und der Erklärung 1.2 angegebenen Bedingungen? Begründen Sie Ihre Entscheidung.

Aufgabe 1.3:   Forschungsbeiträge

Recherchieren Sie aktuelle Forschungsbeiträge zur *Didaktik der Informatik*, die sich mit wissenschaftstheoretischen Fragestellungen auseinander setzen.

Aufgabe 1.4:   Login-Vorgang

Geben Sie an, welche Dimensionen der Definition 1.2 ein Login-Vorgang tangiert. Präzisieren Sie Problemstellungen, unter denen dieser Vorgang betrachtet werden kann.

Lösung 1.1:   Didaktik – Begriffsklärung

Es existiert eine große Zahl von Definitionsversuchen für »Didaktik«. Im Laufe der Zeit wurden mit Hilfe der Definitionen verschiedene Schwerpunkte gesetzt, die dem Ziel verpflichtet sind, eine theoriegeleitete, konstruktive Leistung zu erbringen, die dem Lehren und Lernen dienlich ist. Ausgangspunkt der Überlegungen ist der Versuch, die hochkomplexe Praxis des Unterrichts in geeigneter Weise so zu strukturieren, dass eine Planung und Reflexion ermöglicht wird, die als sinnvoll erachtete Ziele in Betracht zieht und die Auswahl von Mitteln zur Erreichung der Ziele unterstützt.

Die Basis der jeweiligen Definitionsvorschläge können auf zwei Ausgangsüberlegungen zurückgeführt werden: a) wissenschaftstheoretisch b) lerntheoretisch. Das Scheitern einiger dieser Versuche ist darin begründet, dass wesentliche – dynamische Aspekte – nicht sorgfältig berücksichtigt wurden und statische Modelle präsentiert wurden.

Damit gelangen wir direkt zum zweiten Aspekt der Aufgabenstellung, der Abgrenzung gegenüber der Methodik. An dem konkreten Unterrichtsplanungsprozess orientieren methodische Fragen auf die Interdependenz zwischen Inhalten und unterrichtliche Varianten der Erarbeitung bezogen auf die Gestaltung der Lehrprozesse.

Diese Fragen dürfen nicht auf die einfache Formel: Didaktik – klärt die Frage nach dem »Was«, Methode – klärt die Frage nach dem »Wie« reduziert werden. [...]

Lösung 1.2:   Paradigmen[-wechsel] in der Informatik

Beispiele lassen sich in großer Zahl finden.

Das neue Paradigma

1. »Network Computing«

2. »generative Programmierung«

Gehen wir davon aus, dass ein Paradigma in einem Gegenstandsbereich die »vorherrschende Weltsicht« darstellt, so kann für 1 zur Zeit noch nicht entschieden werden, ob es sich dabei um ein »neues Paradigma« handelt. Für 2 kann nicht von einem »neuen Paradigma« gesprochen werden. Das analytische Problem besteht im Wesentlichen darin, dass sich die Tauglichkeit eines Paradigmas erst in der Zukunft rückblickend erweist. Damit genügt ein *konstatiertes* »neues Paradigma« nicht den KUHNschen Bedingungen.

Paradigmenwechsel: »von der prozeduralen zur objektorientierten Programmierung«

Je nach Sichtweise und Vorkenntnis der Diskutanten stellt die objektorientierte Sicht eine Fortsetzung der durch ADTs[3] eingeführten Abstraktion oder eine völlig neue Sicht auf die Welt dar. Im ersten Fall von einem Paradigmenwechsel zu sprechen, verletzt die Bedingungen, die an ein Paradigma zu stellen sind, da es sich [nur] um eine Erweiterung einer bekannten Sicht handelt. Im zweiten Fall kann ebenfalls kaum von einem [komplett] neuen Paradigma gesprochen werden, da die Methoden objektorientierter Programme keine Unterschiede zu Prozeduren aufweisen. Allerdings handelt es sich bei dem Prozess der Entwicklung – bezeichnet als **O**bjektorientierte **M**odellierung (OOM) – durchaus um eine erhebliche geänderte Sicht auf den Problembereich[4], wie die Widerstände gegen die Einführung dieser geänderten Vorgehensweise gezeigt haben.

Lösung 1.4:   Login-Vorgang

In der Definition 1.2 werden die Dimensionen Hardware, Software und Netzverbindung als konstitutiv für Informatiksysteme ausgewiesen. Bezogen auf Login-Vorgänge können alle drei Dimensionen »bedient« werden. Im Folgenden werden Beispiele aufgelistet, die die Spannbreite verdeutlichen.

Hardware biometrische Verfahren zur Authentifizierung

Software geeignete Datenstrukturen und Algorithmen zur Darstellung und Prüfung eingegebener Benutzerkennungen und Passwörter

Netz gesichertes Übertragen und -prüfen der Daten zwischen Klient und Server

Darüber hinaus können Gestaltungsnotwendigkeiten/-möglichkeiten bzgl. graphischer Benutzungsoberflächen für ein Login-Fenster, Datenschutz- und Datensicherheitsfragen u. v. a. m. im Zusammenhang mit diesem Beispiel thematisiert werden.

1.5   Hinweise zur vertiefenden Auseinandersetzung

Grundlagen der allgemeinen Didaktik

Die beiden Bücher von MEYER [Meyer 1988], [Meyer 1989] – aus der Praxis für die theoretische Reflexion im Zusammenhang mit der einphasigen Lehrerinnenbildung der Universität Oldenburg entwickelt – sind als grundlegende Lektüre zu empfehlen. Vor allem die »Landkarten« liefern als Frühform der Wissensnetze (engl. Concept Maps) u. a. einen Überblick über die wissenschaftstheoretischen Grundlagen der allgemeinen didaktischen Theorien.

Der Duden – Informatik

Unverzichtbar für die Hand der Informatiklehrerin ist das Kompendium [Claus und Schwill 2006, jeweils aktuelle Auflage].

Die »Entdeckung der Paradigmen«

Ein spannendes Werk über die »Struktur wissenschaftlicher Revolutionen« [Kuhn 1969].

Notwendigkeit und Verortung der Fachdidaktiken

Im Zusammenhang mit der Entwicklung von Standards für die Lehrerbildung (Bildungswissenschaft) [Sekretariat der KMK 2004b] wurde von der **K**ultusministerkonferenz (KMK) ein Bericht veröffentlicht, der den Stellenwert und die Bedeutung der Fachdidaktiken verdeutlicht: [Sekretariat der KMK 2004a].

---

3 **A**bstrakter **D**atentyp (ADT)
4 Abkehr vom Top-Down-Vorgehensmodell zu einem gemischten Ansatz (Bottom-Up und Top-Down).

Der Gleichklang von »Informatik«
und »Mathematik« ist sicher alles
andere als zufällig.

[Klaeren und Sperber 2001, S. 5]

2 Informatik – Herausbildung und Entwicklung der Fachwissenschaft

Die Bezugswisssenschaft für die *Didaktik der Informatik* ist die Informatik. Daher ist eine Auseinandersetzung um die Entwicklung der Wissenschaft mit ihren historischen Dimensionen unverzichtbar. Nach dem Durcharbeiten dieses Kapitels kennen Sie eine Vielfalt von Ansätzen und Versuchen, Informatik zu definieren, wissen um die gesellschaftliche Notwendigkeit einer verantwortlichen Zuweisung bzgl. der Ausgestaltung einer Definition für den Zielbereich der Wissenschaft Informatik.

Damit werden Sie in die Lage versetzt, zentrale Definitionen gegeneinander abzuwägen, die Vor- und Nachteile der verschiedenen Definitionsversuche auf die zentrale Funktion eines allgemeinbildenden Schulsystems zu beziehen.

Viele Autorinnen haben sich in den zurückliegenden Jahrzehnten darum bemüht, die Wissenschaft Informatik zu charakterisieren und – zunehmend – Elemente der Geschichte der Informatik aufzuarbeiten. In Europa findet in vielen Ländern (Frankreich, Niederlande, Italien, Polen) der Begriff *Informatik* Verwendung. In Skandinavien wird der Begriff *Datalogie* verwendet. Im angelsächsischen Sprachraum hingegen wird *Computer Science* benutzt.

Definition 2.1: Informatik – etymologisch
Informatik kann etymologisch aus den Begriffen Information und Automatik abgeleitet werden.

Es bleibt zu klären, wie die Grundbegriffe **Information** und **Automatik** definiert sind.
Die Definition 2.1 lehnt sich an die von DREYFUS 1962 vorgeschlagene französische Bezeichnung »Informatique« an. Die Académie Française definiert Informatik 1967: »Science du traitment rationnel, notamment par machines automatiques, de l'information considerée comme le support des conaissances humaines et des communications dans les domaines technique, économique et social« und charakterisiert Informatik damit als Wissenschaft.
Zur Analyse des Wissenschaftscharakters der Informatik werden ausgewählte, wissenschaftsgeschichtlich bedeutsame Meilensteine vorgestellt, um die Gegenstände und Methoden der Informatik näher zu betrachten. Anschließend werden verschiedene Definitionen der Informatik im geschichtlichen Kontext auf die Schulinformatik bezogen und bewertet. Die erste im deutschen Sprachraum publizierte Begriffsklärung zu Informatik stammt von STEINBUCH:

1962

1967

Erklärung 2.1: Informatik – 1957 – Steinbuch
Vor etwa zwanzig Jahren entdeckten Ingenieure in USA und Deutschland unabhängig voneinander, daß die Verfahren der Nachrichtentechnik auch für andere

1957

Aufgaben nützlich sind, Aufgaben, bei denen die Überwindung der räumlichen Entfernung ganz unwesentlich ist. Sie fanden, daß man mit elektrischen Schaltungen Zahlenrechnungen durchführen kann, und zwar mit einer Schnelligkeit, wie sie bis dahin einfach unvorstellbar war. Damit begann die automatische Informationsverarbeitung. Wir nennen sie ‹INFORMATIK›.
    [Steinbuch 1957]

1968

Die Verwendung des Begriffs Informatik für das 1968 »einzurichtende« Studienfach ist Ergebnis einer politischen Vorgabe. Die Wissenschaften, die die Informatik hervorbrachten und aus denen sich die ersten Informatikerinnen rekrutierten, sind die Mathematik, die Elektrotechnik und die Physik. Treibende Kräfte lassen sich auch im Bereich der Wirtschaftswissenschaften nachweisen. Nur die Eigenständigkeit der Informatik schien eine erfolgreiche Einwerbung von Ressourcen für die Einrichtung dieses neuen Forschungsgebiets durch den Staat zu gewährleisten. Die frühen Definitionen können damit als Abgrenzungsversuche gegenüber der Mathematik und Elektrotechnik verstanden und charakterisiert werden.

1976

Historisch kommt der Gliederung in Fachgebiete (vgl. [Fakultätentag Informatik 1976]) eine normierende Rolle zu, da in der Folge an den Hochschulen zunächst Professuren für die kerninformatischen Fachgebiete (vgl. Erklärung 2.2) eingerichtet und besetzt wurden. Inzwischen wird diese Einteilung von der **G**esellschaft für **I**nformatik e. V. (GI) nicht mehr als angemessen angesehen und die Einteilung in »Informatik Grundlagen«, »Informatik der Systeme« und »Anwendungen der Informatik« vorgeschlagen.

Erklärung 2.2:   Kerninformatik
    Kerninformatik umfasst die Fachgebiete theoretische, praktische und technische Informatik, nicht aber angewandte Informatik, Informatik und Gesellschaft, *Didaktik der Informatik*.

2.1   Gegenstände der Informatik

Information als zentraler aber mehrdimensionaler Begriff der Informatik

Die Frage nach der Wortbedeutung von Informatik führt zu dem Begriff Information (vgl. Definition 2.1). Um den Begriff Information näher zu bestimmen, kann in einer ersten Näherung die Shannonsche Informationstheorie herangezogen werden, die eine mathematische Theorie zur Bestimmung des »Informationsgehalts einer Nachricht« enthält. Sie

1948

liefert ein Maß für Information und ermöglicht die (mathematisch exakte) Bestimmung der minimalen Codierung, um mit einer Nachricht ein Maximum an »Gehalt« übertragen zu können. Dazu wurde die Abkürzung bit[1] als Einheit für den Informationsgehalt einer Nachricht eingeführt. Dieser Informationsbegriff hat sich für die Informatik nicht als durchgängig tragfähig erwiesen, da Information in dieser Theorie auf den Aspekt der Übertragung von Daten (beziehungsweise Nachrichten) reduziert wird. Dies ist für die Informatik nur in Teilbereichen von Interesse. Die Dimensionen des Begriffs Information in der Informatik werden in der Erklärung 2.3 (nach [Floyd 2001, S. 43]) zusammengefasst.

---

1 **b**asic **i**ndissoluble **i**nformation **u**nit (bit) zu unterscheiden von der Abkürzung Bit für **B**inary dig**it**.

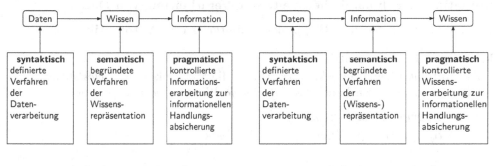

nach [Fuhr 2000, S. 10]   nach [Fuhr 2004, S. 8]

Bild 2.1: Daten – Wissen – Information –   Bild 2.2: Daten – Information – Wissen –
          Sicht der Informationswissenschaft   Sicht der Informatik

Erklärung 2.3: Information – Dimensionen
Information ist ...

- technisch, um die Übertragung von Nachrichten (Daten) zu optimieren

- personal, um Kognition allgemein und insbesondere die Interpretation von Daten durch Menschen zu kennzeichnen

- organisationsbezogen, um die Rolle von Information bei Aktion und Entscheidungsfindung zu zeigen

- medial, um Information als eigenständiges, speicherbares und weitergebbares Gut zu betrachten

Es wird deutlich, dass im Kontext der Informatik mit Information nicht nur ein technisches Ziel, sondern auch Absichten (von Menschen) verbunden sein können. Genau diese lassen sich nicht angemessen formalisieren. Bis heute ist es daher den Informatikerinnen nicht gelungen, den für ihre Wissenschaft grundlegenden Begriff Information zu definieren. Die Mehrdimensionalität des Begriffs Information führt dazu, dass (vermeidbare) Missverständnisse auftreten. Um dem zu begegnen, kann es hilfreich sein, den Begriff für den jeweiligen Kontext zu konkretisieren. So ist es möglich, in Teilbereichen der Informatik eine Übereinkunft zu erzielen, die darin besteht, dass der Begriff Information eine gemeinsam definierte Kommunikationsbasis darstellt. Im Zusammenhang mit informatikdidaktischen Fragestellungen kann so eine notwendige begriffliche Basis verankert werden. Als Beispiel kann auf die in den Bildern 2.1 und 2.2 wiedergegebene Schichtung der Begriffe Daten, Wissen, Information und ihre Zuordnung zu den Begriffen Syntax, Semantik und Pragmatik zurückgegriffen werden, die im Kontext von Informationssystemen (Bild 2.1) respektiv in der Fachwissenschaft Informatik (Bild 2.2) verwendet werden.

Automatik – zur dynamischen Seite der Verarbeitung von Daten

Der zweite klärungsbedürftige Begriff der Definition 2.1 ist **Automatik**.

Erklärung 2.4: Automatik

Die Automatik eines Objektes bezeichnet die Möglichkeit der *Selbststeuerung*. Diese Eigenschaft wird auch als *selbsttätige Wirkungsweise* bezeichnet.

Zum Begriff (etymologisch):

αυτόματο (autómatos) »von selbst«

Diese Begriffsbestimmung richtet den Fokus auf die Verfahrensseite, verstanden als eine dem Objekt innewohnende dynamische Komponente. Damit wird eine für die Informatik konstitutive Eigenschaft von Informatiksystemen verdeutlicht: die konstruierten Systeme arbeiten autonom in einem durch die Konstruktion vorbedachten Kontext, sie werden dazu programmiert, in Abhängigkeit von konkreten Eingabedaten Ergebnisse zu produzieren. Diese Flexibilität führt immer wieder zu grundlegenden Fehleinschätzungen über das, was solche Systeme zu leisten in der Lage sind. Das Erstauen gerade bei Novizen wird vor allem dann deutlich, wenn ein Informatiksystem »unsinnig« reagiert, d. h. die Gestaltung des Systems bei gewissen Randbedingungen/Eingaben in der Sichtweise der Nutzerin »versagt«.

Geschichtliche Bestimmung der Gegenstände der Informatik

In der Frühzeit der Informatik steht das Bemühen, das technische Artefakt Computer zu beherrschen und nutzen zu können im Mittelpunkt der Aktivitäten. Eine technische Beschreibung wird mit [von Neumann 1945] vorgelegt. Seither werden die nach dieser Beschreibung (dem von Neumann-Prinzip) aufgebauten Systeme als von Neumann-Rechner bezeichnet. Die zugrunde liegenden Ideen wurden erstmalig 1822 durch BABBAGE im Zusammenhang mit der Beschreibung der »Analytical Engine« formuliert. Folgerichtig wäre BABBAGE das Prinzip zuzuschreiben. Der Ingenieur ZUSE konstruiert 1941 den weltweit ersten funktionsfähigen Computer. Darüber hinaus entwarf ZUSE 1945 die erste höhere Programmiersprache (Plankalkül). Das Verhältnis zwischen dem Aufwand für die Erstellung und Nutzung von Hardware und Software kehrt sich mit der Zeit um, so dass zunehmend den Methoden zur Entwicklung und Wartung von Software größere Aufmerksamkeit gewidmet wird. Im Laufe der Zeit werden – ausgehend von realisierten von-Neumann-Maschinen – höhere Ebenen der Abstraktion für die Beschreibung von Algorithmen und Programmen durch Menschen entwickelt (vgl. Bild 2.3). Die so entwickelten [Programmier-]Sprachen werden heute als von-Neumann-Sprachen bezeichnet. Frühe gegenläufige Ansätze, die aus Problemkontexten heraus die Formulierung von Problemlösungen unterstützen, werden nicht durch die Hersteller von Computern durch Compiler unterstützt, so dass sie keine weite Verbreitung finden.

Zur Publikation und Diskussion von Algorithmen wird ab 1959 mit der **ALGO**rithmic Language (ALGOL) [Backus u. a. 1963] eine von-Neumann-Sprache spezifiziert. Die syntaktische Beschreibung wird durch eine Grammatik in **B**ackus-**N**aur-**F**orm (BNF) vor-

1822

1941

1959

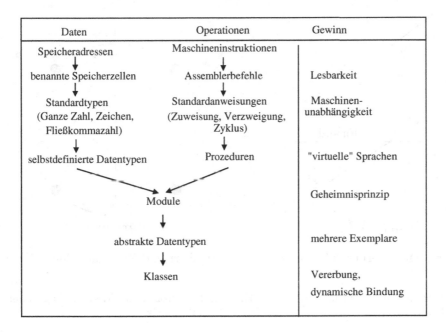

Daten	Operationen	Gewinn
Speicheradressen	Maschineninstruktionen	
↓	↓	
benannte Speicherzellen	Assemblerbefehle	Lesbarkeit
↓	↓	
Standardtypen (Ganze Zahl, Zeichen, Fließkommazahl)	Standardanweisungen (Zuweisung, Verzweigung, Zyklus)	Maschinen- unabhängigkeit
↓		
selbstdefinierte Datentypen	Prozeduren	"virtuelle" Sprachen
	Module	Geheimnisprinzip
	↓	
	abstrakte Datentypen	mehrere Exemplare
	↓	
	Klassen	Vererbung, dynamische Bindung

↓ Zeit

nach [Mössenböck 1992, S. 10]

Bild 2.3: Entwicklung von Abstraktionsmechanismen in Programmiersprachen

gelegt (vgl. [Backus 1959]). ALGOL wird zu Beginn kaum von den Computer-Hersteller-firmen durch Compiler unterstützt, hat dennoch großen Einfluss auf die in der Folge entwickelten Programmiersprachen, die als ALGOL-Sprachfamilie bezeichnet wird. »Jedes Programm sollte ein publizierbares Produkt sein. Das unterscheidet sich grundsätzlich vom üblichen Ziel, daß das Programm läuft!« [Reiser und Wirth 1994, S. XIX].

Bis heute werden Algorithmen in der informatikbezogenen Literatur häufig in Pseudocode dargestellt. Die Formulierung erfolgt dabei in einer Mischung aus syntaktischen Elementen der Sprachen ALGOL, Modula-2 sowie nicht formalen, beschreibenden Anteilen natürlichsprachlicher Konstrukte. Damit ist ein grundlegender (und unstrittiger) Gegenstand der Informatik benannt: Algorithmen und Datenstrukturen, ihre Abbildung in Informatiksysteme, sowie damit zusammenhängende Fragen der Theoriebildung.

2.2   Methoden der Informatik

Pragmatischer Ansatz

Eine »pragmatische Charakterisierung der Informatik« kann zusammenfassend beschrieben werden als »Herstellung und Einsatz von Informatiksystemen unter Berücksichtigung des Kontextes und ihrer Beziehung zur menschlichen geistigen Tätigkeit« (nach [Floyd

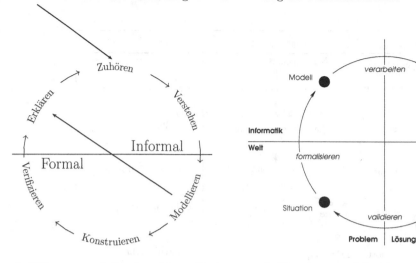

vgl. [Klaeren und Sperber 2001, S. 6]   vgl. [Humbert und Puhlmann 2004, S. 71]

Bild 2.4: Entwicklung eines Informatik-
produkts

Bild 2.5: Der Prozess der Modellierung in der
Informatik

1997, S. 238f]). Unter Benutzung der Begriffe operationale und autooperationale Form[2] wird die Frage nach dem informatischen Handeln in [Floyd 2001, S. 49] wie folgt beantwortet: »Informatik betreiben bedeutet, operationale Form zu modellieren und als autooperationale Form verfügbar zu machen«. Bezogen auf diese Zielbestimmung kommt der Methode zur Formalisierung als Voraussetzung zur Herstellung und Automatisierung zur Umsetzung in Informatiksysteme eine Schlüsselrolle zu. Aktivitäten zur Umsetzung der o. a. Zielvorstellung werden als informatische Modellierung bezeichnet. Informatische Modelle zeichnet aus, dass sie eine Umsetzung erfahren, die das Modell wirksam werden lässt. Damit besteht eine enge Wechselwirkung zwischen der informatischen Modellierung und dem modellierten Realitätsausschnitt. Die Modellierung wirkt durch das erstellte Informatiksystem in den modellierten Bereich zurück und verändert diesen.

In [Floyd und Klischewski 1998] wird die informatische Modellierung charakterisiert durch die Metaphern

- »Fenster zur Wirklichkeit« zur Wahrnehmung der (ggf. virtuellen) Realität und

- »Handgriff zur Wirklichkeit« zur Entwicklung und Verwendung von Informatikmodellen.

Um die mit der informatischen Modellierung verbundenen Probleme zu verdeutlichen, ist darauf hinzuweisen, dass ausgehend vom Problembereich eine Dekontextualisierung

---

2 »[...] operationale Form [beschreibt] mögliche Weisen des Vollzugs in einem interessierenden Bereich. Durch Modellierung wird operationale Form abstrahiert. Durch die technische Realisierung wird sie verfestigt und vollzugsfähig, was hier mit >autooperational< bezeichnet wird. Beim Einsatz wird schließlich autooperationale Form als Computerartefakt quasi-eigenständig wirksam« [Floyd 1997, S. 238].

vorgenommen wird, die im Zuge des Einsatzes als Teil eines konkreten Informatiksystems eine Rekontextualisierung erfährt. Zur Charakterisierung dieses Spannungsverhältnisses werden die Begriffe autooperationale Form [Floyd 1997], Hybridobjekte [Siefkes 2001] und algorithmische Zeichen [Nake 2001] vorgeschlagen. Den Begriffsbildungen ist gemeinsam, dass der Verantwortung der Informatikerinnen in dem Prozess der Modellierung Rechnung getragen werden soll. Nur die Berücksichtigung der sozialen Bedingtheit in allen Phasen der Modellierung führt dazu, dass Informatiksysteme als Werkzeuge soziale Prozesse unterstützen. Diese Berücksichtigung ermöglicht eine partizipative Software-Entwicklung (vgl. Bild 2.4 und 2.5).

Verschränkung von Theorie und Praxis

Die Rolle der Entwicklung theoretischer Ergebnisse im Kontext der Informatik als Wissenschaft wird zunehmend bezogen auf eine deutlichere Praxisorientierung diskutiert. Die anfängliche Euphorie bezüglich der Nutzung formaler Methoden zur Erstellung von Software wird inzwischen kritisch gesehen. Dazu werden die Beziehungen zwischen Theorieentwicklung und Praxiswirksamkeit, Relevanz und Anwendbarkeit theoretischer Ergebnisse und Überlegungen zu Experimenten diskutiert.

Informatik als Methodologie?

Erheblich über die vorgenannten Ansätze hinaus gehen die Überlegungen von CHUBKA und VOLLMAR, die Methoden der Informatik als dritte Modalität grundsätzlicher methodischer Ansätze der Wissenschaften auszuweisen. VOLLMAR führt aus:

> In den Natur- und Ingenieurwissenschaften bildet das informatische Vorgehen neben theoretischem und experimentellem Vorgehen die dritte Säule der wissenschaftlichen Arbeitsweise. Ergebnisse aus den Bereichen Algorithmisierung, Formalisierung, Komplexitätsuntersuchungen, Untersuchung komplexer Systeme liefern für diese neue Methodologie der Informatik die Voraussetzungen. Wesentliche Fortschritte werden dabei erzielt durch Simulation und Visualisierung. Die Informatik erweitert die durch Theorie und Experiment gebotenen Möglichkeiten beträchtlich, insbesondere in den bisher nicht zugänglichen Bereichen komplexer Systeme. Komplexe Vorgänge werden verstehbarer, es können Voraussagen über ihr (künftiges) Verhalten gemacht werden, die auch dazu benutzt werden können, entsprechende Prozesse zu optimieren.

[Vollmar 2000, S. 6–8 – Zitatenkollage]

Über die Validität dieser Argumentation lässt sich trefflich streiten; im Einzelfall kann gezeigt werden, dass sich zur Unterstützung von Prozessen der Strukturierung, die nicht primär in ein Informatiksystem gegossen werden sollen, eine Analyse mit Informatikmethoden als nützlich und hilfreich erweist. Beispielsweise konnten durch informatikbasierte Strukturierung mittels Petrinetzen Klärungsprozesse eingeleitet werden, die in dieser Klarheit von der dem Gegenstandsbereich zugrunde liegenden Wissenschaft vordem nicht geleistet worden sind (vgl. [Hinck u. a. 2001]).

Zusammenfassung – Methoden

Pragmatisch angelegte Ansätze zu den Überlegungen, welche Methoden in der Informatik zum Einsatz gebracht werden, führen zu der Schlüsselbestimmung »Informatische Modellierung im Kontext« und dabei insbesondere zu der Besonderheit von Informatiksystemen, die Modellierung eines Realitätsausschnitts in eben dieser Realität wirksam werden zu lassen. Von einer methodologischen Warte aus ist festzustellen, dass der theoriegeleiteten Software-Entwicklung keine durchgängige Anwendung bei der Erstellung von Informatiksystemen zufällt und diskutiert wird, den Aufgabenbereich der theoretischen Informatik weiter zu fassen. Erheblich darüber hinaus reichen die Überlegungen, Informatik als dritte Säule der wissenschaftlichen Arbeitsweise auszuweisen. Den etablierten methodologischen Ausrichtungen Theoriebildung und Empirie wird Informatik zur Verbindung von Theorie und Praxis zur Seite gestellt. Damit soll der Rolle und der Anwendbarkeit der durch die Informatik zur Verfügung gestellten Hilfsmittel in modernen Gesellschaften Rechnung getragen werden.

2.3   Bewertung von Definitionen von Informatik

Im Folgenden werden ausgewählte Definitionen von Informatik, die u. a. für die Entwicklung der *Didaktik der Informatik* von Bedeutung sind, dokumentiert und diskutiert.

1971
ADAM definiert:»[Informatik ist die] Lehre von den ›Integralen Informationssystemen‹ die sowohl Mitwelt, als auch die Umwelt und die Zeichenwelt im mannigfaltigen Zusammenspiel zu beschreiben, erklären und zu gestalten versuchen« [Adam 1971, S. 9].»Es ist sehr bedenklich, die Strukturen eines puristisch-mathematischen Denkens in die Sprache der abstrakten Automaten zu objektivieren und diese Schöpfungen über ein cleveres Marketing der manipulierbaren Gesellschaft aufzunötigen« [Adam 1971, S. 11]. Diese Einschätzung ist angesichts der Monopolstellung eines Konzerns bei Desktop-Betriebssystemen ausgesprochen aktuell und verweist darauf, dass in der zurückliegenden Generation in der Informatik ein ökonomischer Konzentrations- und Monopolisierungsprozess stattgefunden hat, der in anderen Bereichen seinesgleichen sucht.

WEIZSÄCKER benennt in [von Weizsäcker 1971] zwei Strukturwissenschaften: Mathematik und Informatik. Damit verbindet er den Anspruch der Informatik, für andere Disziplinen die automatisierte Informationsverarbeitung bereitzustellen. Strukturierungskonzepte, wie z. B. Hierarchisieren und Modularisieren, sind unabhängig von der technischen Realisierung wertvolle Methoden zur Kontrolle und Handhabbarkeit von Komplexität.

1974
»Damit haben wir mit den Elementen Codierung durch Zeichen, Mechanisierung der Operationen mit Zeichen, programmierbare Ablaufsteuerung von Operationen die Grundlagen des Wissenschaftsinhaltes der Informatik, die in der Verbindung dieser Elemente in einem Programm, das einen Algorithmus darstellt, gipfelt und insofern als Wissenschaft von der Programmierung der Informations-, das heißt Zeichenverarbeitung aufgefaßt werden kann« [Bauer 1974, S. 335]. Nach BAUER ist die Informatik »weder Mathematik, noch Elektrotechnik, sie ist eine Ingenieur-Geisteswissenschaft (oder eine Geistes-Ingenieurwissenschaft, wem das besser gefällt)« [Bauer 1974, S. 336]. Damit wird eine Abgrenzung zu WEIZSÄCKER deutlich.

»Im Vordergrund stehen prinzipielle Verfahren und nicht spezielle Realisierungen [...]. **1975**
Die Inhalte der Informatik sind daher vorwiegend logischer Natur und maschinenunabhängig« [Claus 1975, S. 11]. CLAUS bestärkt damit ebenfalls die Sichtweise WEIZSÄCKERs auf die Informatik und betont den Wissenschaftsschwerpunkt von »Algorithmen und Datenstrukturen«, die mit formalen Sprachen beschrieben und mit logischen Kalkülen ausgeführt werden.

GENRICH und PETRI kommen ausgehend vom Informationsbegriff der Kybernetik zur Sicht auf die Informatik als »Wissenschaft vom streng geregelten Informationsfluß« [Genrich 1975], [Petri 1983]. Damit wird die Beschreibung von Prozessen einschließlich der gesellschaftlichen Nützlichkeitsbetrachtung in den Mittelpunkt gerückt. Zur Bewertung von Informatiksystemen tragen dann nicht nur Strukturierungsqualität und algorithmische Effizienz, sondern auch die Einbettung in die sozialen Anwendungsprozesse bei.

NYGAARD: »When it is argued that informatics is a formal discipline only, then ›accor- **1981**
ding to such a definition, the impact of an information system upon the social structure of which it is a part, is outside (the field of study of) informatics. Also case studies of how data processing actually is carried out in specific organizations fall outside informatics in this narrow sense‹ [Håndlykken und Nygaard 1981].«[3] Damit verdeutlicht NYGAARD, dass eine einengende Sicht auf die Informatik aufgehoben werden muss.

CAPURRO charakterisiert »Informatik als hermeneutische Disziplin« [Capurro 1990, **1990**
S. 315] mit der Aufgabe der »*technischen* Gestaltung [... menschlicher] Interaktionen in der Welt« [Capurro 1990, S. 317]. Diese Einschätzung geht vielen Informatikerinnen zu weit, da sie sich von den damit verbundenen Konsequenzen überfordert fühlen. Gerade für die *Didaktik der Informatik* eröffnet diese philosophische Dimension Chancen für Synergieeffekte zwischen Fächern.

Mit FLOYD gelang die produktive Verbindung der ursprünglich gegensätzlichen Po- **1992**
sitionen: »That means, it views itself as a formal and an engineering science, relying strongly on the traditional scientific paradigm [...]« [Floyd 1992, S. 19].

COY: »Aufgabe der Informatik ist also die Analyse von Arbeitsprozessen und ihre konstruktive, maschinelle Unterstützung. Nicht die Maschine, sondern die Organisation und Gestaltung von Arbeitsplätzen steht als wesentliche Aufgabe im Mittelpunkt der Informatik. Die Gestaltung der Maschinen, der Hardware und der Software ist dieser primären Aufgabe untergeordnet. Informatik ist also nicht ›Computerwissenschaft‹« [Coy 1992, S. 18f]. Zustimmungsfähig an dieser Position ist die Feststellung, dass Informatik nicht nur als Strukturwissenschaft und technische Wissenschaft betrachtet werden kann, sondern der soziotechnische Kontext thematisiert werden muss. Entschieden abgelehnt wird die Argumentation von COY, die die Informatik den Sozialwissenschaften zuordnet.

LUFT charakterisiert Informatik als eine Disziplin, die »[...] im Hinblick auf Entwurf und Gestaltung der Architektur weitaus näher steht als der Elektro- und Nachrichtentechnik« [Luft 1992, S. 50]. Diese Position ist durch die Erfolge von objektorientierten Entwurfsmustern (engl. design patterns) in der Softwaretechnik ausgesprochen aktuell.[4]

---

3 zitiert nach [Nygaard 1986, S. 189]
4 »When you are implementing your designs, of course, there are numerous patterns available to reuse: data structures, algorithms, mathematics, concurrent and object-oriented patterns. Where there are well known ways of doing things, it is not cost effective to be creative« [Christopher 2002, S. XVf].

Bild 2.6: Zeitleiste zu Innensichten der Informatik

SIEFKES greift in Zusammenhang mit der Diskussion um ein »Theorie der Informatik« diese These erneut auf und verallgemeinert die Aussagen (vgl. [Siefkes 2005]).

1996   BRAUER: »Informatik ist die (Ingenieur-)Wissenschaft von der theoretischen Analyse und Konzeption, der organisatorischen und technischen Gestaltung sowie der konkreten Realisierung von (komplexen) Systemen aus miteinander und mit ihrer Umwelt kommunizierenden (in gewissem Maße intelligenten und autonomen) Agenten oder Akteuren, die als Unterstützungssysteme für den Menschen in unsere Zivilisation eingebettet werden müssen« [Brauer und Münch 1996, S. 13]. Zum einen wird die zielgerichtete informatische Modellierung als zentrale Methode der Informatik benannt. Darüber hinaus findet die gesteigerte Bedeutung der Informatik in der Gesellschaft ihren Niederschlag in der Definition, die die Anwendungsbereiche explizit berücksichtigt.

1999   Die **A**ssociation for **C**omputing **M**achinery (ACM) veröffentlichte 1997 und 1999 Artikel zu den Möglichkeiten der Informatik. Aus dieser Vielfalt sei DENNING zitiert: »Computers have given us new ways of thinking about machines, communications, organizations, societies, countries, and economies. [...] A growing number of educators, for example, say that there is much more to learning than transferring information; they say the phenomenon of embodied knowledge, learned through practice and involvement with other people, is a process that cannot be understood simply as information transfer« [Denning 1999, S. 6f der Online-Fassung]. Hier wird in knapper Form zusammenfassend dargestellt, dass die Informatik zu neuen Denkweisen in unterschiedlichen Gegenstandsbereichen führt. Die Bindung an die informationsverarbeitenden Maschinen (»Computer«) stellt eine Einengung bei der Angabe der Ursache dar. Dennoch ist das Zitat hilfreich, um Bildungskonzepte unter der Überschrift Medienkompetenz auf ihren Bezug zu den informatischen Basiskonzepten zu prüfen.

Zusammenfassung – Definitionen

1989   Bei den ersten vorgestellten Definitionen werden der eigenständige Charakter der neuen Wissenschaft und die Unterschiede zu anderen Wissenschaften in den Vordergrund gerückt. Daran schließt sich die Phase der innerfachlichen Diskussion an, für die 1989 durch DIJKSTRAS Forderung nach einer Brandmauer zwischen dem formalen Kern und dem »Gefälligkeitsproblem« ein Basisproblem der Informatik benannt wird, ohne es lösen zu können. Auf beiden Seiten dieser Brandmauer sind informatische Qualifikationen erforderlich. Die jeweilig durch die Fachwissenschaft einzubringenden Elemente unterscheiden sich bezüglich der Möglichkeiten »richtige« Lösungen für Problemstellungen zu finden: diesseits der Brandmauer werden Probleme bearbeitet, die exakt lösbar sind, während auf der anderen Seite der Brandmauer der Kontext, in dem Menschen agieren, berücksichtigt werden muss. Nach der Etablierung der Informatik beginnt eine Phase, in der übergreifende Fragestellungen mit anderen Wissenschaften stärker in den Fokus des Prozesses der Selbstvergewisserung einbezogen werden. Inzwischen wird das Besondere – »das Neuartige«, wie BRAUER formuliert – auch darin gesehen, dass die Informatik **1996** eine »Kooperationspartnerin für jede Wissenschaft und jede Sparte praktischer Tätigkeiten« [Brauer und Münch 1996, S. 12] ist.

Jedoch sind zentrale Probleme nach wie vor nicht befriedigend geklärt, wie DIJKSTRA deutlich macht: »[...] most of our systems are much more complicated than can be **2001** considered healthy, and are too messy and chaotic to be used in comfort and confidence. The average customer of the computing industry has been served so poorly that he expects his system to crash all the time, and we witness a massive worldwide distribution of bug-ridden software for which we should be deeply ashamed. For us scientists it is very tempting to blame the lack of education of the average engineer [...]. You see, while we all know that unmastered complexity is at the root of the misery, we do not know what degree of simplicity can be obtained, nor to what extent the intrinsic complexity of the whole design has to show up in the interfaces« [Dijkstra 2001]. Diesen Problemen hat sich nicht nur die Wissenschaft Informatik insgesamt, sondern auch die Fachdidaktik zu stellen. Zunehmend wird deutlicher, dass nicht nur die Entwicklerinnen, sondern auch die Nutzerinnen von Informatiksystemen zu qualifizieren sind, um mit der Komplexität der Informatiksysteme konstruktiv arbeiten zu können.

2.4   Konzepte in der Informatik

Für die konkrete wissenschaftlich begründete Arbeitsweise von Informatikerinnen stellt die Umsetzung der wissenschaftstheoretischen Ergebnisse auf der Ebene konkreter Konzepte eine notwendige Arbeitsgrundlage dar. Die Wissenschaft liefert Ansätze, die auf verschiedenen Ebenen handlungsleitende Ideen explizieren. Mit Blick auf die Schulinformatik werden sowohl historisch bedeutsame Analysen, aber auch Entwicklungslinien vorgestellt, die es ermöglichen sollen, Konzepte zu identifizieren, die im Kontext eines allgemeinbildenden Informatikunterrichts Berücksichtigung finden. Ausgehend von dem bereits im Kontext des »Pragmatischen Ansatzes« im Abschnitt 2.2 verdeutlichten grundlegenden Begriff der operationalen Form werden verschiedene Typen von operationalen Strukturen unterschieden. Die folgende Liste nach [Floyd 2001, S. 68ff] stellt einen Versuch für eine Typologie dar:

1. Grundlegende operationale Strukturen

    z. B. Suchen, endliche Automaten – Kontext »Algorithmen und Datenstrukturen«

2. Verallgemeinerung der operationalen (Re-)Konstruktion durch Orientierung an einer Klasse verwandter Gegenstandsbereiche

    z. B. innerhalb einer Branche

3. Identifikation verwandter operationaler Strukturen in verschiedenen Gegenstandsbereichen

z. B. Konfiguration, Entscheidungsfindung – gemeinsame Grundstruktur, unterschiedliche Ausprägung

Zur Entwicklung von dekontextualisierten, operationalen Strukturen hat die Informatik besondere Abstraktionsmechanismen, namentlich die Prozessabstraktion und die Datenabstraktion entwickelt. Diese sind i. d. R. als parametrisierte Algorithmen beschrieben, die auf allgemeinen Datenstrukturen operieren. Für den Bereich der Objektorientierung konnten mit Entwurfsmustern erste Ansätze für die Darstellung und Katalogisierung typischer wiederkehrender Lösungsmuster vorgelegt werden.

Bei der folgenden Diskussion soll nicht vergessen werden, dass es weder einen »Königsweg« der Modellierung noch die vollständige Adaption der »Realität« inklusiv der in diesem Kontext tätigen Menschen zur Konstruktion von Informatiksystemen gibt. Alle Versuche müssen sich auf ihre Relevanz bezüglich des modellierten Realitätsausschnitts hin prüfen lassen. Sie werden in einem konkreten durch beschränkte Ressourcen und eine durch die Mit-/Umwelt vorgegebenen Rahmenbedingungen entwickelt.

Die Konzentration auf den Bereich der Softwaretechnik und damit auf die (konkrete) Modellierung ist Folge der in diesem Bereich deutlich hervortretenden Probleme. Diese Darstellung stellt keine Einschränkung auf dieses Teilgebiet der Informatik dar, da Ergebnisse aus anderen Teilen der Informatik Eingang in die Modellierung finden, wie in den folgenden Überlegungen deutlich wird.

Paradigmen – Sprachklassen

Im Zusammenhang mit Programmiersprachen werden Paradigmen[5] als übergreifende Prinzipien verstanden, die dazu geeignet sind, durch eine bestimmte »Brille« auf den Problembereich zu sehen und so eine bestimmte Sicht in den Problemlösungsprozess einfließen zu lassen. Es werden verschiedene Arten der »Weltsicht« als Paradigmen für die Software-Entwicklung ausgewiesen. Diesen Auffassungen der Problemwelt werden Programmiersprachklassen zugeordnet (vgl. Tabelle 2.1).

Die Zuordnung einer konkreten Programmiersprache zu genau einer Sprachklasse fällt nicht immer leicht. Eine Reihe von imperativen, prozeduralen aber auch funktionalen Sprachen wurde um Elemente der Objektorientierung erweitert, so dass hier keine eindeutige Zuordnung möglich ist. Für die Informatikerin stellen die Auffassungen und die zugehörigen Sprachklassen Werkzeuge dar, die es ermöglichen, eine [teil-]problemangemessene Entscheidung zu treffen.[6]

Entwicklung von Abstraktionsmechanismen in Programmiersprachen

Abstraktionsstufen, die in der historischen Entwicklung von Programmiersprachen eingeführt wurden, um die »semantische Lücke« zwischen der Problemstellung (Problemwelt)

---

5 im Unterschied zu dem Begriff des Paradigmas, wie er in Definition 1.3 dargestellt wurde.
6 Ein weithin unbekanntes Beispiel für eine solche Entscheidung: »[...] in WindowsNT von Microsoft wird ein kleiner Prolog-Interpreter verwendet, um optimale Konfigurationen für Netzwerke zu erzeugen« [Beckmann 1998, S. 83, Fußnote 2].

Tabelle 2.1: Auffassungen und ihre Ausprägung in Sprachklassen

Auffassung	Sprachklasse
Auswertung von Ausdrücken (einer formalen Sprache)	funktionale und applikative Sprachen
Beantwortung von Anfragen (an ein Informationssystem)	relationale und logische Sprachen
Manipulation von Objekten (der realen Welt)	prozedurale, imperative und objektorientierte Sprachen

nach [Padawitz 2000, S. 5]

und der Maschinenebene (dem Programm) zu schließen, werden von Mössenböck (vgl. Bild 2.3) beschrieben.

Der objektorientierte Entwurf unterscheidet sich von dem Verfahren der schrittweisen Verfeinerung [Wirth 1971], das im Zusammenhang mit der strukturierten Programmierung [Dijkstra 1969] bedeutsam ist. Die Änderung der Sichtweise zur Bearbeitung von Problemstellungen von der aufgabenorientierten Sicht (Top-Down – vom Problem zum Programm) auf die objektorientierte Sicht (Bottom-Up – von den Objekten ausgehend) spielt insbesondere für die Gestaltung von Lehr-/Lernprozessen eine wichtige Rolle. Es ist notwendig, konsistente Strategien zu entwickeln, die methodisch so angelegt sind, dass SchülerInnen ein verständlicher Zugang zur Objektorientierung eröffnet wird. Dabei kann ein Verfahren berücksichtigt werden, das von Abbott vorgeschlagen wird.

> Object orientation emphasizes the importance of precisely identifying the objects and their properties to be manipulated by a program before starting to write the details of those manipulations. Without this careful identification, it is almost impossible to be precise about the operations to be performed and their intended effects. The nouns and noun phrases in the informal strategy are good indicators of the objects and their classifications (i.e., data types) in our problem solution. Once one has a good grasp of the intuitive data types in the informal solution, it is much easier to develop the formal data types and objects to be used in the actual program.

[Abbott 1983, S. 885]

Damit können Kandidaten für Objekte, Klassen, Attribute und Methoden identifiziert werden. Darüber hinaus eigenen sich die Verfahren der Anwendungsfallanalyse (engl. Use-Cases) und die Benutzung von **Class-Responsibility-Collaboration** (CRC)-Karten, um von den Objekten aus dem zu modellierenden Problembereich zur Entwicklung von Klassenstrukturen zu gelangen. Die zentrale Aussage der Befürworterinnen der objektorientierten Modellierung: Die Welt ist einer objektorientierten Betrachtung zum Zwecke der informatischen Modellierung zugänglich.

> Many people who have no idea how a computer works find the idea of object oriented systems quite natural. In contrast, many people who have experience with computers initially think there is something strange about object-oriented systems.

[Robson 1981]

Dieser Hinweis von ROBSON ist für Überlegungen im Zusammenhang mit der Gestaltung von Lehr-/Lernprozessen bedeutsam. Dem Anspruch der Protagonistinnen der Objektorientierung stehen allerdings folgende Argumente entgegen:

1. Die Fokussierung auf die objektorientierten Software-Entwicklung vernachlässigt die Berücksichtigung der anderen Paradigmen (vor allem in der Ausbildung).

2. Die [unterstellte] Simplifizierung wird als Hindernis für den notwendigen Verständigungsprozess im Sinne der evolutionären Software-Entwicklung dargestellt.

3. Fehlende Möglichkeit der statischen (Typen-)Prüfung objektorientierter Programme durch Compiler stellen ein Problem der vollständigen Objektorientierung dar.

Diese mit der Objektorientierung verbundenen Probleme sollten nicht ignoriert, sondern bereits in der Lehre berücksichtigt werden. Für die allgemeine Bildung muss darüber hinaus die Frage nach dem Bildungswert der informatischen Modellierung insgesamt gestellt werden. THOMAS führt aus:

> Für die Informatik ist jedoch ein weitaus umfassenderes Modellieren von Modellen zu erwarten, da die Informationsverarbeitung (mit Modellen) und ihre Automatisierung wesentlicher Inhalt dieser Wissenschaft ist. Die Schwierigkeit der Einordnung der Informatik in den Wissenschaftskanon macht die Untersuchung des Modellverständnisses innerhalb dieser Fachwissenschaft besonders interessant.

[Thomas 2002, S. 25]

Basiskonzepte – Sichten

Definition 2.2:   Basiskonzept
Ein Basiskonzept ist ein Konzept,

- das nicht reduzierbar ist und

- mindestens eines der folgenden Kriterien erfüllt
  langlebig   phasenübergreifend   kontextübergreifend

Die Erstellung von komplexen Informatiksystemen wird mit Methoden der Software-Technik vorgenommen. Seit über 40 Jahren wird professionelle Software-Entwicklung betrieben. Dabei entstand eine überschaubare Anzahl von ca. 10 Basiskonzepten. Um Konzepte einordnen zu können, ist es notwendig, Sichten auf das System zu charakterisieren und zu entscheiden, mit welchem konkreten Konzept die jeweilige Sicht modelliert werden kann. Folgende Sichten haben sich als nützlich für die Konstruktion von Informatiksystemen erwiesen: Funktionen, Daten, Dynamik und Benutzungsoberfläche. Damit werden deutlich statische und dynamische Sichtweisen ausgewiesen und zudem die Interaktion von Benutzerinnen mit Informatiksystemen, die zu einer erheblichen Komplexitätssteigerung bei der Modellierung führen, berücksichtigt. Mit Hilfe der Kriterien aus Definition 2.2 werden in Tabelle 2.2 bezüglich der verschiedenen Sichten die Basiskonzepte zugeordnet.

Tabelle 2.2: Basiskonzepte und Sichten der Software-Entwicklung

Basiskonzept	Sicht
Funktionale Hierarchie Datenfluss	Funktional
Datenstrukturen Entitäten & Beziehungen	Datenorientiert
Klassenstrukturen	Objektorientiert
Kontrollstrukturen	Algorithmisch
wenn-dann-Strukturen	Regelbasiert
Endlicher Automat Nebenläufige Strukturen	Zustandsorientiert
Interaktionsstrukturen	Szenariobasiert

nach [Balzert 1996, S. 98]

Basiskonzepte können auf verschiedene Art beschrieben werden. Dies reicht von informalen bis zu vollständig formalisierten Beschreibungen, die in den Ausprägungen textuell bis graphisch ihre jeweilige Darstellung finden. In der Tabelle 2.3 werden ausgewählte Notationsvarianten zu den Basiskonzepten angegeben.

Für den Einsatz im Bereich der Software-Entwicklung werden mehrere Basiskonzepte zu Konzepten für die Systemanalyse kombiniert und als Methoden ausgewiesen. Dabei kommt der Methode der **Object Oriented Analysis** (OOA) eine große Bedeutung zu, da sie (im Unterschied zu anderen Methoden) sehr häufig in der softwaretechnischen Praxis eingesetzt wird. Heide BALZERT weist in dem Lehrbuch zur Objektmodellierung [Balzert 1999] objektorientierte Grundkonzepte aus.

Definition 2.3:   Grundkonzept
   Ein Grundkonzept ist ein Konzept, das in allen Phasen der Software-Entwicklung vorhanden ist.

Die folgenden Elemente weisen dabei eine statische beziehungsweise eine dynamische Qualität auf. Die Zuordnung zu dynamischen Konzepten wird *hervorgehoben*.

- Objekt, Attribut, *Botschaft*   • *Klasse, Operation,* Vererbung

Damit ein Fachkonzept modelliert werden kann, sind die genannten Grundkonzepte (nach [Balzert 1999, S. 5]) um Konzepte aus der semantischen Datenmodellierung zu erweitern:

- Assoziation, Paket   • *Geschäftsprozess*   • *Zustandsautomat*
                                    Szenario

Für die Umsetzung der Fachkonzepte werden informatische Mittel eingesetzt, die in der Diskussion um die Möglichkeiten der objektorientierten Modellierung häufig nicht mehr deutlich herausgestellt werden. Dabei handelt es sich um grundlegend algorithmische

Tabelle 2.3: Beispiele von Notationsmöglichkeiten für Basiskonzepte

Basiskonzept	graphische Notation	textuelle Notation
Funktionale Hierarchie	Funktionsbaum	
Datenfluss	Datenflussdiagramm (DFD)	
Datenstrukturen und Kontrollstrukturen	Syntax-Diagramm Jackson-Diagramm	Data Dictionary (DD) Jackson Structured Programing (JSP)
Entitäten & Beziehungen	Entity-Relationship (ER)-Diagramm	Structured Query Language (SQL)-Abfrage
Klassenstrukturen	Unified Modelling Language (UML)-Klassendiagramm	Spezifikation
Kontrollstruktur	Struktogramm Programmablaufplan (PAP)	Pseudocode
wenn-dann-Strukturen	Entscheidungsbaum	Regeln
Endlicher Automat	Zustandsgraph (Zustandsautomat)	Zustandsdiagramm Zustandstabelle
Nebenläufige Strukturen	Petrinetz	(textuell)
Interaktionsstrukturen	UML-Interaktionsdiagramm	

nach [Balzert 1996, S. 103]

Strukturen. Darüber hinaus behalten die entwickelten Möglichkeiten zur Datenabstraktion ihre Gültigkeit.

Die unter dem Oberbegriff Algorithmen und Datenstrukturen bekannten Lösungsmuster der Informatik sind mit der objektorientierten Modellierung nicht obsolet geworden, sie sind »an geeigneter Stelle«[7] als erfolgreiche Muster zu berücksichtigen. Dies führt in der didaktischen Gestaltung beispielsweise zu integrativen Modellen, in denen verschiedene Modellierungsansätze während der Bearbeitung berücksichtigt werden.

> Für die Gestaltung muss das jeweilige Basiskonzept herausgestellt werden. Die Möglichkeit der Vermischung verschiedener Konzepte in der Bearbeitung von Problemstellungen stellt für die professionell arbeitende Informatikerin eine Möglichkeit bereit, Teillösungen möglichst effizient zu gestalten. Im Kontext von Lehr-/Lernprozessen jedoch sind zunächst andere Kriterien zu berücksichtigen, damit Lernende die verschiedenen Basiskonzepte möglichst trennscharf einzusetzen lernen, bevor Fragen der Effizienz diskutiert werden können. Aus diesem Grund unterliegen die Gestaltungsanforderungen für »lernförderliche« Problemkontexte und deren Umsetzung anderen Rahmenbedingungen. Dennoch werden häufig unter Missachtung des Kontextes Werkzeuge zum Einsatz für die Schule empfohlen, die dieser Anforderung nicht gerecht werden.

---

7 Algorithmen zur Gestaltung von Methoden – Datenstrukturen als Teil von Klassenstrukturen

2.5   Aufgaben – Lösungen

Aufgabe 2.1:   Eigene Definition – Informatik – allgemeine Bildung

1. Geben Sie Ihre Definition für Informatik an.
   Suchen Sie nicht auf den zurückliegenden Seiten nach einer Definition, sondern machen Sie Ihre eigene Definition zur Grundlage für die Bearbeitung der folgenden Aufgabenteile. Ggf. sollten Sie auf diese Aufgabe zu einem späteren Zeitpunkt zurück kommen und Ihre Definition aktualisieren.

2. Begründen Sie, welche Teile Ihrer in 1 angegebenen Definition der allgemeinen Bildung zuzuordnen sind.

3. Welche Definition von Informatik empfehlen Sie für die Hand der Schülerin (Sekundarstufe II – Anfangsunterricht)?

Aufgabe 2.2:   Gegenstände – andere Disziplinen

1. Geben Sie zentrale Gegenstände der Informatik an und begründen Sie daran den allgemeinbildenden Anspruch der Schulinformatik.

2. Identifizieren Sie die Methoden der Informatik, denen eine überfachliche Bedeutung zukommt.

3. Geben Sie konkrete Beispiele für verschiedene Ebenen an, auf denen Informatik andere Disziplinen unterstützt.

Aufgabe 2.3:   Entwicklung der Informatik

Identifizieren Sie Phasen der Entwicklung der Fachwissenschaft und ordnen Sie diese Phasen der Entwicklung von theoretischen Ergebnissen zu.

Aufgabe 2.4:   Paradigmen in der Informatik

In der Informatik wird der Begriff Paradigma häufig benutzt. Verdeutlichen Sie an konkreten Beispielen Unterschiede und Gemeinsamkeiten zwischen dem KUHNschen Paradigmenverständnis (vgl. Definition 1.3) und der Verwendung in der Informatik.

Aufgabe 2.5:   Login-Vorgang

1. Konkretisieren Sie ausgewählte Elemente des Login-Vorgangs bezogen auf Basiskonzepte (vgl. Tabelle 2.2).

2. Wählen Sie aus der Tabelle 2.3 drei geeignete Basiskonzepte aus, und geben Sie an Hand des Login-Vorgang jeweils eine graphische Notation an.

3. Klären Sie den Zusammenhang des Login-Vorgangs mit den drei Dimensionen **A**uthentication, **A**uthorization, **A**ccounting (AAA) (vgl. **R**equest **f**or **c**omment (RFC) 3539: [Aboba und Wood 2003]).

Lösung 2.1:   Eigene Definition – Informatik – allgemeine Bildung

1. Definition:

   Informatik ist die Wissenschaft, die sich mit der automatischen Verarbeitung von Daten beschäftigt. Der im Wort Informatik von der Bedeutung (etymologisch) auftretende Begriff »Information« konnte bisher nicht zufriedenstellend geklärt (definiert) werden. In einer stärker pragmatisch orientierten Sicht beschäftigt sich die Informatik mit der Entwicklung von Informatiksystemen als Einheiten von Hardware, Software und ihrer Integration in Netzen und der Entwicklung dazu notwendiger theoretischer Grundlagen.

2. Allgemeine Bildung:

   Informatiksysteme sind »allgegenwärtig«[8] und stellen eine zentrale Komponente der Lebens- und Arbeitswelt entwickelter Gesellschaften dar. Um in der Zukunft handlungsfähig zu sein, müssen heute Schülerinnen auf die Möglichkeiten, Probleme und Gestaltungsnotwendigkeiten vorbereitet werden. Diese Anforderung kann nur mit einem Schulfach Informatik eingelöst werden.

3. Schülerorientierte Definition (Sekundarstufe II):

   Informatik := Information + Automatik

   Wissenschaft von der automatischen Verarbeitung von Information (besser: Daten).

   Der Unterschied zwischen Daten und Information ist in geeigneter Weise schülerorientiert zu thematisieren. Diesem Unterschied kommt im Zusammenhang mit der Begriffsbildung eine wichtige Rolle zu, da die Interpretation von Daten zum Zwecke der Informationsgewinnung und der Repräsentation von Information in Form von Daten zwei Seiten einer Medaille sind. Beide Begriffe sind für die Informatik konstitutiv und dem allgemeinbildenden Charakter der Informatik zuzuordnen.

Lösung 2.2:   Gegenstände – andere Disziplinen

1. Zentrale Gegenstände der Informatik:

   a. Information: Abhängig von der jeweiligen Definition des Begriffs existieren verschiedene Ansprüche, die als allgemeinbildend bezeichnet werden können.
   Daten: Informatiksysteme können mit Daten arbeiten (nicht aber mit Information) – daher kommt dem Abbildungsprozess zwischen Daten und Information und umgekehrt eine wichtige Rolle zu.

   b. Algorithmen und Datenstrukturen: Ein Algorithmus ist ein mit formalen Mitteln beschreibbares Verfahren zur Lösung von Problemen. Informatiksysteme dienen der Unterstützung bei der Lösung von realen, häufig in soziale Kontexte eingebettete Problemstellungen. Aus der Motivation, die Produktivität des sozialen und wirtschaftlichen Miteinanders zu »optimieren«, werden informatische Modelle konstruiert, um Daten einer Bearbeitung zu unterziehen und für die realen Problemstellungen brauchbar zu rekontextualisieren.

2. Methoden der Informatik mit überfachlicher Bedeutung:

   a. Informatische Modellierung ermöglicht auch in anderen Bereichen (Wissenschaften) eine differenzierte Sicht auf Gegenstände und Prozesse, die neue Zugänge eröffnen kann.

   b. Überlegungen im Zusammenhang mit der [sogenannten] **K**ünstliche **I**ntelligenz (KI) haben in den Kognitionswissenschaften die Sicht auf Lernprozesse nachhaltig beeinflusst.

---

8 Die englische Übersetzung lautet »ubiquitous«.

3. Ebenen der Unterstützung (Beispiele)

Ersetzen von Experimenten (z. B. Tierversuche) Chemie bzw. Medizin, wenn auf Grund von Datenbanken und Computersimulationen Wirkungen von Medikamenten erprobt werden.

Erkenntnisgewinn (z. B. Analyse) Biologie: Fachgebiet Bioinformatik, das sich wissenschaftlich mit den Fragen der Speicherung, der Organisation und der Analyse von biologischen Daten beschäftigt – bekanntes Beispiel: Auffinden von Mustern in DNA-Sequenzen.

Unterstützung bei der Theoriebildung Mathematik: Beweisverfahren mit Unterstützung durch Informatiksysteme – prominetes Beispiel: Vierfarbensatz

Grundlagenwissenschaft Einige Autoren weisen der Informatik die »Zuständigkeit« für »Information« zu. Die Arbeit mit den physischen Grundelementen »Materie« und »Energie« wird von den Ingenieurwissenschaften geleistet. In Fortsetzung diese Linie kommt der Informatik über die theoriebildende Funktion hinaus zunehmend auch eine grundlegende Funktion zu, die in ingenieurwissenschaftlicher Weise den Rohstoff »Information« modelliert, aufbereitet, speichert, verarbeitet und einsetzt (vgl. [Claus und Schwill 2006, S. 305]).

Lösung 2.3:   Entwicklung der Informatik

Die Darstellung der Entwicklung der Informatik ist nicht einfach, da verschiedene Ebenen miteinander verbunden werden müssen, um die Qualität der Herausbildung und Weiterentwicklung dieser Wissenschaft zu verdeutlichen. Die folgenden Stichpunkte bieten eine Struktur für Ebenen an.

- Entwicklung von »Handwerkzeugen« auf theoretisch abgesicherter Basis:

    - Formale Sprachen, Graphentheorie, Komplexitätstheorie
      Entwicklung erfolgte zum Teil, bevor das technische Artefakt (==Computer) existierte

- Hardware (häufig in sogenannte Generationen eingeteilt)

- Programmierung »im Kleinen« – Maschinenunabhängigkeit
  (höhere Programmiersprachen)

- Programmierung »im Großen« – Software-Technik

- Modellierung (vor allem im Zusammenhang mit der Objektorientierung)

Lösung 2.4:   Paradigmen in der Informatik

Paradigmen innerhalb der Informatik haben eine geringe Halbwertzeit, die daraus resultiert, dass vorschnell (häufig aus Marketinggründen) von einem Paradigmenwechsel gesprochen wird, ohne zu berücksichtigen, dass in der KUHNschen Überlegung (vgl. Aufgabe 1.2) das neue Paradigma nur dann seine Wirksamkeit entfalten kann, wenn mit dem vorgängigen Paradigma unauflösbare Probleme auftreten, die in dem neuen Paradigma gelöst werden können und die mit dem alten Paradigma erreichten richtigen Lösungen weiterhin erzielt werden.
In jedem der bekannten Programmierparadigmen kann prinzipiell jedes (algorithmisierbare) Problem gelöst werden. So betrachtet liegt in **keinem** Fall ein tatsächlicher Paradigmenwechsel vor.

Lösung 2.5:   Login-Vorgang

zu 2. Basiskonzept: Kontrollstruktur – graphische Darstellung: Struktogramm

Darstellung des Ablaufs eines Login, der im Zusammenhang mit der jeweiligen Modellierung seine Konkretisierung erfahren muss. Es wird hier nicht auf spezielle Ausprägungen bzgl. des Rahmens abgehoben. Vielmehr werden ausgewählte Punkte dargestellt.

Bild 2.7: Struktogramm Anmeldung

Das Struktogramm in Bild 2.7 enthält zwei verschiedene Strukturelemente: **Sequenz** und **Verzweigung**. Diese werden als **Kontrollstrukturen** bezeichnet.

Häufig wird bei der unterrichtlichen Umsetzung an dieser Stelle auch das Strukturelement **Zyklus** (Schleife) von den Lehrerinnen thematisiert. Davon ist aus lernpsychologischen Gründen abzuraten. Gerade Schülerinnen, die mit der Ablaufmodellierung Probleme haben, verwechseln daraufhin die Strukturelemente Verzweigung und Zyklus. Dieser Effekt ist jeder Lehrerin als »If-Schleife« bekannt. Aus diesem Grund ist dringend davon abzuraten, diese grundverschiedenen Strukturelemente unterrichtlich benachbart zu thematisieren, auch wenn es sich aus Sicht der Lehrerin geradezu aufdrängt. Die Begründung ist in der sogenannten Ähnlichkeitshemmung (vgl. S. 159) zu sehen.

2.6   Hinweise zur vertiefenden Auseinandersetzung

Programmiersprache Plankalkül

Der Plankalkül umfasst die Kontrollstrukturen Verzweigung und Zyklus (auf Prädikaten), **keinen** Sprungbefehl und enthält verschiedene Datentypen. Im Jahre 2000 wird Plankalkül (erstmalig) implementiert. Im Zuge der Darstellung der Implementierung der Sprache bemerken [Rojas u. a. 2000]: »Für ZUSE war die Prädikatenlogik zunächst eine reine Beschreibungssprache. Schrittweise hat er jedoch eine mögliche Computerimplementierung konzipiert. Dafür wurde die ursprüngliche Notation mit imperativen Konstrukten ergänzt. ZUSE hat dann zwischen der ›impliziten‹ (prädikatenlogischen) und ›expliziten‹ (imperativen) Form eines Programms unterschieden.«

Information – kritische Betrachtung

VARELA bezeichnet »Information« als »eine Art modernes Phlogiston [...] (›Phlogiston‹ bezeichnete im 18. Jahrhundert eine Substanz, die die Phänomene der Verbrennung erklären sollte.) [...] ›Information‹ darf nicht als eine an sich gegebene Ordnung aufgefasst werden, sie entsteht erst durch die kognitiven Tätigkeiten« [Varela 1990, S. 18]. Im Abschnitt 3.1 zu lerntheoretischen Grundlagen wird die diesen Überlegungen zugrunde liegende konstruktivistische Position näher beleuchtet (vgl. S. 37f).

»Daten Wissen Information« oder »Daten Information Wissen«?

Die Zuordnung der Begriffe Daten, Wissen und Information zu den für die Informatikerin klar zu definierenden Strukturprinzipien: Syntax, Semantik und Pragmatik ist auf zwei verschiedene Arten vorgenommen worden (vgl. Bilder 2.1, 2.2 und Tabelle 2.4).

Tabelle 2.4: Zuordnung Wissen, Information zu Semantik, Pragmatik

Wissensgebiet/Wissenschaft Ebene oder Kategorie	Informationswissenschaft	Informatik
Syntax	Daten	Daten
Semantik	Wissen	Information
Pragmatik	Information	Wissen

Damit wird die bereits bestehende Unsicherheit bezüglich einer Zuordnung weiter vertieft. Da dem Begriff Information auch in anderen Wissenschaften (namentlich Biologie und Physik) zunehmend eine Schlüsselfunktion zukommt, ist eine fachlich orientierte Bestimmung der Dimensionen für die Informatik unabdingbar:

Syntax Ein Dokument wird als Folge von Zeichen/Symbolen aufgefasst. Auf dieser Ebene kann beispielsweise mit Methoden agiert werden, die Zeichenketten in Texten oder die nach Merkmalen wie Farbe, Textur und Kontur in Bilddaten suchen.

Semantik Bedeutung eines Dokumentes. Eine Methode auf dieser Ebene wäre beispielsweise die Suche nach bedeutungstragenden Elementen in einem Textdokument oder die Suche nach Bildern, die bestimmte (Arten von) Objekten enthalten (Menschen, Häuser, Autos, ...).

Pragmatik Zweckorientierte Nutzung eines Dokumentes. Zum Beispiel sucht eine Studentin Literatur zur einem bestimmten Thema. Bildarchive werden häufig von Journalistinnen in Anspruch genommen, um einen Artikel zu illustrieren; dabei ist meist das Thema vorgegeben, aber nicht der Bildinhalt.

Nutzerinnen sind üblicherweise eher an einer Suche auf der pragmatischen Ebene interessiert. Gerade bei nicht-textuellen Dokumenten können dies Informatiksysteme (heutzutage) kaum leisten (vgl. [Fuhr 2004, S. 7]).

Geschichte der Informatik

Bei der Betrachtung der Informatik unter geschichtlichem Aspekt wird deutlich, dass viele Autoren (auch Informatikerinnen) die Geschichte unter dem Geschichtspunkt der technischen Umsetzung – im materiellen Sinne – von Ideen betrachten. So findet sich in einschlägigen Materialien eine Gliederung nach Generationen von Informatiksystemen, die sich im Wesentlichen an den technischen Umsetzungsvarianten orientierte (vom Relais bis zum integrierten Schaltkreis). In den Annalen tauchen häufig Abbildungen von kunstvoll gestalteten Rechenmaschinen auf. Bei der Darstellung wird häufig auf Elemente verwiesen, denen bei der Durchsetzung eine wichtige technische Funktion zukommt: die Lochkarte als Datenträger nimmt hier eine besondere Rolle ein und gehört zu den technischen Elementen, denen eine Schrittmacherfunktion in der Geschichte zukommt.

Die technische Umsetzung eines frei programmierbaren Systems ist die Voraussetzung für die Durchsetzung der Informatik. Die Ideengeschichte der Informatik sollte einen höheren Stellenwert erhalten. Bedeutsam ist hier die Feststellung, dass die Ideengeberinnen in ihren Ausführung häufig visionär Aussagen zu den Möglichkeiten der Systeme angeben. In der Umsetzung scheiterten sie häufig genug an Problemen, die von heute betrachtet, als Details betrachtet werden.

Sinn und Funktion der Pädagogik ist
die Rationalisierung der Erziehung.

[Bernfeld 1981, S. 15]

3 Grundfragen des Lernens

> Grundlegende Entwicklungslinien bezüglich der Untersuchung von Lernprozessen bei Menschen sind essenzieller Bestandteil einer jeden Fachdidaktik. Somit ergibt sich die Notwendigkeit der Auseinandersetzung mit den theoretischen Ansätzen, die als geschichtlich bedeutsam und in die Zukunft weisend verstanden werden.
>
> Es gilt Ideen auszuformen, die für die Unterrichtspraxis im Schulfach Informatik Konsequenzen haben. Am Ende des Kapitels reflektieren Sie Mechanismen der Theoriebildung im Bereich der Grundfragen des Lernens.

Die Ausführungen in diesem Kapitel sind äußerst knapp gehalten. Daher sei jeder Leserin empfohlen, die hier dargestellten Elemente um eigene Überlegungen, mit eigenen Studien zu ergänzen. Die verwendeten Begriffe stehen in einer langen Geistesgeschichte und es ist im Rahmen dieses Lehrbuchs nicht möglich, das Gedankengebäude ohne Verkürzungen und Brüche vorzustellen. Damit vorliegende Ergebnisse aus der Fachdidaktik Informatik im Kontext verständlich sind, werden Schwerpunkte gesetzt.

3.1 Grundlagen – Soziologie, Lernpsychologie

Ein großer Teil der unterrichtlichen Prozesse ist in modernen Gesellschaften in das Subsystem Schule ausgegliedert. Die Analyse führt zunächst zu der Darstellung der Randbedingungen, denen dieses Subsystem genügt. Die Grundlage der Art und Weise des konkreten Unterrichts wird durch subjektive Theorien vom Lehren und Lernen bestimmt. Damit sind die soziologische und die psychologische Dimension des Gegenstands zu beleuchten.

Funktionen der Schule – nach herrschender Meinung[1]

Ausgehend vom gesellschaftlichen Steuerungsinteresse erfüllt die Institution Schule folgende Funktionen:

Qualifikation

- Allgemeine und fachliche [Aus-]Bildung für die Gesellschaft

Allokation/Selektion

- Entscheidung über Sozial- und damit Lebenschancen in der Gesellschaft

- Auslese und Verteilung der jeweils Geeigneten

---

1 vgl. [Fend 1974] und [Hurrelmann 1975]

Sozialisation/Integration/Legitimation

- Eingliederung in die jeweilige Gesellschaftsordnung

- Ermöglichung des gemeinsamen Lebens durch Anpassung in der Gesellschaft

- Rechtfertigung der Gesellschaftsordnung

Die Klassifikation kann als theoretisch hinterfragbare, aber praktisch brauchbare strukturelle Beschreibung institutionell gebundenen Lernens betrachtet werden. Neben »manifesten Verlautbarungen« wird die Art und Weise des Unterrichts auch durch latente Leitbilder vom Lehren und Lernen sowie durch die Position und die Funktion der Lehrenden und Lernenden im Unterricht, in der Schule und in der Gesellschaft bestimmt. Im Unterrichtsalltag stellen diese Vorstellungen die Grundlage dar, auf der praktische Entscheidungen über didaktische Prinzipien und Methoden des Unterrichts getroffen werden.

Die gesellschaftliche Bedeutung spiegelt sich in dem Bemühen, die mit den Funktionen und Problemen zusammenhängenden Fragestellungen zu analysieren und damit planen zu können. Im Folgenden wird davon ausgegangen, dass die Institution Schule den gesellschaftlichen Auftrag hat, die oben beschriebenen Funktionen unter den Zielsetzungen: Einweisung in Lebensperspektiven sowie der Befähigung zur Selbstständigkeit, Urteilsfähigkeit und sozialem Verhalten einzulösen. Mit der Institution Schule wird Lernen aus dem allgemeinen Lebensvollzug ausdifferenziert und in das Subsystem Schule verlagert.

Definition 3.1:   Didaktisches Modell/Konzept

Ein didaktisches Modell ist ein möglichst vollständiges und allgemeingültiges Theoriegebäude zur Analyse und Planung unterrichtlichen Handelns für Lehr- und Lernsituationen.

Sind die strengen Ansprüche auf Vollständigkeit und Allgemeingültigkeit nicht erfüllt, spricht man von einem didaktischen Konzept (vgl. [Jank und Meyer 2002, S. 17]).

Phasenunterteilung/Phasierung des Unterrichts

Überlegungen zu allgemeinen Gesetzmäßigkeiten für das Lernen und Unterrichten haben eine lange Tradition. Als Reaktion auf die Ende des 19. Jahrhunderts geforderte Standardisierung des Volksschulunterrichts und der Lehrerbildung wird auf der Grundlage der seinerzeitigen Vorstellung des Lernens von HERBART das Konzept der Formalstufen für eine Lehrtheorie entwickelt. In der geisteswissenschaftlich orientierten Pädagogik wird diese Theorie zu einer Unterrichtsstruktur ausdifferenziert, die für alle Unterrichtsinhalte gültig sein soll. Eine Weiterentwicklung findet nicht statt. Die Erstarrung wird in der Reformpädagogik grundlegend kritisiert und sowohl schülerorientierte, handlungsbezogene und flexiblere Alternativen propagiert, als auch die vollständige Ablehnung von Stufenkonzepten zum Ausdruck gebracht.

---

2 Bei M. MEYER wurde der Begriff »Stoff« inzwischen durch »Erfahrung« ersetzt. [Diederich 1988, S. 256f] zeigt durch »spielerische« Variationen der Form des Dreiecks auf, welche überraschenden Einsichten diese geometrische Form erlaubt.

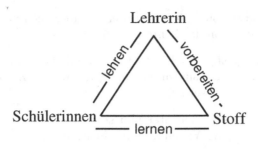

nach [Meyer 1988, S. 132][2]

Bild 3.1: Didaktisches Dreieck

Für ein fächer-, inhalts- und institutionsneutrales, allgemein gültiges Phasenschema sprechen einige lerntheoretische und dramaturgische Gründe – dagegen spricht, dass

- keine für ein solches Vorhaben notwendig vorauszusetzende allgemeine Lern- und Lehrtheorie existiert und

- zwischen den Zielen, Inhalten und Methoden des Unterrichts komplexe Wechselwirkungen bestehen.

Damit wird deutlich, warum inzwischen führende allgemeine Didaktikerinnen auf die Vorstellung eigener Stufen- oder Phasenmodelle verzichten. Unterricht ist ein überaus komplexes Geschehen, in dem jede Theoriebildung bestimmte, ausgewählte Schwerpunkte setzt. Damit erweisen sich theoriegeleitete Phasenmodelle für die Planung und Gestaltung des Unterrichts (Phasenschemata zur Unterrichtsplanung) unter bestimmten Bedingungen als nützlich. Als Gliederungshilfen stellen sie im Zusammenhang mit der Entwicklung professionellen Lehrerinnenhandelns ein wichtiges Hilfsmittel dar. Sie liefern ein Gerüst, das als anfängliche Hilfe für komplexe Planungsprozesse eine handhabbare Unterstützung bietet (vgl. Abschnitt 6). Solche Planungshilfen dürfen dabei nicht zu einer Zwangsstruktur degenerieren, nach der Lehrerinnenhandeln stattzufinden hat.

Von der Kritik am Primat der Instruktion

Schulisches Lehren und Lernen ist heutzutage typischerweise in unterrichtlichen Kontexten organisiert. In diesem Unterricht wird den Lehrerinnen der aktive und den Schülerinnen eher der passive Teil zugeschrieben. Bei dieser Art des Unterrichts wird vom Primat der Instruktion ausgegangen. Die Lehrerin präsentiert und erklärt die Inhalte, leitet die Schülerinnen an und stellt ihre Lernfortschritte sicher. Die Schülerin befindet sich in einer eher passiven Position (vgl. Bild 3.1). Im Folgenden werden die grundlegenden Annahmen der Instruktion pointiert vorgestellt:

- Unterrichtsziel: Schülerinnen erfüllen vorbestimmte Leistungskriterien
  Voraussetzung: Ergebnisse des Unterrichts sind vorhersagbar

- Zu lernende Inhalte sind sowohl klar strukturierbar, aber auch in ihrer Entwicklung abgeschlossen[3]; sie werden von der Lehrenden präsentiert.

- Unterrichtsplanung und -gestaltung beschäftigt sich mit Fragen der Instruktion; bewährte Formen des Unterrichts sind unabhängig von Inhalt, Zusammenhang, Zeitpunkt und können wiederholt werden.

- Die Lernende wird von außen angeleitet und kontrolliert; sie verhält sich rezeptiv mit dem Ziel, das präsentierte Wissen zu reproduzieren.

- Das Lernen erfolgt systematisch und i. W. linear.

Eine solche Systematik und Übersichtlichkeit wirft allerdings Probleme auf.

Empirische Probleme

Es fehlt an empirischen Belegen dafür, dass die Effekte einzelner Instruktionsketten wiederholbar sind. Im Rahmen traditioneller Unterrichtsmodelle werden isolierte Lernmechanismen postuliert, die in dieser Form in der Praxis nicht analysierbar sind.

Theoretische Probleme

Ganzheiten werden in elementare Teile zerlegt und dann getrennt voneinander vermittelt. Verstehen ist von der gesamten Wissensstruktur und nicht von isolierten Teilen dieser Struktur abhängig.
Traditionelle Instruktionstheorien bieten konkrete Verfahrensvorschriften für die Auswahl einzelner Unterrichtsmethoden an. Diese Methodenwahl baut auf der Annahme auf, die Wirkung einzelner Methoden könne vorhergesagt werden. Diese Annahme zur Vorhersagbarkeit der Wirkung ist nicht haltbar.

Praktische Probleme

Das Primat der Instruktion bedingt eine weitgehend rezeptive Haltung der Schülerinnen. Durch den daraus folgenden Mangel an Aktivität und Eigenverantwortung für den Prozess und Erfolg des Lernens bleiben die Schülerinnen passiv und sind – wenn überhaupt – extrinsisch motiviert. Das hat entsprechend ungünstige Folgen für das Lernen, das ja vor allem dann erfolgreich ist, wenn es auf intrinsischer Motivation beruht. Ein weiteres Kennzeichen besteht darin, dass das Lernen losgelöst von einem relevanten Kontext stattfindet. Das sachlogisch aufbereitete Wissen in der Lehr-/Lernsituation hat mit den komplexen und wenig strukturierten Anforderungen und Erfahrungen in Alltagssituationen wenig gemein. Damit produziert Unterricht nur so genanntes »träges« Wissen – Wissen, das zwar erworben, aber in realen Situationen nicht angewendet wird.

Das zugespitzte Bild auf die Probleme der Instruktion soll nicht darüber hinwegtäuschen, dass auch in anderen Konzepten die Anstrengungen der Lehrerin darin bestehen, zu

---

3 Dies führte zu der Entwicklung von Taxonomien: hierarchisch gegliederte Zusammenstellungen von Lernzielen, die im Zusammenhang mit der lernzielorientierten Didaktik eine große Rolle spielten.

entscheiden, wie der Unterricht geplant, organisiert und gesteuert werden soll, damit die Schülerinnen die Gegenstände in ihrer Systematik verstehen, sich Inhalte zu eigen machen und somit Lernerfolg im Sinne ausgewiesener Zieldimensionen erlangen.

3.2 Lerntheoretische Grundorientierungen

Ausgehend vom Unterricht als organisiertem Lernprozess stellt sich die Frage nach Theorien, die dem Lernen zu Grunde liegen. Jeder der entwickelten theoretischen Ansätze beleuchtet bestimmte ausgewählte Aspekte des Lernens. Überlegungen zu solchen Theorien haben Konsequenzen für die Gestaltung von Lehrprozessen. Daher werden im Folgenden die behavioristische, die kognitivistische und die konstruktivistische didaktische Grundorientierung hinsichtlich ihrer zentralen Aussagen vorgestellt. Die Darstellung fokussiert auf zentrale, kennzeichnende Elemente und soll damit deutlich machen, dass neben der didaktischen Grundorientierung des Konstruktivismus andere grundsätzliche Überlegungen bedeutsame Beiträge liefern.

Behaviorismus

Prominentester radikaler Vertreter der Übertragung behavioristischer Annahmen auf die Unterrichtspraxis ist SKINNER, der in der Theorie des operanten Konditionierens die entscheidende Erklärung allen Verhaltens sieht. Zur Vervollkommnung der Strategie, jeden einzelnen Lernschritt systematisch zu verstärken, schlug er den programmierten Unterricht vor, in dem die Lehrende teilweise durch Lehrprogramme und »Lehrmaschinen« ersetzt wird. Behavioristen gehen davon aus, dass jedes Lernen an die Konsequenzen von Verhalten gebunden ist und liefern damit die Grundlage für die Operationalisierung von Lernzielen.

Kognitivismus

Die moderne kognitive Psychologie konturierte sich in dem Zeitraum von 1950–1970. ANDERSON nennt drei Einflussfaktoren für die Wiederbelebung der kognitiven Psychologie:

1. Forschungen zur Leistungsfähigkeit und Leistungsausführung von Menschen in Verbindung mit Untersuchungen der Ideen zur Informationstheorie

2. Entwicklungen im Bereich KI

3. Einfluss des Linguisten CHOMSKY mit Untersuchungen zur Komplexität der Sprache, die mit den behavioristischen Ansätzen nicht erklärt werden kann

PIAGET und BRUNER verfolgten für die moderne kognitive Psychologie wichtige Ideen. Lernen beruht danach auf kognitiven Strukturen und wird durch kognitive Konzepte des Individuums repräsentiert. Der Lernprozess wird als permanente Anpassungsleistung interpretiert, bei der erworbene Konzepte an veränderte Gegebenheiten angepasst werden, um damit ein dynamisches Gleichgewicht herzustellen. Durch **Assimilation** versucht das Individuum, Ereignisse, neue Erfahrungen, vorhandene kognitive Strukturen, verfügbare

Schemata, anzugleichen. Wenn dies nicht gelingt, müssen vorhandene Schemata modifiziert, oder ein völlig neues Schema entwickelt werden. Diesen Prozess nennt PIAGET **Akkomodation**. Diese Theorien der kognitiven Psychologie bilden sowohl die Grundlage für den Kognitivismus, als auch für den Konstruktivismus.

In der kognitivistischen Grundorientierung werden die Schülerinnen als Individuen betrachtet, die äußere Reize aktiv und selbstständig verarbeiten und (im Unterschied zum Behaviorismus) nicht passiv durch sie gesteuert werden. Lernen wird damit als aktiver Prozess des Individuums verstanden, der zu einer Repräsentation des Wissens führt. Der Lernprozess besteht in der Bedeutung, durch die diese symbolische Darstellung an das Gedächtnis übergeben wird.

Damit wird der individuellen »Verarbeitung« durch die Schülerin beim Lernen eine hohe Bedeutung zugemessen. Dennoch gehen die Ansätze von starken Wechselwirkungen zwischen internen Verarbeitungsprozessen und externen Präsentationen aus. Es handelt sich damit um ein Ein-/Ausgabe-Modell im Sinne der Verarbeitung von Symbolen. Hieraus wird abgeleitet, dass das Lernen durch Instruktion und Lernhilfen im Sinne des Kognitivismus nicht nur angeregt und unterstützt, sondern auch begrenzt gesteuert werden kann.

Exkurs: Fundamentale Idee → Spiralprinzip, Repräsentationsmodell

Der Begriff Fundamentale Idee kann nur mit Bezug auf eine konkrete Bezugswissenschaft definiert werden. Daher wird hier die Definition angegeben, die in [Schwill 1993] für die Informatik vorgeschlagen wird:

Definition 3.2:   Fundamtentale Idee
Eine fundamentale Idee bzgl. eines Gegenstandsbereichs (Wissenschaft, Teilgebiet) ist ein Denk-, Handlungs-, Beschreibungs- oder Erklärungsschema, das
(1) in verschiedenen Gebieten des Bereichs vielfältig anwendbar oder erkennbar ist (*Horizontalkriterium*),
(2) auf jedem intellektuellen Niveau aufgezeigt und vermittelt werden kann (*Vertikalkriterium*),
(3) in der historischen Entwicklung des Bereichs deutlich wahrnehmbar ist und längerfristig relevant bleibt (*Zeitkriterium*),
(4) einen Bezug zu Sprache und Denken des Alltags und der Lebenswelt besitzt (*Sinnkriterium*).

Aus dem *Vertikalkriterium* leitet BRUNER zwei Forderungen ab:

Spiralprinzip – Spiralcurriculum Im Laufe der [Schul-]Zeit sollte immer wieder auf die fundamentalen Ideen zurückgekommen werden – unter verschiedenen Gesichtspunkten und auf verschiedenen Niveaus.

Der Mathematikdidaktiker WITTMANN entwickelt aus dem spiralförmigen Curriculumaufbau zwei Prinzipien:

»Prinzip des vorwegnehmenden Lernens
Die Behandlung eines Wissensgebietes soll nicht aufgeschoben werden, bis eine endgültig-abschließende Behandlung möglich erscheint, sondern ist bereits auf früheren Stufen in einfacher Form einzuleiten [...].

Prinzip der Fortsetzbarkeit
Die Auswahl und Behandlung eines Themas an einer bestimmten Stelle des Curriculums soll nicht ad hoc, sondern so erfolgen, daß auf höherem Niveau ein Ausbau möglich wird. Zu vermeiden sind vordergründige didaktische Lösungen, die später ein Umdenken erforderlich machen.«
[Wittmann 1981, S. 86]

Repräsentationsmodell Bei der Vermittlung der fundamentalen Ideen, vor allem aber bei der Erstbegegnung mit einem Sachverhalt, ist das intuitive Denken und Verstehen der Schülerin zu berücksichtigen.

Im Repräsentationsmodell werden die Informationsaufnahme, -verarbeitung und -speicherung klassifiziert: BRUNER unterscheidet die Stufe der Handlung (*enaktiv*), der bildhaften Wahrnehmung (*ikonisch*) und der Sprache (*symbolisch*). Dabei ist zu berücksichtigen, dass diese Stufen aufeinander aufbauen. Damit wird auf kognitionspsychologischer Basis Kritik an der »Buchschule« geübt, die mit der abstrakten Stufe beginnt. Diese Hierarchisierung wird auch als EIS-Prinzip (Enaktiv-Ikonisch-Symbolisch) bezeichnet.

Konstruktivismus

Der Konstruktivismus ist primär eine Erkenntnistheorie, die davon ausgeht, dass »Wirklichkeit« nicht von sich aus vorhanden und damit zugänglich ist, sondern vom Individuum konstruiert wird. Zur weitergehenden grundlegenden Auseinandersetzung mit der Begriffsbildung im pädagogischen Konstruktivismus sei [Lindemann 2006] zur Lektüre empfohlen.

Die Entstehung des Konstruktivismus ist im Kontext der Forschungen der Biologen VARELA und MATURANA anzusiedeln. Eine konstruktivistische Sicht auf Lehr-/Lernprozesse wird durch ein Exzerpt aus [von Glasersfeld 1989, S. 190ff] verdeutlicht.

- Erwerb von Fertigkeiten, d. h. von Handlungsmustern ist klar von der aktiven Konstruktion begrifflicher Netzwerke, also vom Verstehen zu unterscheiden.

- Methodische Hilfsmittel des Auswendiglernens und des Wiederholens im Training behalten ihren Wert, es wäre jedoch naiv zu erwarten, dass sie auch das Verstehen befördern.

- Die verbale Erklärung eines Problems führt nicht zum Verstehen.

- Die Lehrerin verfügt über ein adäquates Modell des begrifflichen Netzwerkes, innerhalb dessen die Schülerin neue Elemente einzupassen versucht.
- Lernen ist das Produkt von Selbstorganisation.

Die Kognitionstheorie PIAGETs wird als Beleg für die konstruktivistische Sicht auf Lernprozesse herangezogen: Wissen wird niemals nur passiv erworben, denn Neues kann nur durch Assimilation an eine kognitive Struktur bewältigt werden, die das erfahrende Subjekt bereits besitzt. Das Subjekt kann keine Erfahrung als neuartig wahrnehmen, bevor diese nicht mit Bezug auf ein erwartetes Ergebnis eine Pertubation[4] erzeugt. Erst an diesem Punkt kann die Erfahrung zu einer Akkomodation und somit zu einer neuartigen begrifflichen Struktur führen, die relatives Gleichgewicht wieder herstellt. Es ist notwendig zu unterstreichen, dass die häufigste Quelle von Pertubationen für das sich entwickelnde kognitive Subjekt die Interaktion mit anderen ist.

Es ist deutlich, dass die oben angegebenen Erkenntnisse nicht »radikal neu« sind – sie waren durchaus vor der Rezeption konstruktivistischer Ideen bekannt, erfahren hiermit eine [weitere] Bestätigung.

> Bekannt wurde PIAGET vor allem durch seine Entwicklungstheorie, die verschiedene Stadien der kognitiven Entwicklung von der Geburt bis zur Adoleszenz beschrieb. Die ersten drei Stufen (Reflexe als ererbte Reaktionen, erste motorische Gewohnheiten, sensomotorische – praktische – Intelligenz) stellen zusammen die Periode des Säuglingsalters vor der Entwicklung der Sprache und des eigentlichen Denkens dar. Das Stadium der intuitiven (oder präoperationalen) Intelligenz (Stufe 4) beginnt mit dem Erwerb der Symbolfunktion und der Sprache. Etwa mit Beginn des 7. Lebensjahres entwickeln sich konkrete Operationen des Denkens (Stufe 5: konkrete intellektuelle Operationen). Operationen mit reinen Aussagen, die nurmehr hypothetischen Charakter haben, entwickeln sich nach dem 11. Lebensjahr und setzen formale Intelligenz voraus (Stufe 6 formale, intellektuelle Operation).

Tabelle 3.1: Synopse zu Lerntheorien

	Behaviorismus	Kognitivismus	Konstruktivismus
Gehirn ist	Black Box	Computer	informationell geschlossenes System
Wissen wird	keine Aussage möglich	verarbeitet	konstruiert
Wissen ist	eine »korrekte« Input-Output-Relation	ein adäquater interner Verarbeitungsprozess	mit einer Situation operieren zu können
Lernziele	richtige Antworten, Handlungen	richtige Methoden zur Antwortfindung	komplexe Situationen bewältigen
Muster	Reiz-Reaktion	Problemlösung	Konstruktion
Lehrstrategie	Lob und Tadel	beobachten und helfen	kooperieren
Lehrperson ist	»Autorität«	Tutor	Coach
Feedback wird	extern vorgegeben	extern modelliert	intern modelliert

in Anlehnung an [Eberle 1996, S. 324] – [Baumgartner und Payr 1999, S. 110]

---

4 Interaktionen, die Zustandsveränderungen auslösen.

vgl. [Meyer 1988, S, 209]

Bild 3.2: Methoden/Konzepte des Unterrichts

Stellenwert des Konstruktivismus im Vergleich

Ein Vergleich der Sichtweisen der Lerntheorien findet sich in Tabelle 3.1. Für die konstruktivistische Sicht interessiert weniger das Problem, wie Wissen vermittelt wird, als vielmehr die Frage, wie Wissen konstruiert wird und in welcher Verbindung Wissen und Handeln stehen. Jeder Mensch gestaltet das Wissen so, dass es in seinen eigenen Bezugsrahmen eingepasst werden kann. In einer entsprechend aktiven Position befindet sich die Lernende, während der Lehrenden die Aufgabe zukommt, Problemsituationen und »Werkzeuge« zur Problembearbeitung zur Verfügung zu stellen und bei Bedarf auf Bedürfnisse der Lernenden zu reagieren. In der konstruktivistischen Sicht wird Lernen als aktiv-konstruktiver Prozess betrachtet, der situativ gebunden erfolgt.

Damit wird die gesamte Lehr-/Lernsituation allerdings wenig zielgerichtet beschrieben. Das »Prinzip der Wahrheit« wird von den Konstruktivisten unter dem Gesichtspunkt der Gangbarkeit, also unter dem »Prinzip der Viabilität« betrachtet: Es »wird verlangt, daß die begrifflichen Konstrukte, die wir Wissen nennen, sich in der Erfahrungswelt des erkennenden Subjekts als viabel erweisen« [von Glasersfeld 1989, S. 173].

3.3 Unterrichtskonzepte – Prinzipien methodischen Handelns

Konzepte des Unterrichts (Handlungsvorschläge) stellen Orientierungen dar, die eine wichtige Rolle innerhalb der Bereichs- und der Fachdidaktiken besitzen. Sie unterscheiden sich von den allgemeindidaktischen Theorien, da sie keinen Anspruch auf allgemeine Gültigkeit erheben. Unterrichtskonzepte können als konstruktive Reaktion auf aktuelle fachdidaktische und/oder unterrichtsmethodische Probleme betrachtet werden. Sie formulieren Prinzipien methodischen Handelns und stellen einen Rahmen für konkrete methodische Entscheidungen zur Verfügung (vgl. Bild 3.2).

Problemorientierung im Unterricht – Potenziale

Definition 3.3: Problem

Ein Problem stellt eine nicht routinemäßig lösbare Aufgabe dar.

Tabelle 3.2: Geschichtliche Phasen der Projektmethode

1590–1765	die Anfänge der Projektarbeit an den Schulen für Architektur in Italien und Frankreich
1765–1880	das Projekt als reguläre Unterrichtsmethode an den kontinentaleuropäischen Bauakademien und Hochschulen für Ingenieurwissenschaft und die Übertragung des Projektgedankens nach Amerika
1880–1915	die Durchführung von Projektarbeit im Werk- und Arbeitsunterricht der amerikanischen High und Elementary School
1915–1965	die Neudefinition der Projektmethode durch KILPATRICK und ihre Rückübertragung von Amerika nach Europa
1965–heute	die Wiederentdeckung der Projektidee in Westeuropa und die dritte Welle ihrer internationalen Verbreitung

vgl. [Knoll 1999]

Ein auf Probleme bezogenes Stufenschema entwickelte ROTH:

(I) Probleme, die sich der Lernenden in realen Problemsituationen stellen und die sie löst, ohne dabei daran zu denken, dass sie zugleich etwas lernt,

(II) Probleme, die die Lernende selbsttätig und selbstständig, aber mit bewusster Lernabsicht zu lösen versucht, und

(III) Probleme, vor die die Lehrerin ihre Schülerinnen zum Zwecke der Belehrung stellt.

Diese Überlegungen stellen einen geeigneten Ausgangspunkt für eine schülerorientierte Interpretation der Kategorisierung von Problemklassen dar, verweisen sie doch darauf, dass (I) und (II) für unterrichtliche Situationen ausgezeichnete Voraussetzungen bieten. Unzweifelhaft stellen Probleme eine Möglichkeit dar, Unterricht am selbstständigen Denken der Schülerinnen zu orientieren und damit Probleme nicht nur zum Ausgangspunkt des Unterrichts zu machen, sondern sie in den Mittelpunkt des Unterrichts zu stellen. Probleme haben immer eine »Umgebung« – daher haben Bearbeitung und Lösung situative Merkmale. Probleme fordern geradezu dazu heraus, gemeinsam mit anderen nach Lösungen zu suchen und dabei »konstruktiv zu streiten«. Aus dieser Sicht ergibt sich, dass die Problemorientierung einer konstruktivistischen Auffassung des Lernens entspricht.

Schemata zur Problemlösung dienen der Strukturierung nicht unmittelbar zugänglicher Strategien zur Bearbeitung komplexer Problemstellungen. Sie legen einen Ablauf (in Form einer Reihung/Sequenz) nahe und sollen die Entscheidungsfindung unterstützen. Untersuchungen von PÓLYA zu Heuristiken zur Lösung mathematischer Probleme führten zu einem Problemlösungsschema (vgl. Bild 3.3). Dieses Schema bietet auch für den Kontext informatischer Problemstellungen eine tragfähige Lösungsstrategie, wie sie in [Balzert 1976] benutzt wird, um ein »Schema zur Problemlösung« zur Bearbeitung informatischer Probleme in Top-Down-Strategie (imperative, strukturierte Programmierung) auszuweisen. Die Verzahnung mit dem Konzept der Problemorientierung liegt nahe, wenn auch zu bedenken ist, dass ein Schema keine Schülerorientierung ersetzt. Schemata stellen vielmehr Werkzeuge zur Verfügung, um bei der Bearbeitung von Problemen ein-

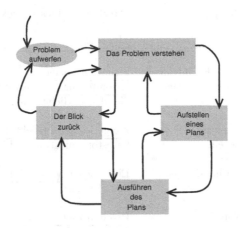

nach [PÓLYA 1967]

Bild 3.3: Schema zum Problemlöseprozess

zelne Schritte voneinander abzugrenzen und die Kommunikation über Problemlösungen und Problemlösestrategien zu erleichtern (vgl. Anhang E.1).

Die Projektmethode – projektorientierter Unterricht

Kaum ein Begriff der pädagogischen Theorie und Praxis weist derartig viele Fassetten auf, wie der Projektbegriff. Dies ist der Tatsache geschuldet, dass dieser Begriff sowohl im Zusammenhang mit der (allgemein-)pädagogischen Praxis, darüber hinaus in der berufsbezogenen Ausbildung eine lange Tradition hat. Die fünf Phasen der Geschichte der Projektmethode sind in der Tabelle 3.2 wiedergegeben. Darüber hinaus kommt dem Projektgedanken sowohl im Kontext der Informatischen Bildung, aber auch der Informatik in der beruflichen Praxis eine wichtige Rolle zu.

Um Studentinnen und Schülerinnen bereits während der Ausbildung die Gelegenheit zu bieten, ihre erworbene Kenntnisse und Fertigkeiten selbstständig auf Situationen der zukünftigen beruflichen Praxis anzuwenden, wird die Projektmethode eingeführt. Damit soll dem Ziel der Professionalisierung in der Berufsausbildung entsprochen werden.

Eine breite, allgemeinpädagogisch orientierte, theoretische Begriffsbestimmung wird 1918 von den amerikanischen Reformpädagogen DEWEY und KILPATRICK vorgenommen. DEWEY vertritt die Auffassung, dass Sinn und Wert entstehen, wenn Probleme gelöst werden. Die Problemlösungen werden nach dem Muster der Naturwissenschaften (Methodologie: Hypothesen bilden, Lösungen entwerfen, ausprobieren) erarbeitet. KILPATRICK hingegen fasst den pädagogischen Projektbegriff [sehr] weit. In der Ausgestaltung findet sich keine Abfolge von durchzuführenden Schritten, es wird nicht angegeben, ob ein Ergebnis produziert werden soll/muss. Der Projektbegriff wird so vom Methodenbegriff gelöst und zum Prinzip des Unterrichts erklärt. Dies führt (bis heute) dazu, dass häufig unklar bleibt, was gemeint ist, wenn der Begriff Projekt benutzt wird.

In der Präsentation von anregenden Ideen, zu berücksichtigenden Rahmenbedingungen und Seiteneffekten, gelungenen und misslungenen Projekten entsteht ein Eindruck

Tabelle 3.3: Schritte und Merkmale eines Projektes

Projektschritt	Merkmale
1 Eine für den Erwerb von Erfahrungen geeignete, problemhaltige Sachlage auswählen	Situationsbezug
	Orientierung an den Interessen der Beteiligten
	Gesellschaftliche Praxisrelevanz
2 Gemeinsam einen Plan zur Problemlösung entwickeln	Zielgerichtete Projektplanung
	Selbstorganisation und Selbstverantwortung
3 Sich mit dem Problem handlungsorientiert auseinandersetzen	Einbeziehen vieler Sinne
	Soziales Lernen
4 Die erarbeitete Problemlösung an der Wirklichkeit überprüfen	Produktorientierung
	Interdisziplinarität
	Grenzen des Projektunterrichts

vgl. [Gudjons 2001, S.81–94]

der ungebrochenen pädagogischen Wirksamkeit der Projektmethode. Ein praxistaugliches, für die Umsetzung in der allgemeinbildenden Schule praktikables Modell wird von GUDJONS (vgl. Tabelle 3.3) vorgestellt.

Ungeachtet der Diskussion des Projektbegriffs im allgemeinpädagogischen Kontext muss konstatiert werden, dass Projekte seit vielen Jahren erfolgreiche Bestandteile der beruflichen Ausbildung von Informatikerinnen darstellen: »Ziel des Praktikums ist eine handlungsorientierte Einführung in Methoden und Verfahren der Software-Technik, indem Studierende im Team Software-Projekte durchführen« [van Elsuwe und Schmedding 2003, S. 23]. Die Komplexität und der häufig fächerübergreifende Charakter informatischer Fragestellungen und die Art der Bearbeitung im Kontext der Fachwissenschaft kann als Ursache für den Erfolg dieser im schulischen Bereich nach wie vor in anderen Schulfächern nicht zum Regelunterricht gehörenden »Methode« angesehen werden. In Informatikprojekten findet eine [besondere] professionelle Arbeitsweise ihren Ausdruck.

Für den Informatikunterricht werden nach Empfehlungen der GI (ab 1976) in den Lehrplänen der Bundesländer Projektphasen curricular verankert. Dabei sollte berücksichtigt werden, dass der jeweils zur Anwendung gebrachte Projektbegriff nicht expliziert wird. Es ist bemerkenswert, dass Überlegungen zum Schulfach Informatik expliziert werden, die in ihrer Konsequenz deutlich machen, dass es keines neuen Faches bedarf: »Ich stelle mir Informatik an unseren Schulen als offenes Angebot zur kooperativen Projektarbeit vor, wenn auch mit einer kundigen Betreuung« [Künzli 1981, S. 17].

> Interessant ist – auf dem Hintergrund der pädagogischen Diskussion – die Reflexion der informatikbezogenen Auseinandersetzungen um Vorgehens- und Prozessmodelle – allgemein um die adäquate Abbildung eines Prozesses in Phasen. Die Diskussionen verlaufen in ähnlicher Weise: häufig wird zu Beginn der Entwicklung offenbar davon ausgegangen, dass sich komplexe Planungsprozesse durch ein Phasenmodell (mehr oder weniger restriktiv) handhaben lassen.

In den Tabellen 3.4 und 3.5 ist dokumentiert, dass weniger als die Hälfte aller Informatikprojekte erfolgreich durchgeführt werden. »Ungeachtet der enormen wirtschaftlichen Bedeutung ist die Erstellung dieser[5] Software-Systeme nach wie vor mit großen Schwierigkeiten und Missverständnissen verbunden« [Moll u. a. 2004, S. 419].

Tabelle 3.4: Erfolg und Misserfolg von Informatikprojekten in Industrieländern

totales Scheitern	20–25%
teilweises Scheitern	33–60%
erfolgreiche Initiativen	15–47%

[Afemann 2003, S. 72]

Tabelle 3.5: Abwicklung von Informatikprojekten zur Geschäftsprozessunterstützung

Abbruch vor der Fertigstellung	28%
signifikante Termin-, Kostenüberschreitung oder reduzierte Funktionalität	46%
erfolgreiche Initiativen	26%

[Moll u. a. 2004, S. 419f]

Um Projektziele besser erreichen zu können, werden verschiedene Alternativen geprüft: die Phasenabfolge wird nicht mehr als Muss-Kriterium angesehen, ein Projekt kann nach jeder Phase ein Ergebnis liefern oder auch beendet werden, es werden spiralige und/oder evolutionäre Modelle auf ihre Praxistauglichkeit geprüft. Die Erkenntnis, dass es Nutznießer, Betroffene, etc. gibt, also Menschen, die für das Gelingen oder Misslingen des Projekts mittelbar oder unmittelbar bedeutend sind, hat sowohl in der pädagogischen Diskussion, wie auch in der Softwaretechnik über die Zeit zu Konsequenzen geführt.

Handlungsorientiertes Lernen – Handlungsorientierter Unterricht

Häufig wird mit Handlungsorientierung der Begriff Produktorientierung assoziiert. Dabei wird eine Vorstellung von »Handeln« unterstellt, die konkrete Produkte als Ergebnisse des Lernprozesses begreift. Diese Einschränkung ist nicht notwendig, wie die Erklärung 3.1 in Anlehnung an [Gudjons 2001, S. 67] deutlich macht:

Erklärung 3.1: Handlungsorientierter Unterricht
Handlungsorientierter Unterricht bezieht sich auf Handeln als tätigem Umgang mit Gegenständen, Handeln in sozialen Rollen und Handeln auf symbolisch-geistiger Ebene. Damit wird der Versuch unternommen, die Aneignung von Kultur durch pädagogisch organisierte Handlungsprozesse zu unterstützen. Der Zugang zur Welt soll über die ikonische Aneignungsweise hinaus durch vielfältige sinnliche Erfahrungen geschaffen werden.

Die mit dem Terminus »Entdeckendes Lernen« bezeichneten, kognitionspsychologischen Überlegungen von Bruner werden zur Begründung der Handlungsorientierung herangezogen. In Bild 3.4 ist ein Vorschlag für den zeitlichen Ablauf im Unterricht dargestellt. Den Schülerinnen werden durch die Lehrerin Selbstständigkeit und eigene aktive Erfahrungsmöglichkeiten zugestanden. Unterrichtsbeobachtungen zeigen, dass hier allzu häufig auf ritualisierte Formen zurückgegriffen wird (vgl. [Schmidkunz und Lindemann 1976]).

---

5 Damit ist Software gemeint, die Geschäftsprozesse unterstützen soll und einen Durchdringungsgrad von 60–90% erreicht.

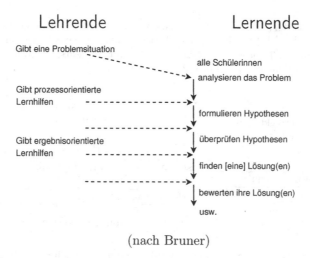

(nach Bruner)

Bild 3.4: Entdeckender Unterricht

Lernen ist kein linearer, additiver Prozess in kleinen Schritten, sondern ein vernetzter Vorgang, der das gesamte Denk- und Handlungssystem betrifft.

Ziel des handlungsorientierten Lernens ist es, die Schülerinnen mit umfassender Handlungskompetenz auszustatten. Aufbauend vor allem auf den Interessen der Schülerinnen wird der Umgang mit Gegenständen des wirklichen Lebens oder das Handeln in sozialen Rollen geplant und gemeinsam, in Kooperation und Interaktion mit anderen, ausgeführt. Die Produkte der Handlungen und die ablaufenden Prozesse (Kommunikation, Kooperation, Planung, Ausführung) werden an Hand der gemeinsam gesteckten Ziele kontrolliert. Handlungsorientiertes Lernen wird dadurch gefördert, dass die Schülerinnen möglichst in realen Situationen Lerngelegenheiten wahrnehmen können, die zur Exploration einladen und in denen sie neues Wissen selbstständig erwerben.

Handlungsorientiertes Lernen kann damit als Bündelung bewährter didaktischer Prinzipien charakterisiert werden. Projektunterrichtliche Ansätze können als Teil der Handlungsorientierung verstanden werden. Die Schülerinnen setzen sich aktiv und vor allem produktiv mit Problemen auseinander, sie sammeln selbstständig eigene Erfahrungen, sie führen Experimente durch und finden so Einsichten in komplexe Inhalte, Konzepte und Prinzipien. Das eigenständige Entdecken ist eine notwendige Bedingung für das Erwerben von Problemlösestrategien und heuristische Methoden durch die Schülerinnen. Die durch Bild 3.4 implizierte Vorgehensweise wird damit relativiert: Schülerinnen sind häufig nicht in der Lage, Hypothesen zu formulieren – eher handelt es sich um Vermutungen. Darüber hinaus besteht – je nach konkreter unterrichtlicher Situation – für die Lehrerin nicht die Möglichkeit, viele Varianten so vorzubereiten, dass verschiedenste dieser Vermutungen durch Schülerexperimente eine Überprüfung erfahren können.

In diesem Kontext ist darauf hinzuweisen, dass ein Unterschied zwischen dem Konzept der fundamentalen Ideen (vgl. Definition 3.2) und dem Konzept der Handlungsorientierung besteht. Nicht die durch die Wissenschaft, durch die Fachdidaktik oder durch die Lehrerin vorgenommene Strukturierung des Fachgegenstandes und der Aufweis des

Bild 3.5: Kernidee versus fundamentale Idee

Fundamentalen stellt für den individuellen Lernprozess die entscheidende Grundlage dar, sondern die (gemäß konstruktivistischer Auffassung) Konstruktion des Wissens beim Individuum. Fundamentale Ideen haben objektiven Charakter. Diese Sicht aber verbietet sich bei konstruktivistischer Betrachtungsweise des Lernprozesses. Aus diesem Widerspruch wird in [Gallin und Ruf 1998] das Konzept der relativistischen Pädagogik entwickelt, das Kernideen in den Mittelpunkt des Unterrichts stellt (vgl. Bild 3.5).

Erklärung 3.2: Kernideen

Kernideen charakterisieren begriffliche Vorstellungen von Schülerinnen. Sie enthalten als wichtiges Merkmal den Antrieb der Lernenden, Fragen zu formulieren, und stellen eine Brücke zwischen der Lernenden und dem Stoff dar. Mit Kernideen sind daher Ideen gemeint, die sich am Rande eines Themas oder sogar von ihm wegbegeben, oder möglicherweise – zumindest in der Rückschau von Expertinnen – ›falsch‹ sind. Der Ansatz der Kernidee erfordert von der Lehrenden nicht nur, dass sie die Antworten kennt, die für ein Fachgebiet wichtig sind, sondern auch die Fragen, die zu den Antworten geführt haben. Sie sollte auch Wege und Irrwege, denen diese Antworten zu verdanken sind, aus eigener Erfahrung kennen.

Die Autoren weisen deutlich auf die Bedeutung der Gewinnung der Kernideen hin, und zeigen, dass diese im Prozess eines rückschauenden, verstehenden Verständnisses gewonnen werden. Damit eignen sich Kernideen nicht »vor der Hand« für den Lehrprozess: »Aus seiner Rückschau auf sein geordnetes und gegliedertes Wissensgebiet entwickelt der Lehrer Kernideen, die das ganze in vagen Umrissen andeuten. [...] Sie sind so knapp und prägnant, daß sie das Gedächtnis der Lernenden nicht belasten« [Gallin und Ruf 1998, S. 75]. Um zu einer ernsthaften Berücksichtigung der Lernenden zu gelangen, kommt dem von GALLIN und RUF formulierten Prinzip des »Lernens auf eigenen Wegen« als Ausdruck

vgl. [Meyer 1988, S, 209]

Bild 3.6: Unterrichtsformen/Sozialformen des Unterrichts

der Verpflichtung gegenüber konstruktivistischen Ideen eine zentrale Funktion zu. Dieses Prinzip soll zu individueller Aneignung aus der »Vorschau«-Perspektive der Schülerin anregen. Dies kann eine Möglichkeit darstellen, der »Objektivitätsfalle« zu entkommen, bedarf allerdings noch eingehender Prüfung bzgl. realistischer Ansätze zur Umsetzung.

Unterrichtsformen – Sozialformen des Unterrichts

Die konkreten Organisationsformen der Arbeit der Schülerinnen werden als Sozialformen oder Unterrichtsformen bezeichnet. In dem Bild 3.6 sind gängige Unterrichtsformen/Sozialformen von MEYER kollagenartig zusammengestellt.

Als Hinweis für einen in sehr großen Teilen lehrgangsartig organisierten Unterricht in der Bundesrepublik kann die Aussage von MEYER auf die Dominanz des Frontalunterrichts mit ca. $\frac{4}{5}$ des Anteils an der gesamten Unterrichtszeit gesehen werden. Ergebnisse der Studie [Kanders u. a. 1997] zum »Bild der Schule aus der Sicht von Schülern und Lehrern« illustrieren die dominante lehrerzentrierte Art des Unterrichts.

Im Folgenden werden einige Ergebnisse vorgestellt (vgl. [Kanders u. a. 1997, S. 19-99]):

Selbstständig an selbstgewählten Aufgaben arbeiten bundesdeutsche Schülerinnen nur selten. Noch seltener kommen sie dazu, eigene Untersuchungen im Unterricht durchzuführen. Die klassischen, eher lehrerzentrierten Unterrichtsformen dominieren nach wie vor Deutschlands Klassenzimmer, Schülerzentriertheit und entdeckendes, forschendes Lernen ist eher seltener zu finden. Gänzlich uneinheitlich schließlich ist das Meinungsbild, wenn es um die Einschätzung des lehrergelenkten Unterrichtsgespräches als beste Methode geht. 35% der Befragten vertritt die Meinung, dass eine Mehrheit in ihrem Kollegium dieser Aussage zustimmen würden, 26% lehnen dies ab[6].

Ein gravierendes Manko in der heutigen bundesdeutschen Schule ist nach Ansicht der befragten Lehrerinnen, dass in der Schule zu wenig auf die Fähigkeit zur Zusammenarbeit geachtet wird. Sehr zurückhaltend fällt die Antwort der Schülerinnen auf die Frage aus, ob ihrer Meinung nach die Lehrerinnen schwierige Sachverhalte gut erklären können; immerhin 21% geben an, dass dies nur für sehr wenige oder gar keine Lehrerin gelte.

Nur selten übernehmen nach eigener Aussage die Lehrerinnen Vorstellungen der Schülerinnen in die eigene Unterrichtsplanung, und der Wunsch danach ist auch nicht besonders stark ausgeprägt. Dürfen Schülerinnen mitbestimmen, *wie* im Unterrichts vorgegangen wird?

---

6 Den Lehrerinnen wurde die folgende Frage vorgelegt:
»Ist die folgende Aussage für Ihre Schule zutreffend? [...] Mehrheit im Kollegium meint, das lehrergelenkte Unterrichtsgespräch ist die beste Methode« [Kanders u. a. 1997, S. 36].

Wiederum klaffen Wunsch und Wirklichkeit weit auseinander: Nicht einmal jeder zehnte Befragte gibt an, dass die meisten Lehrerinnen diese Form der Schülermitwirkung zulassen, bei Gymnasiasten sind es nur 5%. Offensichtlich wünschen Schülerinnen ein Unterrichtsklima, in dem sie das Gefühl haben, auf die Vorgehensweisen bei der Vermittlung von Lerninhalten substanziell einwirken zu können.

»Nur ein Fünftel aller Schüler ist derzeit mit den pädagogischen Fähigkeiten ihrer Lehrer zufrieden. Der Frontalunterricht mit aktivem Lehrer und passiven Schülern ist nach wie vor Unterrichtsmethode Nummer 1. Damit werden Selbstständigkeit, Motivation, Kreativität und Teamfähigkeit der Schüler nicht gefördert« [Kanders u. a. 1997, S. III]. Auffällig ist, dass der Frontalunterricht insbesondere von jüngeren Lehrkräften häufiger praktiziert wird als von älteren.

Die in den Studien erhobene Situation an den bundesdeutschen Schulen ist erheblich von den pädagogischen Vorstellungen entfernt, die als lernförderlich ausgewiesen werden: Selbstständigkeit und eigenständiges Arbeiten der Schülerinnen im Unterricht, offene Unterrichtsformen, in denen die Schülerinnen im Mittelpunkt der Planungsprozesse ernsthaft Berücksichtigung finden. Inzwischen kann (nicht zuletzt als Ergebnis der Diskussion um die Leistungsfähigkeit des bundesdeutschen Schulwesens im internationalen Vergleich) festgestellt werden, dass zunehmend Initiativen zur Erhöhung der Berücksichtigung schülerorientierter Unterrichtsmethoden im tatsächlich praktizierten Unterricht angeregt werden.

3.4   Anwendung der Erkenntnisse der Lerntheorie

Als Ergebnis der Diskussion zwischen Instruktionalisten und Konstruktivisten (vgl. Stellenwert des Konstruktivismus im Vergleich, S. 39 und Tabelle 3.6) kann zusammenfassend festgestellt werden: Die Orientierung der Instruktion an Lernzielen muss aufgegeben werden. Der Fokus der Konstruktivisten liegt auf der aktuellen Konstruktion des Wissens. Daher interessieren sie sich für Lern- und Denkprozesse wie Interpretieren und Verstehen, die die Instruktionalisten bewusst ausgespart haben. Die Diskussion um die Bedeutung der fundamentalen Ideen versus Kernideen kann ebenfalls dazu beitragen, die Perspektiven auf das Lernen zu ändern.

Die Überlegungen der Konstruktivisten sollen nicht darüber hinwegtäuschen, dass mit dem Konstruktivismus keine Methodik verbunden werden kann. Diese Erkenntnis führt zur Ernüchterung in Bezug auf die Hoffnung, theoriegeleitet ›erfolgreiche‹ Unterrichtsmethoden entwickeln zu können.

Die Auswahl der vorgestellten Elemente tritt besonders in zwei Aspekten für schulisch veranstaltetes Lernen hervor. Es wird deutlich, dass

- ein Wechsel von Modellen des Lernens bei Menschen, die vom »objektiv Gegebenen« als Objekt des Lernens ausgehen, zur Lernenden als Subjekt des Lernens nahegelegt wird (konstruktivistische Perspektive) und

- ein Wechsel von Modellen des Unterrichts – verstanden als Instruktion – zu Unterrichtsformen, in denen die Schülerinnen in den Mittelpunkt des Unterrichts rücken, angeraten erscheint.

Tabelle 3.6: Klassisches und neues Lernparadigma

Klassisches Lernparadigma	Neues Lernparadigma
Individuelles, isoliertes Lernen	Gemeinsames, team-orientiertes Lernen
Faktenwissen aus disziplinärem Zugang (nicht aus Problembezug)	Lernangebot strukturiert durch Fragen / Probleme, nicht durch die Architektur einer Disziplin (forschendes, entdeckendes Lernen)
Faktenwissen getrennt von konkreten Anwendungen	Lernen geschieht über das unterstützte, moderierte und gecoachte Lösen von realen Problemen (Projektstudium)
Motivation durch Loben und Strafen (extrinsisch)	Motivation durch Attraktivität (intrinsisch)
»Unpsychologisches« Lernen durch Monotonie und Vernachlässigung der Notwendigkeit des Wechsels von Arbeit und Spiel / Spannung und Entspannung	Berücksichtigung »physiologischer« Bedingungen der Lerneffizienz

aus: [Schrape und Heilmann 2000, S. 14]

In der Betrachtung historischer Konzeptentwicklungen wird deutlich, dass die Prozesse der pädagogischen Reflexion und Neuorientierung eine lange Tradition besitzen. Viele der vorgestellten Ideen wurden jedoch nicht umgesetzt. Die für die Umsetzung wichtige Frage der Ressourcen wird von uns hier ausgespart. Wie viel Lernzeit steht zur Verfügung? Sollen nachhaltige Ergebnisse erzielt werden? Sollen kurzfristig [Bildungs-]Standards erfüllt werden?

3.5   Aufgaben – Lösungen

Aufgabe 3.1:   Was ist Lernen?

Klären Sie den Begriff Lernen auf dem Hintergrund der Lerntheorien.

Aufgabe 3.2:   Kernideen versus Fundamentale Ideen

Erläutern Sie die Begriffe Kernidee und Fundamentale Idee. Skizzieren Sie wesentliche Unterschiede eines an Kernideen orientierten Informatikunterrichts gegenüber einem an Fundamentalen Ideen orientierten Informatikunterricht.

Aufgabe 3.3:   Login-Vorgang

Entwickeln Sie für den Login-Vorgang jeweils für die Schülerin erreichbare Zielmaßgaben hinsichtlich der behavioristischen (1), der kognitivistischen (2) und der konstruktivistischen (3) Sicht auf den Lernprozess. Dazu weisen Sie für die Sichten konkret aus: für (1) operationalisierte Lernziele (ein Beispiel ist in Bild 8.2 angegeben), für

(2) ein Wissensnetz des »objektiven« fachlichen Gegenstands (Hinweise zu Wissensnetzen und ihrer Konstruktion vgl. Aufgabe 6.1). Um für (3) eine Zielvorstellung zu entwickeln, empfiehlt sich die Darstellung mit Hilfe von Kernideen.

Lösung 3.1:   Was ist Lernen?

Bis heute existiert keine geschlossene Theorie des Lernens. Dennoch sind verschiedene Aspekte zu diesem Themenkomplex theoretisch fundiert und/oder empirisch untersucht. Im Laufe der Zeit wurden sehr unterschiedliche Modelle vorgestellt, mit denen bestimmte Fassetten von Lernprozessen erklärt werden.

1. Behaviorismus – die Lernende wird als Black-Box betrachtet, die über äußere Reize gesteuert wird. Lernen bedeutet in dieser Sicht Verhaltensänderung, die beobachtbar ist.

2. Kognitivismus – Wissen kann extern repräsentiert werden. Lernen bedeutet in dieser Sicht die Möglichkeit, interne Repräsentationen zu verändern (Wissen von einer externen Repräsentationsform in interne Repräsentationen zu transformieren).

3. Konstruktivismus – Jedes Individuum »macht sich seine Welt selbst«. Lernen im konstruktivistischen Sinn bedeutet damit eine Änderung in der je individuellen Konstruktion »der Welt«.

3.6   Hinweise zur vertiefenden Auseinandersetzung

Artikulationsschema der Begriff wird bis heute verwendet, um die zeitliche Unterteilung von Lernphasen (Unterrichtsstunde, -einheit oder -sequenz) zum Ausdruck zu bringen. Einige Autorinnen verwenden die Begriffe Grundformen oder Choreographie.

Artikulation – zum Begriff (etymologisch):
articulation (spätlateinisch) »gehörig gegliederter Vortrag«

Bildungsbegriff

Der Bildungsbegriff wird in den letzten Jahrzehnten kontrovers diskutiert. KLAFKI rückt die diesem Begriff durchaus innewohnenden Potenziale mit einer emanzipatorischen Zielrichtung in den Mittelpunkt seiner kritisch-konstruktiven Didaktik [Klafki 1985b, S. 31–86]. Der Begriff der Ausbildung ist vom Begriff der Bildung insofern abzuheben, als Ausbildung immer auch das Element der Professionalisierung für eine berufliche Tätigkeit zu berücksichtigen hat. Der entscheidende Unterschied zwischen Bildung und Ausbildung liegt dabei in der Orientierung des Prozesses auf das Subjekt (Person, Kräfte der Lernenden) bzw. auf das Objekt (Inhalt, Sache, Wissenschaft).

Unter didaktischen Gesichtspunkten ist die Klassifikation und Analyse von Lehrinhalten häufig Ausgangspunkt einer Planung. Man unterscheidet dabei zwischen deklarativem Wissen (Wissen »über« – Kenntnisse), prozeduralem Wissen (Wissen »wie« – Fertigkeiten) und kontextuellem Wissen (situatives, fallbezogenes Wissen).

Materialien

MEYER stellt über [Meyer 2004] didaktisch aufbereitete Materialien zur Verfügung, die zur Einarbeitung in aktuelle Themenfelder geeignet sind.

[Barth 2003]

4 Geschichte, Konzepte und Stand der Schulinformatik

Ein grundlegendes Verständnis der Entwicklungslinien der Schulinformatik ist unabdingbar, um aktuelle Positionen einordnen zu können. Der Verlauf und die weitere Entwicklung läßt sich nicht von der Entwicklung der Fachwissenschaft abtrennen.

Nach dem Durcharbeiten dieses Kapitels kennen Sie zentrale Meilensteine und Phasen der Entwicklung der Schulinformatik. Aktuelle Entwicklungslinien ermöglichen Ihnen einen Ausblick auf Ansätze, die in die Zukunft weisen.

4.1 Phasen der Entwicklung (geschichtlich)

Die Entwicklung des Schulfachs Informatik wird typischerweise in Phasen unterteilt (vgl. Tabelle 4.1). Rückblickend kann festgestellt werden, dass die der Algorithmenorientierung zuzurechnenden Konzeptionen in der gymnasialen Oberstufe verbreitet aufgenommen wurden.

Da bis 1996 keine Forschungsgruppen zur *Didaktik der Informatik* existierten, stammen die ersten wissenschaftlichen Studien zur Lehrdisziplin der Informatik von Fachwissenschaftlerinnen.

4.2 Fachdidaktische Empfehlungen der Informatik

Die erste Empfehlung der GI zum Informatikunterricht an allgemeinbildenden Schulen wird veröffentlicht. Die Schwerpunkte dieser Informatikbildung liegen auf algorithmischen Lösungen, auf der Entmystifizierung von Informatiksystemen und deren Einbettung in die Gesellschaft. »Ein wesentlicher Platz im Informatik-Unterricht kommt einer Projektphase zu, in der das selbständige Entwickeln von Algorithmen in der Form von spielerischem Lernen eingeübt werden sollte« [Brauer u. a. 1976]. Mit dem Vorschlag wird der Stand der Fachwissenschaft hinsichtlich der inhaltlichen Orientierung des Informatikunterrichts an algorithmischen Strukturen für eine Umsetzung in der Schule aufbereitet. Die Verflechtung der unterrichtlichen Umsetzung mit Fragestellungen aus dem Anwendungskontext und den Auswirkungen der Informatik auf die Gesellschaft zeigen, dass Informatikerinnen die Verantwortung für die Gestaltung von Lösungen als Bestandteil des Prozesses zur Problemlösung berücksichtigt wissen wollen. Dies muss nach Meinung der Autoren dieser Empfehlungen auch im Schulfach Informatik beachtet und damit Gegenstand unterrichtlicher Praxis werden. Der Vorschlag, eine Projektphase als Bestandteil des Informatikunterrichts vorzusehen, ist bemerkenswert, da er eine methodisch-didaktische Qualität auf der Ebene dieser Empfehlungen erzielt. Zu dem Erfolg dieser Unterrichtsempfehlungen haben die beigefügten Beispiele in besonderer Weise beigetragen. Trotzdem blieben noch

1976

Tabelle 4.1: Phasen der Entwicklung des Schulfachs Informatik

Bezeichnung	Literaturhinweis
Rechnerorientierung	[Frank und Meyer 1972]
Algorithmenorientierung	[Brauer u. a. 1976]
Anwendungsorientierung (im informatischen Sinn)	[Arlt und Koerber 1980]
Benutzungsorientierung[1]	[KMNW 1987]
Gesellschaftsorientierung	[AG GEW NRW 1989]

viele informatikdidaktische Fragen offen – z. B. solche zum Identifizieren von kognitiven Problembereichen einer Einführung von Schülerinnen in die Informatik, die Frage nach dem »Verhältnis von Theorie und Praxis« im Informatikunterricht.

Aussagen dazu, worauf eine Informatiklehrerin achten sollte, finden sich in den Lehrwerken von BALZERT: »Um das ›Klebenbleiben‹ an gerätespezifischen Kenntnissen zu Ungunsten des weiteren Verständnisses zu vermeiden, sollte unbedingt zunächst die Problemanalyse, Modellbildung und algorithmische Problemlösung an einer Vielzahl von Beispielen aus unterschiedlichen Problembereichen geübt werden« [Balzert 1977]. Darüber hinaus fordert er den Einsatz von Programmiersprachen, die problemadäquate Sprachstrukturen zur Verfügung stellt, die der menschlichen Denkweise und dem menschlichen Problemlöseverhalten angepasst sind. Damit wird eine klare Orientierung an dem informatischen Problemlösungsprozess als didaktische Gestaltung für den Informatikunterricht vorgelegt. Besonders hervorzuheben ist die Beispielauswahl, die nicht primär aus dem zu diesem Zeitpunkt in den meisten Schulen noch üblichen mathematisch-technischen Aufgabenbereich stammen. Es werden Fragen der Aufwandsabschätzung der dynamischen und statischen Komplexität thematisiert.

CLAUS führt eine umfassendere Diskussion. Er schlägt vor, als Begründungen für das Schulfach Informatik nur solche informatikspezifische Argumente zu akzeptieren, die eine Abgrenzung gegenüber anderen Disziplinen ermöglichen. »Diese Denkweise in dynamischen Abläufen und im Prozess [. . .] und das systematische, möglichst fehlervermeidende Entwickeln von Programmen mit Hilfe der Methode der schrittweisen Verfeinerung (strukturiertes Programmieren) sind grundlegend für die neue Wissenschaft ›Informatik‹. [. . .] Durch diese Denkweise grenzt sich die Informatik zugleich deutlich von der Mathematik ab. Die Mathematik trainiert das Denken in statischen abstrakten Strukturen (›Denken in abstrakten Räumen‹). Dies ist jedoch für dynamische Prozesse unzureichend« [Claus 1977, S. 22f]. CLAUS geht davon aus und erwartet, dass Informatik als eigenständiges allgemeinbildendes Fach in der Schule eingeführt wird. Seine Ausführungen stellen ein

1977

---

1 In der Literatur finden sich auch die Bezeichnungen Benutzer- und Anwendungsorientierung für einen an der Benutzung/Bedienung von Anwendungen (Softwareprodukte) orientierten Unterricht.

nach: [Nievergelt 1995, S. 342]

Bild 4.1: Informatikturm

klares Plädoyer für die schülerorientierte Ausarbeitung und Ausgestaltung konkreter Vorschläge für den Informatikunterricht für alle Schülerinnen dar. Dieser »Mission« folgend, wird ab 1980 auf Initiative von CLAUS der Bundeswettbewerb Informatik durchgeführt.

Mit den Vorschlägen der Fachwissenschaft für das Schulfach Informatik entstand eine Ansammlung von Grundkonzepten der Informatik, die im Informatikunterricht allgemeinbildender Schulen thematisiert werden sollten. Die einzelnen »Perlen der Informatik« konnten nach Meinung von NIEVERGELT nicht zu einer tragfähigen Struktur für den allgemeinbildenden Informatikunterricht verdichtet werden: »Ein Potpourri von unzusammenhängenden Grundideen, auch wenn jede treffend vorgestellt wird, empfehle ich keineswegs als Einführung in die Informatik« [Nievergelt 1991]. Zur Illustration dieser Argumentation der Informatikturm (vgl. Bild 4.1) vorgestellt, um damit deutlich zu machen, dass eine fundierte Grundlage nur durch die Berücksichtigung theoriegeleiteter Elemente erreicht werden kann.

1991

Unter dem Titel »Informatik – das neue Paradigma« wird von Ute und Wilfried BRAUER ein Beitrag vorgelegt, der zu einer grundsätzlichen Neubewertung der Fachstruktur auffordert: »Als neues Paradigma der Informatik stellt sich ein Computersystem somit dar als Gruppe gleichrangiger, selbständiger, einigermaßen intelligenter Akteure, die bestimmte Aufgaben erledigen und dazu miteinander und mit der Umgebung interagieren« [Brauer und Brauer 1992] (vgl. Bild 4.2). Mögliche Schlussfolgerungen bestehen darin, mobile und/oder kollaborative[2] Systeme als Gegenstand und Mittel in der Informatikbildung

1992

---

2 Der Begriff »kollaborativ« ist bis heute im bundesdeutschen Sprachgebrauch negativ belegt.

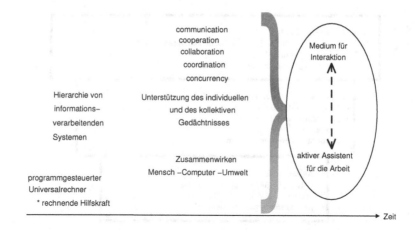

Bild 4.2: Neubewertung der Fachstruktur

einzusetzen. Darüber hinaus wächst den allgegenwärtigen Elementen von Informatiksystemen (aktuell in Form von **R**adio **F**requency **ID**entification (RFID)-Komponenten) eine zunehmende Bedeutung zu. Wobei darauf hingewiesen werden muss, dass nicht das spezifische System, sondern dessen Einbindung in den konzeptionellen Unterrichtsrahmen zur Kompetenzentwicklung[3] bei den Schülerinnen beiträgt. Dabei kommt es wesentlich auf die didaktische Gestaltung an. Dies ist im Fall kollaborativer Systeme[4] die Tisch- oder Raummetapher für gemeinsames Arbeiten und die Abbildung von Gruppenstrukturen in »virtuelle Räume«.

Vielfach dominieren im Informatikunterricht nicht die zentralen Fachkonzepte, sondern Produkte und ihre Bedienung/Benutzung als Missverständnis einer anwendungsorientierten Bildung. Hier kann die Informatik von anderen Wissenschaften mit Ingenieurbezug lernen, die deutlich zwischen den grundlegenden Basiskonzepten und den technischen Artefakten unterscheiden. SHAW fordert: »Let's organize our courses around ideas rather than around artifacts. This helps make the objectives of the course clear to both students and faculty. Engineering schools don't teach boiler design – they teach thermodynamics. Yet two of the mainstay software courses – ›compiler construction‹ and ›operating systems‹ – are system-artifact dinosaurs« [Shaw 1992]. Die geforderte Trennung der Kompetenzen brächte Transparenz in die Rolle des Unterrichtsfachs Informatik, in dem die Basiskonzepte der Informatik thematisiert werden – ohne Informatikerinnen ausbilden zu wollen.

WEIZENBAUM : »Was wir mit Computern machen, sind fast alles Simulationen, Modelle. Da sollte man schon etwas über Modelle wissen. Ich frage mich, wie viele Lehrer und Lehrerinnen in der ganzen Welt überhaupt etwas über Modelltheorien wissen« [Weizenbaum 1992, S. 76]. Informatische Modellbildung ist eine der zentralen Strategien der

---

3 Zum Kompetenzbegriff vgl. Erklärung 4.2 (S. 66).
4 Beispielhaft sei hier der Einsatz des **B**asic **S**ystem **C**ooperative **W**orkspace (BSCW) [Appelt und Busbach 1996] genannt.

Fachwissenschaft. Dies ist bei der Gestaltung des Informatikunterrichts zu berücksichtigen.[5]

Welchen Stellenwert hat das Programmieren? »As teachers, however, we recognize another value in programming: it is in essence the construction of abstractions, the engineering of (abstract) machines« [Wirth 1999, S. 3]. Gerade auf dem Hintergrund moderner Informatiksysteme mit ihren schier unerschöpflichen Ressourcen wird nach WIRTH zu wenig Kraft in die Lehre zur Entwicklung effizienter, ingenieurmäßiger Lösungen investiert. Sowohl WIRTH wie auch PARNAS sehen hier ein zentrales Handlungsfeld der Informatik. Eine Konsequenz für die Gestaltung didaktisch nützlicher, unterrichtlich umsetzbarer Zielvorgaben besteht darin, die konzeptionellen Ergebnisse in möglichst verständlicher und klarer Art und Weise umzusetzen sowie grundlegende Überlegungen zur Komplexität von Problemlösungen anzustellen, die am Beispiel unterrichtlich umgesetzt werden.

SCHÖNING: »Die Informatik hält eine Menge von Konzepten, Modellen, Algorithmen, Beschreibungsmethoden (oder schlichtweg: *Ideen*) bereit, die zum einen dazu dienen, komplexe Sachverhalte und Wirkungsmechanismen zu veranschaulichen und zu visualisieren. Zum anderen dienen sie dazu, die hierdurch modellierten Strukturen oder Sachverhalte im Computer weiter bearbeiten, analysieren und transformieren zu können. Bei manchen der behandelten Themen mag sich mancher fragen, warum sie unter dem Oberbegriff ›Informatik‹ verstanden werden. Was die erwähnten Konzepte jedoch ›informatisch‹ macht, ist die algorithmische Behandlung derselben. Diese Sichtweise finde ich ganz fundamental und bin davon überzeugt, dass Algorithmik und formale Konzepte der Informatik zum allgemeinen Bildungsgut gehören« [Schöning 2002, S. VIf (Zitatenkollage)].

Hiermit wird mit einer inhaltlich-fachmethodisch begründeten Argumentation die Forderung nach dem allgemeinbildenden Schulfach Informatik in der Sekundarstufe I erhoben.

1999

2002

4.3   Didaktik der Informatik für Schulen

Konzepte zur Informatischen Bildung

Erklärung 4.1: Computer Literacy

Computer literacy can be considered to mean the minimum knowledge, know-how, familiarity, capabilities, abilities, and so forth, about computers essentials for a person to function well in the contemporary world (aus [Bork 1985]).

Unter Computer Literacy wird das umgangsrelevante deklarative und prozedurale Computerwissen sowie die subjektiv wahrgenommene Sicherheit im Umgang mit dem Computer (als positivem Gegenpol zu Computerängstlichkeit) verstanden (siehe [Naumann und Richter 2001]).

Ab 1980 wird der Begriff »computer literacy« in die Diskussion gebracht, um zu verdeutlichen, dass neue Elemente als Kulturtechnik Eingang in die allgemeine Bildung finden sollten. Da bis heute keine Übereinkunft darüber erzielt werden kann, welche Konkretisierung »computer literacy« erfährt, ist der Begriff ohne Konkretion wenig zielführend

---

5 Es soll nicht unterschlagen werden, dass WEIZENBAUM sich gegen »Computer in der Schule« ausspricht.

(vgl. [Childers 2003]). In Europa werden ab 1980 Versuche unternommen, eine so genannte Grundbildung zu etablieren.

- Niederlande: Bürgerinformatik – [van Weert 1984]

- Schweden – [Köhler und Stahl 1984]

- Bundesrepublik Deutschland – [BLK 1984]

Diesen Bestrebungen ist kein nachhaltiger Erfolg beschieden. Als eine Ursache für diesen Misserfolg kann die fehlende Fundierung der Konzepte in der Fachwissenschaft ausgemacht werden. Der Zielkonflikt zwischen einer abnahmeorientierten Bedienkompetenz und den fachlich grundlegenden Prinzipien kann offenbar mit diesen Konzepten nicht aufgelöst werden. Im Zusammenhang mit der Rezeption der Ergebnisse internationaler Vergleichsstudien gelangen die Begriffe Literacy, Literalität und Grundbildung erneut in den Fokus.

Definition 4.1: Informatische Literalität
Informatische Literalität ist die Fähigkeit einer Person, die Rolle zu erkennen und zu verstehen, die Informatik und Informatiksysteme in der Welt spielen, fundierte auf informatischem Wissen beruhende Urteile abzugeben und sich auf eine Weise mit der Informatik und ihren Anwendungen zu befassen, die den Anforderungen des gegenwärtigen und künftigen Lebens dieser Person als konstruktivem, engagiertem und reflektierendem Bürger entspricht [Puhlmann 2004].

4.3.1 Entwicklung in der Bundesrepublik Deutschland

Rahmenbedingungen

Um vereinheitlichende Bildungsplanungsmaßnahmen einzuleiten, die den [Bundes-]Ländern ein gewisses Maß an Gestaltungsmöglichkeiten eröffnet, entwickelt die **B**und-**L**änder-**K**ommission für Bildungsplanung und Forschungsförderung (BLK) Rahmenkonzepte. Im Unterschied zur BLK legt die KMK durch ihre Vereinbarungen normierende und damit vergleichbare Abschlussbedingungen für die Sekundarstufe I und das Abitur fest.

Die Vereinbarung zur Gestaltung der gymnasialen Oberstufe der KMK verdeutlicht, dass wissenschaftlich orientierte Arbeitsweisen des [Bezugs-]Faches zu berücksichtigen sind (vgl. [KMK 1999, S. 4f]) und so eine wissenschaftspropädeutische Bildung zu ermöglichen.

Exkurs: Einheitliche Prüfungsanforderungen in der Abiturprüfung (EPA) »Informatik«

Im Jahr 1991 wurden erstmalig bundesweit gültige Prüfungsanforderungen für »Informatik« veröffentlicht. Eine Kommission der KMK hat diese Anforderungen im Jahr 2003 überarbeitet. Die Ergebnisse dieser Überarbeitung wurden 2004 von den Kultusministern der Bundesländer akzeptiert [KMK 2004].

Fachdidaktische Ansätze

In der Bundesrepublik Deutschland bietet die Fachtagung »Informatik und Schule«, die seit 1984 in der Regel alle zwei Jahre stattfindet[6], Gelegenheit, die Entwicklung der *Didaktik der Informatik* für Schulen zu identifizieren. Im Folgenden werden Beiträge ausgewählt, die veränderte konzeptionelle Orientierungen deutlich machen. In die Darstellung werden darüber hinaus bedeutsame Ergebnisse einbezogen, die nicht im (direkten) Zusammenhang mit den Fachtagungen veröffentlicht wurden.[7]

Fachdidaktische Forschungsergebnisse ab 1989

Der Beitrag [Peschke 1989] wird heute als bedeutender Versuch einer Neuorientierung der Informatischen Bildung gesehen, obwohl er 1989 heftig umstritten war: »Probleme wie vernetzte Gesellschaft und informationelle Selbstbestimmung, die automatisierte Fabrik und soziale Gestaltbarkeit, fehlerhafte informationstechnische Systeme und Verantwortlichkeit können über den algorithmischen Zugang nicht befriedigend behandelt werden« [Peschke 1989, S. 91ff]. PESCHKE berücksichtigt Ergebnisse der wissenschaftstheoretischen Fundierung der Informatik. Aus heutiger Sicht treten sehr ungünstige Lösungsversuche ein, da PESCHKE sich gegen die Stärkung des Unterrichtsfaches Informatik ausspricht, anstatt eine Veränderung des Schulfaches zu fordern. So werden in der Folge z. B. einer Pseudo-Integration informatischer Fachinhalte über Projekte, die an ein Leitfach gebunden sind, propagiert und führen zu einer deutlichen Verschlechterung der Stellung und der Notwendigkeit des Schulfachs Informatik. Die *Didaktik der Informatik* ist zu diesem Zeitpunkt noch kein etabliertes Teilgebiet der Informatik. Für wenige Standorte der Lehrerbildung Informatik werden Lehrveranstaltungen angeboten, die von Forscherinnen des computerunterstützten Unterrichts (**C**omputerunterstützter **U**nterricht (CUU)) getragen werden. Der Fachdidaktik fehlen zu diesem Zeitpunkt tragfähige Konzepte, die dem berechtigten Anspruch von PESCHKE gerecht werden.

Aus der Untersuchung der Bereiche der Kerninformatik leitet SCHWILL drei übergeordnete fundamentale Ideen der Informatik (vgl. Definition 3.2) für die allgemeine Bildung ab, die er als Masterideen bezeichnet:

1989

1993

- Algorithmisierung
- strukturierte Zerlegung
- Sprache

In Baumstrukturen werden diese drei fundamentalen Ideen ausdifferenziert. In den Studien findet sich keine Diskussion von Ideen, die zwar geprüft, dann aber verworfen wurden. Daraus läßt sich schließen, dass die 55 fundamentalen Ideen eher eine pragmatisch zusammengestellte Auflistung darstellen. Die Vermutung, dass der subjektive Erfahrungshintergrund des Forschers die Begründungsintensität stark beeinflusste, liegt nahe. Der weitergehende Anspruch einer »vollständigen Kollektion aller fundamentalen Ideen der Wissenschaft« [Schwill 1993, S. 23] wird mit einer theoretischen Methodik verbunden, die fragwürdig erscheint. Es soll »von den Inhalten einer Wissenschaft zu ihren

---

6 Seit 1995 firmiert die Fachtagung **Info**rmatik und **S**chule unter dem Kürzel INFOS – Orte und Tagungsbände siehe Tabelle 4.2.

7 Darüber hinaus ist auf Empfehlungen der GI hinzuweisen: [GI 2003].

Tabelle 4.2: INFOS

Jahr	Ort	Tagungsband
1984	Berlin	[Arlt und Haefner 1984]
...	...	...
1995	Chemnitz	[Schubert 1995]
1997	Duisburg	[Hoppe und Luther 1997]
1999	Potsdam	[Schwill 1999]
2001	Paderborn	[Keil-Slawik und Magenheim 2001]
2003	München	[Hubwieser 2003]
2005	Dresden	[Friedrich 2005]
2007	Siegen	...
2009	Berlin	...
...	...	...

Ideen abstrahiert« [a. a. O.] werden, ohne zu beachten, dass dieser Auswahlprozess einen historischen Kontext besitzt; also eine Momentaufnahme der Ideenkollektion zu einem konkreten Zeitpunkt liefert.

> In der fundamentalen Idee »Teamarbeit«, die der strukturierten Zerlegung und dort dem Zweig der Modularisierung zugeordnet wird, liegt ein Problem und eine Chance dieses theoretischen Ansatzes zugleich. Die Chance liegt darin, dass fundamentale Ideen der nicht formalisierbaren Bereiche der Informatik in das Konzept einbezogen werden. Das Problem besteht darin, dass die partizipative Software-Entwicklung mit starker Betonung der Kommunikationsprozesse nicht das letzte Blatt eines Baums der fundamentalen Ideen sein kann, denn Software-Entwicklung ist ein kooperativer Prozess zwischen Menschen, der sich nicht allein mit Algorithmisierung und strukturierter Zerlegung erklären lässt.
>
> Dieser bedeutsame Beitrag zur Fundierung der *Didaktik der Informatik* führte zu einer Polarisierung in der Lehrerschaft, da Elemente der theoretischen Informatik in den fundamentalen Ideen überproportional häufig vertreten sind – Elemente der technischen Informatik und des Fachgebiets Informatik und Gesellschaft hingegen (fast) völlig fehlen. Der fehlende Zugang zu soziotechnischen Systemen und den damit verbundenen Anwendungsbereichen zeigt, dass mit diesem Ansatz ein für die *Didaktik der Informatik* wesentlicher Anknüpfungspunkt ausgespart bleibt.

Die Stärke der Konzepts fundamentaler Ideen für das Schulfach Informatik besteht in der fachlichen Absicherung von Inhalten. Dies setzt voraus, dass entschieden wird, welche Inhalte curricular umgesetzt werden sollen. Informatik in der Schule kann nicht allein über die Fachsystematik begründet werden, sondern benötigt einen allgemeinpädagogischen Kontext. Das heißt, Inhalte sollten sich aus der Lebenswelt der Schülerinnen ergeben und müssen als epochale Schlüsselfragen [Klafki 1985a] im Informatikzusammenhang thematisiert werden.

1995   ENGBRING assoziiert die Gemeinsamkeit aller vorliegenden Inhalts- und Begründungsfragmente zum Schulfach Informatik mit dem Begriff »Technik«. Informatik kann einen Beitrag zur Erklärung technischer Phänomene leisten, so wie die Naturwissenschaften einen Beitrag zur Erklärung von Phänomenen der Natur leisten (vgl. [Engbring 1995,

S. 76]). Diese Position zum Bildungswert der Informatik ist umstritten, die Chance dieser Überlegungen besteht darin, dass mit dem Schulfach Informatik in der Schule der Themenbereich »Technik« und »Gestaltung der Technik« einen den gesellschaftlichen Anforderungen angemessenen Raum erhält.

Mit Thesen über den Umgang mit dem technischen Artefakt Computer stellt KRÄMER die Zeitgebundenheit der Inhalte und den damit verbundenen Perspektivenwechsel heraus: »Damit wird, was als eine Denkleistung zählt, abhängig von den sich historisch wandelnden kulturellen Praktiken unseres Zeichengebrauches. [...] Der Computer zeigt sich [...] als der apparative Vollzug von Kulturtechniken, die auf dem Einsatz von ›symbolischen Maschinen‹ beruhen« [Krämer 1997, S. 8]. KRÄMER fügt der Unterscheidung von instrumentellem und kommunikativem Handeln[8] die Möglichkeit einer dritte Modalität unseres Handelns hinzu: die »spielerische Interaktion« (vgl. [Krämer 1997, S. 12f]). Der Nutzung dieser Erkenntnisse zur Gestaltung und Umsetzung curricularer Elemente für die Informatische Bildung wurde bisher nicht Rechnung getragen. Sie verweisen auf die Möglichkeit, über die bisherigen Zieldimensionen hinausreichende Ansätze erfolgreich zu begründen.

1997

Die »Fähigkeiten zum Umgang mit Information« werden von HUBWIESER und BROY als Ziel des Informatikunterrichts vorgeschlagen. Dies soll umgesetzt werden, indem Schülerinnen Vorstellungen angeboten werden, um die charakteristischen Eigenschaften von Informatiksystemen zu begreifen und zu beherrschen. Die Modellierung wird als Unterrichtsprinzip benannt und in das Zentrum der konkreten Arbeit der Informatik als Schulfach gerückt. Im Zusammenhang mit methodischen Vorschlägen wird herausgearbeitet, dass als Ausgangspunkt eines so orientierten Unterrichts Problemstellungen aus der Praxis zur Problemgewinnung gewählt werden sollten, die – als projektorientierte Unterrichtssequenzen realisiert – die Phasierung des Modellbildungs- und Simulationsprozesses im Unterrichtsprozess widerspiegeln (vgl. [Hubwieser und Broy 1997, S. 41ff]). Mit dem Beitrag wird eine theoriegeleitete Klammer zum Schulfach Informatik vorgelegt. Der Ansatz wird auch als als informationszentrierter Ansatz bezeichnet. Durch den Vorschlag wird die Modellierung im Informatikunterricht in das Zentrum der didaktischen Überlegungen gerückt. Dieser Ansatz wird in der Folge im Bundesland Bayern zur Grundlage für den Pflichtunterricht Informatik im Gymnasium in der Unter- und Mittelstufe (entspricht der Sekundarstufe I).

Eine Untersuchung des Computer-Weltbildes von Informatiklehrkräften an Schulen wird von BERGER vorgestellt. Die in der Studie angewandte Forschungsmethodik basiert auf Verfahren der qualitativen Sozialforschung. »Das traditionelle Paradigma *Schule* – charakterisiert durch Schlüsselbegriffe wie Unterricht, Hausaufgabe, Klassenarbeit, lehren, erziehen, prüfen, benoten etc. – wird wenn auch nicht geradezu verdrängt, so doch zunehmend ergänzt und überlagert von einem neuen Paradigma *Berufswelt* mit den Leitkonzepten Projekt, Produkt, Team, Diskussion, beraten, delegieren, mitbestimmen und kooperieren [...] Prononciert könnte man formulieren: Im innovativen Schulfach Informatik findet Innovation zur Zeit weniger von *innen* statt, durch den innovativen Lehrer, der

---

8 »[als] Differenz zwischen einem Tun, das erfolgsorientiert ist und auf die technikgestützte Leistungssteigerung im Umgang mit Sachen abzielt und einem Tun, das verständigungsorientiert ist und die sprachvermittelte Anerkennung anderer Personen impliziert.«

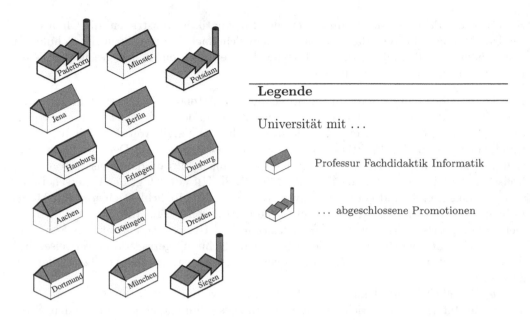

Bild 4.3: Standorte *Didaktik der Informatik* in Deutschland (Stand April 2006)

ein neues Paradigma des Lehrens und Lernens findet – als vielmehr von *außen*, durch ein neues Paradigma, das ›seinen Lehrer findet‹ und ihn, auch den durchaus traditionell eingestellten, zunehmend zu innovativen Mustern greifen läßt« [Berger 1997, S. 38]. Für die *Didaktik der Informatik* bedeutsam erscheint die Feststellung eines Paradigmenwechsels hin zu modernen Leitkonzepten, die mit innovativen Mustern unterrichtlich umgesetzt werden. Damit kann das Schulfach Informatik zum Leitfach für notwendige Umgestaltungen der schulischen Praxis werden.

1999   MAGENHEIM, SCHULTE und HAMPEL dokumentieren einen fachdidaktischen Ansatz zur objektorientierten Modellierung unter Bezugnahme auf die Konzepte Dekonstruktion (als Möglichkeit zur Durchdringung) und Konstruktion (als Erweiterung) existierender Informatiksysteme. Damit soll »Schülerinnen und Schülern die Einsicht in Verfahren der objektorientierten Modellierung sowie in relevante Methoden der Gestaltung und Bewertung von Informatiksystemen gegeben werden« [Magenheim u. a. 1999, S. 149]. Als Bezug wird die systemorientierte *Didaktik der Informatik* ausgewiesen. Projektorientierter Unterricht wird für notwendig erachtet, und in der Konkretion und Ausgestaltung die objektorientierte Modellierung favorisiert.

Das Konzept lässt allerdings Fragen nach der Konkretisierung der Umsetzung unbeantwortet. Es ist deutlich, dass der Arbeitsgruppe eine nicht zu unterschätzende Arbeit bevorsteht. Ein zentrales Problem besteht darin, eine notwendige Komplexität der zu dekonstruierenden Systeme mit einer Erweiterungsmöglichkeit so zu verbinden, dass sie handhabbar werden und offen bleiben. Bezogen auf die beschriebene, angestrebte unterrichtliche Umsetzung stellt die Orientierung des Ansatzes auf die Softwaretechnik ein weiteres Problem dar. So werden die Elemente der technischen Informatik und damit ein wesentlicher Teil der Wirkprinzipien von Informatiksystemen bei dem Konzept noch nicht in den Blick genommen.

Die Vorlage des Gesamtkonzepts zur Informatischen Bildung [GI 2000] spiegelt das inzwischen entwickelte Selbstbewusstsein der *Didaktik der Informatik* wider und verdeutlicht darüber hinaus Handlungsnotwendigkeiten im Bereich der allgemeinen Bildung. Die Orientierung an Leitlinien[9] zeigt eine Umorientierung der Zielvorstellungen von der Fachstruktur zu einer didaktisch reflektierten Gestaltungsgrundlage. Es werden keine Hinweise für die konkrete Unterrichtspraxis gegeben, so dass zur Zeit die Anforderungen des Gesamtkonzepts hinsichtlich beispielhafter Umsetzungen nicht geprüft werden können.

2000

Exkurs Dissertationen im Kontext – *Didaktik der Informatik*

- Informatische Modellbildung – Modellieren von Modellen als ein zentrales Element der Informatik für den allgemeinbildenden Schulunterricht
  [Thomas 2002, S. 76]

  Als ein Ergebnis seiner Dissertation kommt THOMAS zu dem Schluss, dass informatische Modelle als Bildungsgut bezeichnet werden können und Merkmalen der Allgemeinbildungsbegriffe genügen (vgl. [Thomas 2002, S. 76]). Belege für den Stellenwert der Modellierung findet THOMAS durch eine (quantitative) Analyse universitärer Skripte zu Veranstaltung aus dem Bereich der Kerninformatik. Unbeantwortet bleiben die Fragen nach einer Definition von »Informatik« und damit der Beschränkung des Suchraums. Die vorgelegte Untersuchung macht deutlich, dass Fragen der Modellierung zum Selbstverständnis der Informatik einen wesentlichen Beitrag leisten. Das Ergebnis weist in signifikanter Weise über die in den GI-Empfehlungen zum Gesamtkonzept ausgewiesene Leitlinie »Informatisches Modellieren« (vgl. Fußnote 9) hinaus. Die mit den beschriebenen Ergebnissen verbundenen curricularen und unterrichtlichen Konsequenzen müssen noch erarbeitet und evaluiert werden.

2002

- Zur wissenschaftlichen Fundierung der Schulinformatik
  [Humbert 2003]

- Lehr- Lernprozesse im Informatik-Anfangsunterricht: theoriegeleitete Entwicklung und Evaluation eines Unterrichtskonzepts zur Objektorientierung in der Sekundarstufe II
  [Schulte 2004]

- Didaktisches System für objektorientiertes Modellieren im Informatikunterricht der Sekundarstufe II
  [Brinda 2004]

2003

- Informatik im Herstellungs- und Nutzungskontext. Ein technikbezogener Zugang zur fachübergreifenden Lehre
  [Engbring 2004]

2004

Die Dissertationsprojekte zeigen ein strukturelles Problem der Informatikfachdidaktikforschung zu diesem Zeitpunkt: es gibt kein etabliertes Pflichtfach Informatik

---

9 Interaktion mit Informatiksystemen; Wirkprinzipien von Informatiksystemen; Informatische Modellierung; Wechselwirkungen zwischen Informatiksystemen, Individuum und Gesellschaft

in der Sekundarstufe I. Die für die Sekundarstufe I vorgelegten Konzepte sind relativ jung, werden noch nicht breit umgesetzt und sind regional beschränkt.

Die Forschung konzentriert sich im Wesentlichen auf Informatikunterricht in der gymnasialen Oberstufe, hier liegen Veröffentlichungen vor, es besteht die Möglichkeit der Unterrichtsbeoabachtung und -evaluation, eine langjährige Unterrichtspraxis gibt Untersuchungen in diesem Feld eine breite Grundlage. Die Arbeiten weisen nur an wenigen Stellen über ihren konkreten Gegenstand hinaus auf die allgemeine Bildung. Damit wurde die Chance vergeben, Elemente einer fortgeschrittenen Fachdidaktik auf die Sekundarstufe I zu beziehen, um so den Anspruch auf den allgemeinbildenden Charakter der Informatik zu stützen und Gestaltungshinweise zu entwickeln.

Diese Situation führt dazu, dass laufenden und künftigen Forschungs- und vor allem Dissertationsprojekten eine Schlüsselrolle für die notwendige weitere Arbeit in diesem Feld zukommt. Es steht zu hoffen, dass die verantwortlichen Betreuerinnen sich dieser Anforderung bewusst stellen (vgl. [Humbert 2006]).

2003 Auf der Tagung INFOS in München wurde mit [Witten 2003] eine Auseinandersetzung mit dem Allgemeinbildungskonzept von Hans Werner HEYMANN[10] vorgestellt. In überzeugender Weise wird der Nachweis geführt, dass die postulierten Kriterien mit den Inhalten eines allgemeinbildenden Informatikunterrichts in hohem Maß erfüllt werden.

2004 In Folge der mit [Puhlmann 2003] und [Friedrich 2003] beginnenden Diskussion um Standards in der Informatikfachdidaktik wird ein didaktisch zu gestaltender Zugang zu informatisch bedeutsamen Gegenstandsbereichen entwickelt und vorgestellt: die Phänomenorientierung [Humbert und Puhlmann 2004].[11] Ausgangspunkt der Überlegungen war die Entwicklung von Ideen für Stimulusmaterial für Aufgaben, mit denen informatische Kompetenz geprüft werden soll.

2005 Die weitere Arbeit zu Standards wird maßgeblich von PUHLMANN (Vorsitz im **F**achausschuss **I**nformatische **B**ildung in **S**chulen (FA IBS) der GI) vorangetrieben (vgl. [Humbert und Puhlmann 2005], [Puhlmann 2005a]) und orientiert sich strukturell an der Entwicklung der Standards für die Mathematik in den Vereinigten Staaten durch das **N**ational **C**ouncil of **T**eachers of **M**athematics (NCTM). Der Kontext wird in Abschnitt 4.4 ausführlicher dargestellt.

4.3.2   Internationale Diskussion

Im internationalen Feld der Didaktik für die Schulinformatik wurden bislang keine umfangreichen Vergleichsstudien durchgeführt. Daher werden im Folgenden ausgewählte Veröffentlichungen vorgestellt und eingeordnet. Die Auswahl wurde nach folgenden Kriterien vorgenommen: *lange Tradition* (ACM – erster Vorschlag 1968); *Verbreitung* (**I**nternational **F**ederation for **I**nformation **P**rocessing (IFIP)/**U**nited **N**ations **E**ducational, **S**cientific

---

10 Bekannter Mathematikdidaktiker, der Informatik als eigenständiges Fach in der Schule nicht für sinnvoll erachtet.
11 Phänomene als Schlüssel zu physikalischen Fragen werden in [Wagenschein 1976] begründet. Für den Mathematikunterricht liefern Phänomene ebenfalls eine tragfähige Grundlage, wie in [Freudenthal 1983] gezeigt wird.

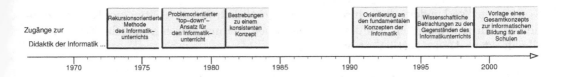

Bild 4.4: Zeitleiste zu didaktischen Orientierungen

and Cultural Organization (UNESCO)) und *Nähe zur bundesrepublikanischen Diskussion* (EBERLE).

Model High School Computer Science Curriculum–ACM

Die Themenübersicht des für alle Schülerinnen verpflichtenden Curriculums [ACM 1997] für die allgemeinbildende Sekundarstufe II umfasst die Bereiche: Algorithms; Programming Languages; Operating Systems and User Support; Computer Architectures (bis hier in Summe über 85% der Gesamtunterrichtszeit von ca. 300 Stunden); Social, Ethical and Professional Context; Computer Applications; Additional Topics. In dem Curriculum wird deutlich gemacht, dass die Beschäftigung mit technischen Details vermieden werden muss. Es soll vielmehr eine Konzentration auf die grundlegenden wissenschaftlichen Prinzipien und Konzepte erfolgen. Eine konzeptionelle Orientierung als Klammer des Curriculums wird nicht expliziert.

Informatics for secondary education: a curriculum for schools–IFIP/UNESCO

Unter Berücksichtigung der weltweit normierenden Absicht, die mit der Veröffentlichung der Dokumente der UNESCO verbunden sind[12], muss eine kritische Prüfung der Zielvorstellungen des Curriculums [van Weert u. a. 2000] vorgenommen werden. In den Zielbereichen *Computer Literacy* und *Application of IT Tools in other Subject Areas* wird eine an Anwendungen orientierte Ausrichtung expliziert. Informatik ist diesem curricularem Entwurf zufolge nachgelagert. Damit wird aus den vorgeschlagenen Bereichen kein durchgängiges Informatikcurriculum erstellt, sondern ein Konzept, das die Informatik isoliert und künstlich von Informatics Technology (IT)[13] zu trennen versucht. Die Umsetzung des Curriculums soll am problemlösenden Denken orientiert erfolgen. Eine Überarbeitung wurde mit [van Weert u. a. 2000] vorgelegt. Bezüglich der Inhalte kann aus Sicht der Informatik keine maßgebliche Veränderung gegenüber der Vorgängerfassung festgestellt werden. In dem Curriculum findet sich ein deutlicher Hinweise auf die Zertifizierung curricularer Elemente durch die im Europäischen Computer-Führerschein (European Computer Driving Licence (ECDL)) angebotenen Fertigkeiten (skills). Diese Entwicklung ist mit der

---

12 Konkret nachzuweisen ist dies im deutschen Sprachraum an dem schweizerischen Lehrwerk »Informatik«, das in der 5. Auflage vorliegt und im Vorwort deutlich macht: »[...] folgt den Richtlinien der Curricula der Eidgenössische Erziehungsdirektorenkonferenz (EDK) und der UNESCO« [Anderes u. a. 1999, S. III].

13 Im Unterschied zu dem üblichen Akronym IT (Information Technology) wird in dem Curriculum Informatics Technology verwendet.

Konsequenz verbunden, dass durch die offensichtlichen Möglichkeiten zur Kommerzialisierung ein zunehmender Teil der Informatischen Bildung durch außerschulische Träger abgedeckt und/oder zertifiziert wird.[14]

The Informatics Curriculum Framework 2000 [ICF-2000]–IFIP/UNESCO

Mit [Mulder und van Weert 2000] wird ein curricularer Rahmen für Informatik in der Sekundarstufe II (Higher Education) vorgelegt. Modellierung hat Eingang in die Themenliste des Kerncurriculums gefunden. In dem curricularen Vorschlag werden Elemente des ECDL zur Umsetzung konkreter Elemente vorgeschlagen. Die Module des ECDL werden im Anhang des curricularen Rahmenvorschlags ausführlich vorgestellt. Es wird herausgestellt, dass für die Kommission eine terminologische Schwierigkeit bestand, und daher die Bezeichnung »informatics« der Einfachheit halber als Oberbegriff benutzt wird.

Vergleich – Bewertung

Die Vorschläge lassen unterschiedliche Ansätze erkennen, die dem jeweiligen Verständnis von Informatik zuzuschreiben sind. Die Ergebnisse auf der curricularen Ebene weichen hinsichtlich des fachlichen und des pädagogischen Hintergrunds voneinander ab: IFIP/UNESCO fordert Problemlösekompetenz, verwendet den Begriff Modellierung und erklärt die Informatik als Hilfsmittel zur Problemlösung. ACM legt ein »konservatives« Informatikverständnis zugrunde und fordert, dass die Inhalte auf zentrale wissenschaftliche Prinzipien und Konzepte orientiert zu erarbeiten sind. Gerade aus dieser Diskrepanz heraus ist eine verstärkte internationale Auseinandersetzung um Informatik als Inhalt allgemeiner Bildung notwendig. Es wäre zu begrüßen, wenn die beiden curricularen Vorschläge so miteinander verzahnt würden, dass die Fachkonzepte der Informatik auf dem Hintergrund moderner fachdidaktischer Konzepte erfolgreich vermittelt werden.

Gemessen an dem Bildungsanspruch, der in der deutschen Diskussion eine wesentliche Rolle spielt, muss festgestellt werden, dass die Zugänge in den Vorschlägen von ACM und IFIP/UNESCO sehr pragmatisch-inhaltlich und wenig konzeptionell ausgearbeitet sind. Darüber hinaus wird deutlich, dass diese Vorschläge einer Entwicklung Vorschub leisten, den Erwerb von Fertigkeiten von der Reflexion über die Möglichkeiten zu trennen. Diese Entwicklung ist abzulehnen, führt sie doch zu einer benutzungsorientierten Sicht auf die Informatik, die den Bestrebungen zur Entwicklung Informatischer Bildung zuwider läuft. Fertigkeiten sind im Kontext auszubilden und zu beleuchten. Sie sollten aus didaktischen Gründen nicht künstlich vom Kontext getrennt werden.

Überlegungen zu einer Didaktik der Informatik – EBERLE

In der Habilitationsschrift [Eberle 1996] werden Elemente einer *Didaktik der Informatik* zusammengefasst. Die Darstellung bestätigt die Vielfalt an Varianten, in der das Schulfach Informatik realisiert wird. Allerdings machen die Ausführungen darüber hinaus deutlich, dass es einer eigenen Fachdidaktik bedarf, die sich mit Fragen der Umsetzung beschäftigt, da diese nicht durch Anleihen aus anderen Fachdidaktiken beantwortet werden können.

---

14 Dies wird in Österreich breit praktiziert – erste Ansätze finden sich auch in Deutschland.

Aussagen zur Situation in Frankreich und in der Schweiz

– Frankreich

> Ein Fach Informatik, wie es bei uns in der gymnasialen Oberstufe unterrichtet wird, gibt es im französischen Schulsystem nicht. Auf dem «collège» wird im letzten Jahr, der so genannten «troisième» ggf. auch noch nach dem Übergang zum «lycée» (vergleichbar mit dem deutschen Gymnasium) im ersten Jahr ein praktisch ausgerichteter Kurs mit zwei Kompetenzstufen angeboten. Darüber hinaus können die Schülerinnen im ersten Jahr des Gymnasiums, der «seconde» im Rahmen ihrer Wahlmöglichkeiten 2 Stunden pro Woche einen Kurs belegen. In den letzten beiden Klassen des «lycée» wird bei allen Differenzierungsmöglichkeiten das Fach Informatik nicht mehr angeboten.
>
> [Quelle: persönliche Mitteilung, StD HABERKERN, Fachleiter Französisch im Seminar Gymnasium/Gesamtschule am Studienseminar für Lehrämter an Schulen Hamm 2002]

– Schweiz

> Im Jahr 1995 wurde Informatik als eigenständiges Fach in der allgemeinbildenden Sekundarstufe II abgeschafft, in der vermeintlichen Hoffnung, die Informatik könne durch Integration in die anderen Fächer »nebenbei« überall unterrichtlich umgesetzt werden. Dies hat sich offenbar inzwischen als nicht praktikabel herausgestellt, so dass zunehmend Stimmen laut werden, Informatik wieder als Schulfach einzuführen.
>
> [Quelle: persönliche Mitteilung, HARTMANN, Eidgenössische Technische Hochschule (ETH) Zürich 2002]

4.4 Informatische Bildung – Standards

Wie in den vorangegangenen Abschnitten dokumentiert, wird von unterschiedlicher Seite vorgeschlagen, welche Inhalte der Informatik Eingang in die allgemeine Bildung finden sollen. Dies kann nicht darüber hinwegtäuschen, dass das allgemeinbildende Schulfach Informatik bis heute keinen durchgängigen Eingang in den Pflichtkanon der Fächer gefunden hat. Über Ziele allgemeiner Bildung besteht in demokratisch verfassten Gesellschaften ein gewisser Konsens. Das globale Ziel wird darin gesehen, dass es gilt, die Kinder und Jugendlichen auf eine Zukunft so vorzubereiten, dass sie in freier Selbstbestimmung in die Lage versetzt werden, ihr Leben zu gestalten und an politischen Entscheidungen mündig teilzuhaben. Um diese Ziele zu erreichen, werden – unter Zuhilfenahme der Erkenntnisse fachdidaktischer Forschung Projektionen übergeordneter Ziele auf Methoden und Inhalte des Schulfachs vorgenommen. Bezogen auf die Zielmaßgabe können für das Schulfach Informatik folgende Dimensionen ausgewiesen werden:

- Informatische Bildung ist Bestandteil allgemeiner Bildung für eine verantwortliche Gestaltung der Zukunft in Selbstbestimmung.

- Notwendige Voraussetzung für die Medienbildung ist Informatische Bildung.

- Informatische Bildung ist eine notwendige Voraussetzung für die Ausbildung Informatischer Vernunft[15].

---

15 Zu der Bezeichnung *Informatische Vernunft* vgl. [Görlich und Humbert 2005].

Modi der Weltbegegnung (kanonisches Orientierungswissen)	Basale Sprach- und Selbstregulations-kompetenzen (Kulturwerkzeuge)				
	Beherrschung der Verkehrssprache	Mathematisierungs-kompetenz	Selbstregulation des Wissenserwerbs	Fremdsprachliche Kompetenz	IT-Kompetenz

Kognitiv-instrumentelle Modellierung der Welt
  Mathematik
  Naturwissenschaften					

Ästhetisch-expressive Begegnung und Gestaltung
  Sprache/Literatur
  Musik/Malerei/bildende Kunst
  Physische Expression					

Normativ-evaluative Auseinandersetzung mit Wirtschaft und Gesellschaft
  Geschichte
  Ökonomie
  Politik/Gesellschaft
  Recht					

Probleme konstitutiver Rationalität
  Religion
  Philosophie					

nach [Baumert 2002, S. 113]

Bild 4.5: Grundstruktur der Allgemeinbildung und des Kanons

In welcher Form diese Ziele erreicht werden sollen, hängt sowohl von dem Stand der Didaktik als auch von politischen Maßgaben ab. In den letzten Jahren wurde die tradierte Form der Organisation der Bildungslandschaft in der Bundesrepublik Deutschland erschüttert. Nach der *empirischen Wende der Bildungspolitik* wird der Ertrag bei den Schülerinnen zur Zielmaßgabe der Schulen. Damit gilt es zunehmend, Kompetenzen konkret auszuweisen und zu überprüfen.

Dies geschah nicht zuletzt in Folge der erzielten Ergebnisse deutscher Schülerinnen bei den internationale Vergleichsstudien wie **T**hird **I**nternational **M**athematics and **S**cience **S**tudy (TIMSS) und **P**rogramme for **I**nternational **S**tudent **A**ssessment (PISA). Die politische Diskussion der Ergebnisse führte dazu, dass nunmehr fachbezogen Bildungsstandards ausgewiesen werden, die von allen Schülerinnen erreicht werden müssen.

Erklärung 4.2: Kompetenz

Die Fähigkeit eines Menschen, bestimmte Aufgaben selbstständig durchzuführen, wird als Kompetenz bezeichnet.

Zum Begriff (etymologisch):

competere (lat.) »zusammentreffen«

Vision

Stell' dir eine Schule vor, in der alle Schülerinnen und Schüler hervorragenden Informatikunterricht erhalten. Der Unterricht wird von Lehrerinnen und Lehrern erteilt, die eine fundierte Informatikausbildung haben und die zugleich wissen, wie Informatikinhalte Kindern und Jugendlichen nahe gebracht werden können. Ihnen stehen angemessene Arbeits- und Unterrichtsmittel zur Verfügung, die es erlauben, wichtige Informatikinhalte in methodischer Vielfalt zu behandeln und informatische Kompetenzen bei den Schülerinnen und Schülern zu entwickeln. Dabei sind die Anforderungen durchaus hoch, aber die Schülerinnen und Schüler werden damit nicht alleine gelassen, sondern nach ihren Bedürfnissen unterstützt. So zeigen die Schülerinnen und Schüler großes Engagement, lernen mit Verständnis, erkennen Verbindungen zwischen verschiedenen informatischen Fragestellungen, tauschen sich untereinander über Informatik aus und können Überlegungen und Arbeitsergebnisse mündlich und schriftlich gut verständlich mitteilen. Dabei nutzen sie selbstverständlich Computer sowohl als Gegenstand des Unterrichts als auch als Arbeitsmittel zur Informationsdarstellung und zum Informationsaustausch. Diese Kompetenzen kommen auch ihrer übrigen schulischen Arbeit zugute. So schätzen die Schülerinnen und Schüler das Fach Informatik und engagieren sich stark, um ihr Wissen und ihre Kompetenzen zu mehren.

[Puhlmann 2005a, S. 79]

Bild 4.6: Informatische Bildung – Vision

Die Basiskompetenz Informationstechnologie (IT) wird quantitativ zunehmend seit PISA 2000 in internationalen Vergleichsstudien untersucht. Die in Bild 4.5 dargestellten »Modi der Weltbegegnung« entsprechen den Aufgabenfeldern der allgemeinbildenden gymnasialen Oberstufe. Allen Kompetenzbereichen können affine Fächer zugeordnet werden, so auch dem *Kulturwerkzeug IT-Kompetenz*. Das Schulfach Informatik wird in Bild 4.5 nicht ausgewiesen.

Wie können Standards für die Informatische Bildung gestaltet werden? Die grundlegende Diskussion um Bildungsstandards in der Bundesrepublik Deutschland folgt der Veröffentlichung der Ergebnisse verschiedener internationaler Vergleichsstudien, in denen deutlich wird, dass eine Umorientierung der Maßgaben für die schulische Ausrichtung weg von administrativen und durch die Richtlinienkompetenz der Bildungsverwaltung vorgegebenen sogenannten »inputorientierten« Vorschriften hin zu »outputorientierten« Zielvorgaben geboten scheint.

Die Methode zur Entwicklung von Standards im Schulfach Informatik wird dabei von der Standarddiskussion in den Vereinigten Staaten durch die NCTM befruchtet. Hier wie dort sind es professionell agierende Lehrerinnen und Didaktikerinnen, die in der Diskussion um Standards eine Möglichkeit sehen, grundlegende allgemeinbildende Elemente des Faches zu benennen und zu strukturieren, die daraus resultierenden Kompetenzen zu beschreiben, Verfahren zur Bestimmung des Erreichens der Kompetenzen anzugeben und darüber hinaus Materialien zu entwickeln, die zu einer erfolgreichen Vermittlung in der Schule beitragen. Den Vorschlägen ist gemeinsam, dass sie alle Schülerinnen berücksichtigen und sich darüber hinaus um die Vermittlungsebene bemühen. In Bild 4.6 ist ein Diskussionsvorschlag für die Vision für das Schulfach Informatik dargestellt.

Tabelle 4.3: Inhalts- und prozessbezogene Kompetenzen

Inhalt (Band)	Prozess			
	Informatisches Problemlösen	Begründen Bewerten	Kommunizieren Kooperieren	Zusammenhänge herstellen	Darstellen Interpretieren
Information und Daten					
Algorithmen					
Sprachen und Automaten					
Aufbau und Funktion von Informatiksystemen					
Informatik und Gesellschaft					

Grundsätze für die Informatik in der Schule

Die Verbindungen zwischen dem Fach und der allgemeinen Bildung können in Form zielorientierter Grundsätze ausgewiesen werden, um so Bereiche schulischer Umsetzung und Einbindung der fachlichen Orientierung in die übergeordneten Bildungsziele zu ermöglichen. Grundsätze stellen damit eine Möglichkeit dar, aus dem Anspruch einer allgemeinen Bildung eine fachliche Konkretion zu erreichen. Im Rahmen der Diskussion um Standards einer Informatischen Bildung werden in Anlehung an die »Principles« der NCTM Grundsätze ausgewiesen. Im Folgenden werden der Gleichheitsgrundsatz und der Technik(mittel)grundsatz näher erläutert. Der Gleichheitsgrundsatz verweist auf die zentrale Forderung der Fachdidaktik nach einem durchgängigen Pflichtfach und begründet dies erneut. Der Technik(mittel)grundsatz verdeutlicht eine für den Informatikunterricht wesentliche Qualität, die sich maßgeblich von anderen Fächern unterscheidet.

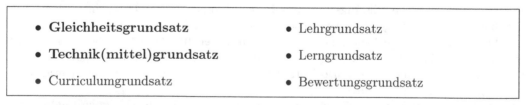

- **Gleichheitsgrundsatz**
- **Technik(mittel)grundsatz**
- Curriculumgrundsatz
- Lehrgrundsatz
- Lerngrundsatz
- Bewertungsgrundsatz

Der Gleichheitsgrundsatz

Hohe Anforderungen und bestmögliche Unterstützung für alle Schülerinnen und Schüler sind die besten Voraussetzungen für eine exzellente Informatische Bildung.

- Hohe Anforderungen bedeuten, dass die Grundprinzipien der Informatik allen Schülerinnen und Schülern zugänglich zu machen sind.

- Die Unterstützung muss den Kriterien einer geeigneten didaktisch gestalteten, zielgruppenadäquaten Weise gerecht werden.

- Allen Schülerinnen und Schülern ist der Zugang zu Informatischer Bildung zu ermöglichen, unabhängig von Herkunft, Geschlecht, sozialen und individuellen Voraussetzungen (auch Handikaps) und angestrebtem Bildungsabschluss. Dies umfasst die Notwendigkeit, allen Schülerinnen und Schülern einen Zugang zu Informatiksystemen zu ermöglichen. Es reicht nicht, den Zugang im konkreten Fachunterricht zu eröffnen, sondern darüber hinaus auch in der unterrichtsfreien Zeit (vgl. Technik(mittel)grundsatz).

Der Technik(mittel)grundsatz

Informatiksysteme sind unverzichtbare Bestandteile informatischer Lehr-/Lernprozesse; sie beeinflussen die Informatik, die unterrichtet wird, und erweitern die Lernmöglichkeiten der Schülerinnen und Schüler. Informatiksysteme sind sowohl Unterrichtsgegenstand als auch Arbeitsmittel des Informatikunterrichts. Empirischen Untersuchungen zu Folge ist der Einsatz von Informatiksystemen selbstverständlicher Bestandteil des Informatikunterrichts (vgl. Kapitel 5).

- Informatiksysteme sind als Unterrichtsgegenstand selbstverständlicher Bestandteil eines jeden schülerorientierten Informatikunterrichts. Im Sinne eines handlungsorientierten Unterrichts reicht es nicht aus, Informatiksysteme ausschließlich zur Demonstration einzusetzen, sondern es ist notwendig, die Eigentätigkeit der Schülerinnen und Schüler durch individuellen Einsatz im Unterricht zu ermöglichen (siehe Zugangsmöglichkeit zu Informatiksystemen beim Gleichheitsgrundsatz).

- Besonderes Augenmerk muss auf einen didaktisch gestalteten, angemessenen Einsatz von Informatiksystemen als Arbeitsmittel gelegt werden (z. B. zur Visualisierung dynamischer Strukturen: Simulation von Automaten, Präsentation und Dokumentation von Arbeitsergebnissen, ...).

In der Erarbeitung der Kompetenzbereiche wird deutlich, dass – wie in anderen Fächern auch – zwischen inhaltsbezogenen und prozessbezogenen Kompetenzen unterschieden werden muss. Dabei fällt die Zuordnung (vgl. Tabelle 4.3) nicht immer leicht, da sich die Kompetenzbereiche überlappen. Darüber hinaus besteht bisher keine vollständige Einigkeit über die Zuordnung. Der Bereich informatische Modellierung wird in der Diskussion mal als Modellierungstechnik[en] den Inhalten zugewiesen, mal als Prozesskompetenz (dort dem *informatischen Problemlösen* und dem *Begründen und Bewerten*) zugeordnet Es ist also festzustellen, dass informatische Modellierung sowohl den Inhalts- wie auch den Prozesskompetenzen zugeordnet werden kann.

Die Vorüberlegungen zur Ausgestaltung der Inhaltsbereiche (auch Bänder genannt) zeigt, dass sie zu verschiedenen Zeitpunkten der Bildungsbiographie quantitativ unterschiedlich ausgeprägt werden. Als Beispiele für eine inhaltliche Ausgestaltung sind die übergeordneten Kompetenzen der Inhaltsbereiche »Information und Daten« und »Aufbau und Funktion von Informatiksystemen« im Anhang B.2 dokumentiert. Zur Zeit (2006) werden die für alle Jahrgangsstufen bis zum mittleren Bildungsabschluss entwickelten Elemente für die verschiedenen Jahrgangsstufen konkretisiert. Die Konkretion ist Ergebnis von Diskussionsprozessen und kann nicht in einer Top-Down-Strategie gewonnen werden.

Die Notwendigkeit, Zwischenergebnisse weiterhin kritisch zu diskutieren und darüber hinaus Aufgaben zu entwickeln, die erreichte Kompetenzen überprüfbar machen und nicht zuletzt den konkreten Lernort anzugeben, inhaltlich näher zu bestimmen und durch schülerorientierte Materialien exemplarisch anzureichern, stellt eine bisher nur in Ansätzen eingelöste Anforderung an die fachdidaktische Gemeinde dar. Um eine Prüfung der erzielten Kompetenzen vorzunehmen, bedarf es der Genese von Aufgaben für verschiedene Kompetenzstufen. Je nach Kompetenzniveau dürfen die Aufgaben nur wenig textorientiertes Stimulusmaterial enthalten, das es auch Schülerinnen mit nicht sehr ausgeprägter Lesekompetenz ermöglicht, eine Anforderung zu erfassen.

Clara hat im Informatikunterricht aufgeschrieben, wie HTML-Seiten erstellt werden können. In ihrem Heft findet sie dazu die beiden folgenden Zeichnungen:

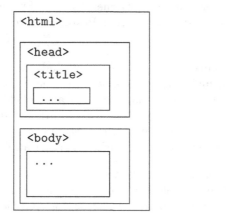 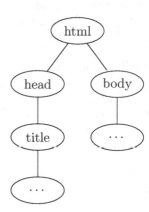

Bild 4.7: Block- und Baumdarstellung der Struktur eines HTML-Dokuments

1. Verdeutliche, an welche Stellen der beiden Grafiken aus Bild 4.7 die in dem folgenden Quelltext durch ⬚Kästchen⬚ markierten Stücke gehören.

```
<html>
 <head>
  <title> Clara - Hobbies und Freunde </title>
 </head>

 <body>
  <h1> Meine Hobbies </h1>

  <h1> Meine Freunde </h1>

 </body>
</html>
```
HTML

2. Beschreibe, was die beiden Grafiken aus Bild 4.7 verdeutlichen sollen.

3. Erkläre die Unterschiede zwischen den Grafiken aus Bild 4.7.

Im ersten Teil der Aufgabe kann eine Schülerin durchaus mit »Patternmatching« erfolgreiche Ergebnisse erzielen. Eine Erweiterung dieses Stimulus kann darin bestehen, die Ansicht in einem Browser zu zeigen und zu fragen, wie diese Elemente den drei verschiedenen Darstellungen zugeordnet werden können.

Die gestellten Anforderungen im zweiten Teil (2. und 3.) verdeutlichen Kompetenzen, die einem Kompetenzniveau zugeordnet werden können, das über die normalerweise erreichten Ergebnisse hinausgeht. Die Ursache liegt darin, dass die Darstellungsformen unüblich, wenn auch instruktiv gewählt wurden: durch die Blockdarstellung wird die Klammerstruktur verdeutlicht, denen wohlgeformte eXtensible Markup Language (XML)- und Hypertext Markup Language (HTML)-Dokumente genügen (müssen), um von Automaten »erkannt« werden zu können. Die Darstellung in einer Baumstruktur weicht von den Bäumen ab, die üblicherweise als bekannt vorausgesetzt werden können, wenn die Schülerin den mittleren Bildungsabschluss erreicht: hier findet sich die Notwendigkeit, beim Traversieren »in die Tiefe zu gehen« und somit im Unterschied zu Bäumen, die z. B. bei Verzeichnisstrukturen auftreten, eine klare Reihenfolge in der Abarbeitung aufweisen, wenn die Struktur linearisiert werden muss.

4.5 Aufgaben – Lösungen

Aufgabe 4.1:   Was ist Schulinformatik?

Erläutern Sie den Begriff Schulinformatik. Verdeutlichen Sie die Unterschiede zwischen der bundesrepublikanischen und der internationalen Einordnung.

Aufgabe 4.2:   Entwicklung der Schulinformatik

Über die Zeit wurde die Schulinformatik deutlich weiterentwickelt.

1. Beschreiben Sie die Entwicklungslinien, die Ihnen nach dem Studium des Kapitels offensichtlich erscheinen.

2. Prognostizieren Sie die weitere Entwicklung. Berücksichtigen Sie dabei Ihre subjektiven Einschätzungen.

Aufgabe 4.3:   Login-Vorgang

Untersuchen Sie die Eignung des Login-Vorgangs als Element der Schulinformatik:

1. Stellen Sie in einer Tabelle den Zusammenhang zwischen geschichtlich bedeutsamen Sichtweisen und Konzepten der Schulinformatik in ihrer jeweiligen Konsequenz für den Login-Vorgang als Unterrichtsgegenstand zusammen.

2. Berücksichtigen Sie folgende Ausprägungen:

   a. Konstruktion des Login-Vorgangs (Entwicklung eines Informatiksystems)

   b. Fragestellungen der Softwareergonomie

   c. Datenschutz und Datensicherheit

   d. Vernetzte Informatiksysteme

   e. Netiquette

   f. Automatentheoretische Betrachtung (Zustände, Übergangsfunktion)

3. Entwickeln Sie Fragestellungen, die eine Schülerin erfolgreich bearbeiten soll, wenn sie den mittleren Bildungsabschluss (Ende der 10. Klasse) – unabhängig von der Schulform – erreicht.

Lösung 4.1:   Was ist Schulinformatik?

Schulinformatik ist der allgemeinen Bildung verpflichtet. Die Zielsetzung weicht damit erheblich von der Bedeutung der Informatik in berufsbezogenen Qualifikationszusammenhängen ab. Ziel der Schulinformatik ist damit die Ausformung der – vom Standpunkt der Informatik aus – gebildeten Persönlichkeit. Dies äußert sich in dem kompetenten, kritischen Umgang mit Informatiksystemen und allen gesellschaftlichen und persönlichen Entwicklungen, die durch die zunehmende Durchdringung aller Bereiche durch Informatiksysteme zunehmend an Bedeutung gewonnen hat.

Die zu erwerbenden Kompetenzen umfassen ein weites Feld: sie reichen von Elementen der Kerninformatik über Fragen der Softwareergonomie bis in ethisch-moralische Bereiche. Die für einen verantwortlichen Umgang mit diesen Fragen notwendigen Kompetenzen werden auf einer fachlichen Grundlage erfahrungsorientiert und – soweit möglich – handlungsorientiert erworben. Bei der Bestimmung der inhaltlichen Kompetenzbereiche zeichnet sich zunehmend ab, dass Informatische Bildung nur durch die Verankerung eines Pflichtbereichs Informatik in allen Schulstufen erworben werden kann.

Lösung 4.3:   Login-Vorgang

Bei der Arbeit mit den schulischen Informatiksystemen wird – nach dem Einschalten des Systems – folgendes Fenster angezeigt:

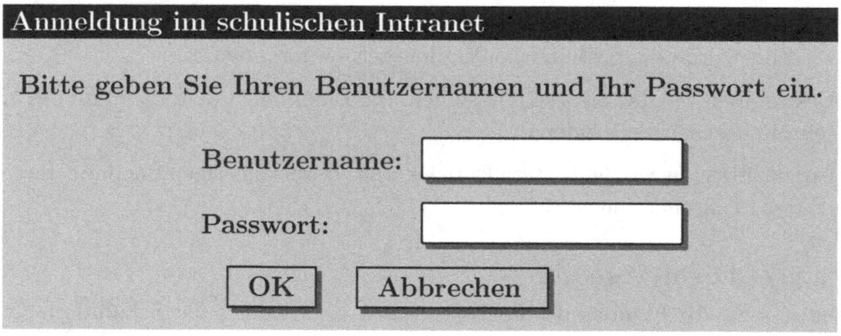

Anmeldung im schulischen Intranet

Bitte geben Sie Ihren Benutzernamen und Ihr Passwort ein.

Benutzername: [   ]

Passwort: [   ]

[**OK**]   [**Abbrechen**]

Bild 4.8: Stimulus: Anmeldedialog – Prüfung der Kompetenzen zur Softwareergonomie

- Was geschieht, wenn du die beiden Textfelder ausfüllst – wie werden die Zeichen, die du eintippst, angezeigt?
- Was erwartest du, wenn du nach korrekter Eingabe den Knopf Abbrechen betätigst?
- Der Dialog wurde von einer Schülerin im Informatikunterricht gestaltet. Gib an, wie du den Dialog gestaltest (mit einer Zeichnung).

Zur Bearbeitung der Fragestellung 2b unter Berücksichtigung von Aufgabenteil 3: Fragen der Softwareergonomie sind ein Bestandteil der Informatik, dem [bis heute] im Informatikunterricht nur wenig Aufmerksamkeit geschenkt wird. Daher erscheint dieser Punkt für eine Musterlösung besonders geeignet.

Mit der Norm »Ergonomische Anforderungen für Bürotätigkeiten mit Bildschirmgeräten Teil 10: Grundsätze der Dialoggestaltung« [CEN – Comité Européen de Normalisation 1995] liegt ein – auch für Schülerinnen verständliches – Regelwerk vor, das die sieben Grundsätze: Aufgabenangemessenheit, Selbstbeschreibungsfähigkeit, Steuerbarkeit, Erwartungskonformität, Fehlertoleranz, Individualisierbarkeit und Lernförderlichkeit ausweist.

Schülerinnen arbeiten mit verschiedenen Informatiksystemen und haben zudem im Zusammenhang mit Entwicklung und Implementierung von Problemlösungen Gelegenheit, selbst die Gestaltung von Dialogen zu beeinflussen. Dabei treten Fragen auf: Wo soll ein Knopf platziert werden? Welche Reaktion seitens des Systems erfolgt bei und nach einer Benutzereingabe? Die Diskussion dieser Fragen können mit den o. g. Grundsätzen auf eine anerkannte Basis bezogen werden. Entscheidungen für oder gegen die Erfüllung einzelner Grundsätze führen dazu, dass auftretende Designkonflikte benannt werden können. Das Ziel dieser Idee besteht darin, dass die Schülerinnen ihre »Rechte« kennen, andererseits ihrer Verantwortung, wenn sie selbst Dialoge gestalten, gerecht werden können. In dem Stimulus in Bild 4.8 werden verschiedene Grundsätze berührt: Aufgabenangemessenheit, Selbstbeschreibungsfähigkeit, Steuerbarkeit und Erwartungskonformität.

4.6   Hinweise zur vertiefenden Auseinandersetzung

Fachdidaktische Entwicklung In den Abschnitten 4.2f werden Aussagen zur fachdidaktischen Entwicklung komprimiert vorgestellt. In [Humbert 2003] werden diese Entwicklungen systematisiert und ausführlicher erläutert.

Standardentwicklung Seit 2003 veröffentlicht Hermann PUHLMANN regelmäßig Beiträge zum Thema Entwicklung von Standards für die Informatische Bildung. Bestandteil jeder dieser Veröffentlichungen sind neben theoriebildenden Anteilen konkrete Aufgaben, die konkrete Anforderungen deutlich machen.

Im Tagungsband der INFOS05 finden sich Beispiele für fachdidaktische Auseinandersetzungen um Standards für die Informatische Bildung [Friedrich 2005]. Anläßlich der Tagung wurde die Ausgabe 135 der Zeitschrift LOG IN mit einigen Beiträgen zu Standards in der Informatischen Bildung vorgestellt: [Puhlmann 2005b], [Koerber und Witten 2005], [Humbert und Pasternak 2005] und [Puhlmann 2005c]. Sie stellen eine weitere Möglichkeit zur vertiefenden Auseinandersetzung dar. Ergebnisse der noch laufenden Diskussion werden auf der INFOS 2007 in Siegen vorgestellt.

PISA – IT-Kompetenz
Die Befragung im Jahr **2000** enthielt den folgenden »Computerfragebogen« (Bezeichnung lt. PISA-Dokumentation [Kunter u. a. 2002, S. 189–197]).

9.1 Selbsteinschätzung und Interesse

- Wie gut bist du im Umgang mit dem Computer?
- Wie gut bist du beim Schreiben eines Aufsatzes auf dem Computer?
- Wie gut wärst du, wenn du eine Klassenarbeit am Computer schreiben müsstest?
- Wenn du dich mit anderen 15-jährigen vergleichst, wie würdest du deine Fähigkeiten im Umgang mit dem Computer beurteilen?

9.2 Computererfahrung

- Wie oft benutzt du das Internet?
- Wie oft benutzt du den Computer zur elektronischen Kommunikation?
- Wie oft benutzt du den Computer als Hilfsmittel zum Lernen für die Schule?

- Wie oft benutzt du den Computer zum Programmieren?
- Wie oft benutzt du <Textverarbeitung>?
- Wie oft benutzt du <Tabellenkalkulation>?
- Wie oft benutzt du <Grafik-, Mal- bzw. Zeichenprogramme>?
- Wie oft benutzt du <Lernsoftware>?
- Wie oft benutzt du <Computerspiele>?

9.3 Zugang zum Computer und Computernutzung

- Wie oft hast du <zu Hause> Zugang zu einem Computer?
- Wie oft benutzt du <zu Hause> einen Computer?
- Wie oft hast du <in der Schule> Zugang zu einem Computer?
- Wie oft benutzt du <in der Schule> einen Computer?

Für die PISA-Befragung 2003 wurde ebenfalls nicht auf Ergebnisse der Informatikfachdidaktik Bezug genommen, wie eine veröffentlichte Beispielaufgabe deutlich macht. Quelle: `http://pisa.ipn.uni-kiel.de/IT_Fragebogen_National_Beispielaufgaben.pdf`

1. Du hast Änderungen an einem Textdokument vorgenommen und möchtest sowohl die geänderte Datei speichern als auch die ursprüngliche Version des Textes behalten. Was tust du?

    a. Ich wähle in der Textverarbeitung den Menüpunkt »Änderungen in einer neuen Datei speichern«.

    b. Ich rufe in der Textverarbeitung den Menüpunkt »Versionsvergleich« auf.

    c. Ich speichere die geänderte Datei unter einem neuen Namen.

    d. Ich verschiebe die Datei vor dem Speichern in ein anderes Verzeichnis.

2. Du suchst eine Datei, hast aber vergessen, wo du diese abgelegt hast. Was tust du?

    a. Ich rufe die Systemsteuerung auf. Hier gebe ich den Namen der gesuchten Datei ein.

    b. Ich gebe den Namen der Datei in eine Suchmaschine ein.

    c. Ich wähle in einer Textverarbeitung (z. B. Word) die Funktion »Bearbeiten« und dann »Suchen«. Dort gebe ich den Namen der Datei ein.

    d. Ich wähle im Dateimanager den Befehl »Suchen«. Dort gebe ich den Namen der Datei ein.

3. Du musst unter Windows ein neu installiertes Programm häufig aufrufen und möchtest einen schnelleren Weg zur Verfügung haben als über das »Start-Menü«. Was unternimmst du?

    a. Ich lege das Programm unter »Favoriten« ab.

    b. Ich erstelle eine Verknüpfung auf dem Desktop, die auf das Programm verweist.

    c. Ich installiere das Programm direkt auf dem Desktop noch einmal neu.

    d. Ich weise dem Programm im Explorer die Tastenkombination »Strg« + »Programmname« zu.

Es stellt sich die Frage, wie es möglich ist, dass – im Gegensatz zu allen anderen Schulfächern – die Ergebnisse der fachdidaktischen Arbeit der Informatik offensichtlich von der PISA-Forschung ignoriert werden.

Wenn alles schweigt und einer spricht,
so nennt man dieses
[Frontal-]Unterricht.

[nach Wilhelm Busch]

5 Methoden im Informatikunterricht

> »Informatikunterricht ist anders.« Dies erweist sich bei der Beobachtung der Arbeitsweisen im Informatikunterricht. Es ist unstreitig, dass die beobachtbare Motivation der Schülerinnen ihre Ursache auch in der Umsetzung der Ergebnisse der theoriegeleiteten Unterrichtsphasen in praktisch orientierten Phasen hat.
>
> Das für den Informatikunterricht zentrale Prinzip der Problemorientierung wird bis hin zu methodisch relevanten Entscheidungen für den planmäßigen Einsatz im konkreten Unterricht vorgestellt. Sie werden damit in die Lage versetzt, einen an Problemen orientierten Informatikunterricht vorzubereiten.

Bei der Beobachtung des Informatikunterrichts ist augenfällig, dass dieser häufig in einem speziellen Fachraum (Informatikraum, Computerraum, Computerkabinett, ...) stattfindet. Dort stehen Informatiksysteme als Arbeitsmittel zur Verfügung, die integriert im Lehr-/Lernprozess eingesetzt werden.

Definition 5.1: Informatikmittel

Informatikmittel sind alle Geräte, Einrichtungen und Dienste, die der elektronischen Verarbeitung, Speicherung, Übermittlung oder Vernichtung von Daten dienen:

1. Computersysteme,
2. Peripherie-Geräte (wie z. B. Drucker, Plotter, Lautsprecher, Bildschirme, externe Laufwerke, Bandstationen),
3. Netzwerke und Netzwerk-Geräte (wie z. B. Router, Switches),
4. Software.

In einer nordamerikanischen Untersuchung (in den USA) zum Einsatz von Informatikmitteln in der Schule wird bestätigt, dass im Informatikunterricht – im Unterschied zu anderen Schulfächern – der Einsatz von Informatiksystemen selbstverständlich erfolgt (vgl. [Norris u. a. 2002, S. 17]). Die Untersuchung von BERGER (vgl. S. 59) zeigt, dass innovative – schülerorientierte – Konzepte Eingang in den Informatikunterricht gefunden haben. Selbstverständlich finden im Informatikunterricht auch bekannte, gängige Unterrichtsformen ihren Platz.

Um eine grundlegende Struktur für die Phasierung des Informatikunterrichts zu finden, wird auf problemlösenden und projektorientierten Informatikunterricht näher eingegangen. Es folgen Überlegungen zu den besonderen Zieldimensionen des Informatikunterrichts, Fragen der Differenzierung und schließt mit Fragen zur Unterrichtsgestaltung unter Einbezug von Informatiksystemen als Arbeitsmittel.

5.1   Problemlösen – zentrale Kategorie des Informatikunterrichts

Problemlösen orientiert sich in der Fachwissenschaft Informatik häufig an ingenieurmäßigen Arbeitsweisen. Für Informatikerinnen bezeichnet in dieser Sicht Problemlösen den Prozess, der dazu führt, dass eine vormals von Menschen/Organisationen durchgeführte Tätigkeit auf einen [halb-]automatischen Ablauf umgestellt wird. Eine informatische Problemlösung stellt typischerweise ein Informatiksystem oder Teile davon zur Verfügung.

Ein Problem (vgl. Definition 3.3) ist dadurch charakterisiert, dass es ein mehr oder weniger gut definiertes Ziel gibt, aber keine unmittelbar ersichtliche Möglichkeit, dieses Ziel zu erreichen. Inkongruenz von Zielen und verfügbaren Mitteln sind konstitutiv für Probleme und führen zu Lösungsprozessen, die durch das zunehmende Verstehen der Problemsituation, schrittweise Veränderung, gestützt auf planendes und schlussfolgerndes Denken gekennzeichnet sind. Problemlösen kann in Anlehnung an PÓLYA (vgl. Abbildung 3.3) durch Phasen beschrieben werden: Problem aufwerfen, Problem verstehen, Aufstellen eines Plans, Ausführen des Plans, Reflexion – Evaluation (»Der Blick zurück«). Darüber hinaus stellt der soziale Kontext eine wichtige Rolle für das Problemlösen dar. Dies gilt vor allem dann, wenn Problemstellungen geklärt oder von den Schülerinnen selbst entwickelt und anschließend kooperativ bearbeitet werden.

> Weitere Dimensionen – Anmerkungen zur Diagnose – Problemlösen als Kompetenz:
> Das Phasenmodell liefert eine Grundlage für die qualitativ und diagnostisch orientierte Ermittlung von Problemlöseleistungen, es kann aber nicht die tatsächlichen kognitiven Prozesse beschreiben. Darüber hinaus sind Momente des systematischen Vorgehens, der Isolation und kontrollierten Untersuchung einzelner Elemente der Problemsituation und der Planung des Prozesses Faktoren für eine qualitative Untersuchung der Problemlösekompetenz.
> Im Zusammenhang mit allgemeiner schulischer Bildung verweist Problemlösen auf fächerübergreifende Kompetenzen. Probleme lösen zu können besteht darin, »lebensraumübergreifende« Kompetenzen auszubilden. Diese werden international als »Cross-Curricular Competencies (CCC)« bezeichnet.

5.2   Projektunterricht im Schulfach Informatik

In den Lehrplänen aller Bundesländer wird projektorientiertes Lernen im Schulfach Informatik vorgeschlagen und empfohlen. Damit findet eine vom Fach ausgehende Form der Organisation komplexer Strategien zur Lösung von Problemen in Teams seine Entsprechung in den Vorgaben für den Informatikunterricht. Projekten wird somit eine besondere Bedeutung zuerkannt – häufig verstanden als Softwareprojekt und damit der Bearbeitung einer komplexen informatikbezogenen Problemstellung. Zur Bearbeitung werden Methoden des Projektmanagements vorgeschlagen, wie sie im professionellen Umfeld eingesetzt werden. Dazu werden die Phasen eines Softwareprojektes auf Unterrichtsphasen abgebildet. Dabei wird das informatische Projektverständnis als Vorlage für projektorientierten Informatikunterricht herangezogen. So finden sich Vorschläge, die »hart« an der Softwaretechnik mit formalisierten Vorgehensmodellen orientiert sind und sowohl das Organisationsmodell (Aufbauorganisation), aber auch die damit verbundene Ablauforganisation (z. B. das Wasserfallmodell) in die Schule zu übertragen versuchen.

Die pädagogischen Dimensionen der in Abschnitt 3.3 dargestellten Projektmethode findet keine explizite Berücksichtigung. So entsteht der Eindruck, dass »Projektarbeit« im Informatikunterricht im Wesentlichen dem Ziel verpflichtet ist, ein funktionierendes Softwaresystem zu erstellen. Diese Sichtweise auf Fachinhalte und auf eine Vorgehensweise reicht nicht aus, den allgemeinbildenden Zielen im Schulfach Informatik gerecht zu werden.[1]

Auf einer fachlich fundierten Grundlage muss der Projektbegriff der Fachwissenschaft einer kritischen Betrachtung unterzogen werden, wenn er für didaktisch gestaltete unterrichtliche Zwecke genutzt wird. Projekte, die »scheitern«, können durchaus lernförderlich sein. Bei veröffentlichten Projekten werden typischerweise Ergebnisse[2] mitgeteilt, selten der Weg, auf dem die Ergebnisse erreicht wurden, die Hindernisse, die nicht beseitigt werden konnten. Damit verpflichten sich die Lehrerinnen einer »Kultur des Gelingens«, die für jede Innovation den Erfolg vorsieht und damit m. E. nicht realistisch mit den Ressourcen und den allgemeinbildenden Zielen des Informatikunterrichts umgeht.

Um die Qualität der Projektarbeit im Informatikunterricht nachhaltig zu optimieren, sind zwei Voraussetzungen einzulösen:

- In der Ausbildung von Informatiklehrerinnen wird durch die erfolgreiche Teilnahme an einer Projektgruppe eigene Projekterfahrung in konkreten Projekten gesammelt. Diese Erfahrung ist durch Buchwissen nicht zu ersetzen.

- Die Projektarbeit ist fachdidaktisch zu reflektieren, um so für den späteren eigenen Unterricht Schlüsse zu ziehen und damit methodisch-didaktisch auf die Durchführung von Projekten mit Schülerinnen vorbereitet zu sein.

5.3 Strukturmomente des Informatikunterrichts

In Anlehnung an die Lehrform des entdeckenden Lernens (vgl. Bild 3.4) ist ein zentrales Gestaltungsmerkmal des Informatikunterrichts die aktive Bearbeitung einer Problemsituation. Der Lerngruppe wird als Ausgangspunkt des Unterrichts eine Problemstellung vorgelegt. In der Analyse(-phase) untersuchen die Schülerinnen das Problem und versuchen, einen Zugang zu finden, um zu einer geeigneten Strategie zur weiteren Bearbeitung zu gelangen. In dieser Phase können prozessorientierte Lernhilfen durch die Lehrerin notwendig sein, um die Schülerinnen zu unterstützen. Die Bearbeitung hat die Lösung der Problemsituation zum Ziel und bedarf dazu möglicherweise der ergebnisorientierten Unterstützung durch die Lehrerin. Die Phasierung endet mit der Bewertung der gefundenen Lösung(en) durch die Schülerinnen und dem Rückbezug auf die Ausgangssituation. Damit liefert diese idealtypische Handlungsstruktur eine Sequenzierung des problemorientierten Unterrichts (vgl. Bild 3.3). Allerdings ist diese Phasierung nicht auf eine Unterrichtsstunde oder -doppelstunde beschränkt, sondern kann durchaus über einen längeren Zeitraum (z. B. eine Unterrichtsreihe) umgesetzt werden.

---

1 Die inflationäre Verwendung des Begriffs Projekt führt zu weiteren Unklarheiten und trägt zu einer Beliebigkeit bei, die dem pädagogisch orientierten Ziel nicht förderlich ist.
2 Dies ist im Schulfach Informatik häufig »funktionierende Software«.

Im konkreten Unterricht wird die Problemsituation häufig durch einen Impuls der Lehrerin präsentiert. Im Anschluss an die Darstellung der Problemsituation und der Klärung konkreter Verständnisfragen arbeiten die Schülerinnen (häufig in Form der Gruppenarbeit) möglichst selbstständig und klären das weitere Vorgehen und damit auch die Zielrichtung der weiteren Arbeit. Die Ergebnisse dieser Arbeitsphase werden von Schülerinnen aus den verschiedenen Gruppen vorgestellt. Auftretende Unklarheiten werden in der Gesamtgruppe besprochen und leiten die folgende Phase ein, in der die Schülerinnen versuchen, Lösungen zu entwickeln. Der Phase, in der die Lösungen in ein Informatiksystem umgesetzt werden, wird häufig sehr viel Zeit zugestanden. Daraus ergibt sich für die Schülerinnen die Erkenntnis, dass Informatikunterricht und Programmieren gleichzusetzen ist. Diesem Eindruck kann nur durch eine Änderung der Gewichtung für die zeitlichen Ressourcen begegnet werden.

Der Lehrerin kommt bei dieser Phasierung die Aufgabe zu, die Gewichte (zeitliche Ressourcen und Aufwändungen der Schülerinnen) so zu platzieren, dass einer Überbetonung der Implementierungsphase begegnet wird, um so die zentralen Aspekte der Lösungsidee(n) von der konkreten Implementierung zu entkoppeln. An dieser Stelle sei wiederholt, was bereits betont wurde: das Ziel des Informatikunterricht besteht nicht in der Qualifikation von Softwareentwicklerinnen, sondern in der Vermittlung allgemeinbildender Elemente der Informatik.[3] Dennoch kommen wir nicht umhin, den Phasen der Implementierung und des Testens Zeit im Unterricht zuzugestehen. Informatikunterricht ist demzufolge kein Abbild der Trennung von Theorieentwicklung und Umsetzung in der Praxis. Im Folgenden werden Beispiele für Impulse, die die Beschäftigung in einen thematischen Kontext einleiten, vorgestellt.

5.3.1   Suchen und Sortieren

Impuls Die Lehrerin bringt diverse Lexika (auch Einzelbände, die nur einen gewissen Bereich an Buchstaben umfassen) mit in den Unterricht. Zu Beginn bittet sie einige Schülerinnen »nach vorne« fordert alle anderen auf, das Geschehen genau zu beobachten, setzt sich zu den anderen Schülerinnen und gibt Impulse in Form von lexikalischen Begriffen, die gesucht werden sollen.

Schnell werden Suchstrategien identifiziert, die zum dem Thema führen: Wie wird von Menschen in sortierten Datenbeständen gesucht? Weitere Beispiele werden gesammelt: Telefonbuch, Indices in [Schul-]Büchern, ... Überlegungen zur »Effizienz« der konkreten Varianten schließen sich an.

Die Verallgemeinerung »Suchen auf Daten, die einer Ordnungsrelation unterliegen« stellt für Schülerinnen der Sekundarstufe II keine Hürde dar. Dennoch ist es wichtig, darauf hinzuweisen, dass in der Schule nicht in »sinnfreien« Zahlenlisten gesucht werden sollte. Die Anbindung an eine reale Ausgangsfragestellung mag aufwändiger erscheinen, führt allerdings zu einer länger andauernden Motivation bei den Schülerinnen. Die Betrachtung der Ordnungsrelation sollte explizit thematisiert werden. Die verschiedenen

---

3 Andererseits muss darauf hingewiesen werden, dass die Aufgabe der Lehrerin nicht darin besteht, in den Schulferien die begonnenen, halbfertigen Produkte der Schülerinnen lauf- und publikationsfähig zu machen.

Ordnung von Zeichenketten gemäß [DIN 1991]
(German2-Sortierung – Telefonbuch)

1. Buchstaben haben die aufsteigende Reihenfolge 'A' bis 'Z'. Dabei werden kleine und große Buchstaben gleich behandelt.

2. Umlaute werden behandelt, als wären sie ausgeschrieben (Ä = Ae, ..., ß = ss).

3. Sonderzeichen (auch Ziffern) außer '␣' (Leerzeichen) und '-' werden ignoriert, sie werden gleich behandelt.

Ordnung von Zeichenketten gemäß Duden (German1-Sortierung)

- Umlaute werden wie der zugehörige Vokal behandelt (Ä = A, ..., ß = s).

In beiden Fällen sind die Umlaute nicht in die totale Ordnung des Alphabets integriert. Eine mögliche totale Ordnung zeigt die folgende Darstellung.

$$A \longrightarrow \ddot{A} \longrightarrow B \longrightarrow \ldots \longrightarrow O \longrightarrow \ddot{O} \longrightarrow P \longrightarrow \ldots \longrightarrow U \longrightarrow \ddot{U} \longrightarrow V \longrightarrow \ldots \longrightarrow Z$$

Bild 5.1: Ordnung von Zeichenketten – lexikografische Ordnung

Möglichkeiten, eine lexikografische Ordnung unter Einbeziehung der Umlaute zu realisieren, ist eine interessante Teilaufgabe, die im Alltag zu verschiedenen Ordnungen geführt hat (vgl. Bild 5.1).

Hinweise

Menschen suchen üblicherweise **nicht** binär, auch wenn dies in solchen Kontexten gerne unterstellt wird. Suchen mit einer Hash-Strategie ist erheblich weiter verbreitet. – Beispiel Lexikon (mehrbändig): suche zuerst den Band, der mit dem entsprechenden Anfangsbuchstaben aufwartet, dann ... – Beispiel Fremdwörterlexikon: zunächst außen suchen, ob der Anfangsbuchstabe direkt sichtbar ist und damit gelangt man schon in einem Schritt »in die Nähe« des Suchbegriffs.

Aller Erfahrung nach ist es sinnvoll, zunächst in sortierten Datenbeständen zu suchen, und – erst im Anschluss daran – das Sortieren zu thematisieren. Dabei empfehlen sich nicht die Standarddurchgänge, sondern der Rückgriff auf die Suchstrategien: somit werden Verfahren, wie Bucket-Sort, oder B-Bäume gefunden und nicht die ohne Kenntnis der Suchverfahren von Menschen thematisierten Verfahren, die sich ergeben, wenn als Eingangsimpuls eine Menge von Zahlen – häufig mit der von der Lehrerin vorgegebenen Datenstruktur Reihung oder Liste (auch als Feld oder ohne Übersetzungsangebot als Array bezeichnet) – präsentiert wird, die sortiert werden soll. Eine fachdidaktisch orientierte Diskussion muss hier über die Darstellung und Bezeichnung, sowie über die vorzugebende(?) Anordnung reflektieren. Oftmals wird an dieser Stelle – ohne das Element der Schülerorientierung zu berücksichtigen – von einer impliziten Zielorientierung ausgehend, eine Form gewählt, die sich in der konkreten Programmiersprache wiederfindet, ohne dass dieser Punkt mit den Schülerinnen erarbeitet wird.

Impuls Mehrere Kartenspiele werden an verschiedene Gruppen von Schülerinnen ausgegeben. Damit wird der Auftrag verbunden, die Kartenspiele zu »sortieren«. Anschließend tragen die Gruppen ihre Ergebnisse vor. Da die Art des Kartenspiels
nicht angegeben wird, werden die Gruppen voraussichtlich diskutieren, für welches
Spiel die Sortierung erfolgen soll. Hier sind ggf. Hinweise angezeigt, um unter dem
Stichwort »Sortieren eines Kartenspiels« verschiedenen Möglichkeiten, der Aufgabe gerecht zu werden, dokumentieren zu können. Die übergeordnete Fragestellung
der Ordnung[srelation] – insbesondere der totalen Ordnung – kann auf diese Art
handelnd erarbeitet werden. Auch die konkrete Art, in der sortiert wird, kann zur
weiteren Arbeit herangezogen werden.

Bei diesem Einstieg wird (ebenfalls) deutlich, dass von Menschen Verfahren angewendet
werden, die in erster Näherung nicht den üblichen Sortierverfahren entsprechen. Die Ursache liegt in der Wahrnehmungspsychologie: im Gegensatz zur Darstellung in gängigen
Algorithmen, die für Automaten formuliert sind, können Menschen mehrere (fünf plus/-
minus zwei) Objekte gleichzeitg betrachten und in eine Reihung bringen.[4] Überlegen Sie
einmal, wie Sie die Karten »auf der Hand« sortiert haben, als Sie jung waren und nicht
alle Karten komplett sichtbar in eine Hand passten.

Hinweise

Es wird keinesfalls empfohlen, einzig Such- und Sortierstrategien zu klären, die dem Menschen gemäß sind. Allerdings ist ausdrücklich darauf hinzuweisen, dass der Gefahr begegnet werden muss, einen Pseudokanon von »zu unterrichtenden Verfahren« abzuarbeiten,
ohne einen lebensweltlichen Zusammenhang zu berücksichtigen.

5.3.2   Client-Server-Strukturen – Protokolle

Impuls Die Lehrerin versendet in einer `telnet`-Sitzung auf Port 25 eines Mailservers
eine E-Mail an ihre Schüler. Bei dieser Sitzung (die selbstredend vorbereitend getestet werden muss), tauchen die Elemente auf, die später zur Analyse herangezogen
werden, um z. B. mit der Zieldimension »das kann doch modelliert werden« und
dem RFC 821 [Postel 1982] ausgestattet, zu einer Analyse des **S**imple **M**ail **T**ransfer
Protocol (SMTP) und zur Modellierung erweitert werden.
Bekannter (weil einfacher umzusetzen) ist die Fragestellung unter der Maßgabe, E-
Mails mit dem **P**ost **O**ffice **P**rotocol (POP) vom Server abzuholen (vgl. [Rose 1988]).
Allerdings erweisen sich hier einige Details als hinderlich, da Schülerinnen inzwischen
sehr häufig Erfahrungen mit Web-Mail-Klienten als Vorwissen einbringen oder andere Protokolle (namentlich **I**nternet **M**essage **A**ccess **P**rotocol (IMAP), vgl. [Crispin
2003]) bekannt sind, die sich allerdings wegen ihres Umfangs zur eigenen Modellierung schlechter eignen.

Es muss genauer spezifiziert werden, welche Zielrichtungen mit dem Impuls eingeleitet
werden. Der Einstieg soll die Schülerinnen dazu ermuntern, ihre Vorerfahrungen zu Beginn in die Unterrichtsreihe einzubringen. Dies ist eine Voraussetzung für eine länger

---

4 Dies zeigt sich deutlich, wenn die Speicherkomplexität berücksichtigt werden muss/soll.

anhaltende Motivation. Die Erfahrungen sind nicht vorhersehbar, allerdings ist jede Informatiklehrerin auf Grund ihrer fachlichen Kenntnisse in der Lage, den Erfahrungen der Schülerinnen fachbezogene Elemente zuzuordnen und sie damit für den Fachunterricht fruchtbar werden zu lassen.

5.3.3 Logische Struktur von Texten – Textsatz (Sekundarstufe I)

Impuls Im Zusammenhang mit der selbstständigen Erarbeitung von Inhalten erstellen Schülerinnen in der Sekundarstufe II sogenannte Facharbeiten, die eine Klausur ersetzen. Häufig werden diese Arbeiten mit Textsystemen aus dem Büroumfeld erstellt. Um den Schülerinnen Unterstützung zu geben, wird daher im Informatikunterricht mit diesen Systemen gearbeitet. Als fachliche Alternative kann mit Schülerinnen am Beispiel existierender Facharbeiten die **logische** Struktur herausgearbeitet werden.

Ähnlichkeiten zwischen verschiedenen Auszeichnungssprachen (HTML, XML, LATEX) führen zu einer Klärung der Anforderungen im informatischen Sinne: Welche Strukturelemente werden von den Schülerinnen als nützlich, notwendig, unabdingbar eingeschätzt? Begleitende Überlegungen: Welche Elemente könnten von elaborierten Informatiksystemen automatisch erstellt werden?

Typografische Fragen (sowohl auf mikro- wie auf makrotypografischer Ebene) ermöglichen einen kritischen Blick auf Druckerzeugnisse. Diese Fragen führen unter einer fachlichen Perspektive zu einer Vielzahl an Problemstellungen, die von Informatiksystemen, die den Textsatz unterstützen, berücksichtigt werden. Damit ist es möglich, an dieser Problemsituation eine Reihe von informatisch bedeutsamen Einzelfragen zu diskutieren und zu modellieren (vgl. [Eijkhout 2004], [Fine und Arnoth 2003]).

Es ist festzustellen, dass mit dem Satzprogramm TEX, das von Donald KNUTH zur Verfügung gestellt wird, ein Hilfsmittel zur Verfügung bereitsteht, das nach wie vor als Standard im wissenschaftlich orientierten Textsatz gelten kann. Das vorliegende Buch wurde mit LATEX und der Dokumentenklasse *byteubner* (von Harald HARDERS) gesetzt.

5.3.4 RFID[5] – allgegenwärtige Informatik – Datenbanken, Informatik und Gesellschaft

Impuls »Is Your Cat Infected with a Computer Virus?« [Rieback u. a. 2006] wird [zunächst ausschließlich die Überschrift] den Schülerinnen präsentiert. Die verschiedene Reaktionen der Schülerinnen werden gesammelt.

Die Beiträge werden in geeigneter Form von den Schülerinnen zusammengefasst. In dieser Phase sollte sich die Lehrerin in den Prozess nicht einmischen. Ist die erste Phase abgeschlossen, kann [Rieback u. a. 2006] als Grundlage für die weitere Arbeit herangezogen werden. Nun wird zunächst geprüft, ob die Vermutungen der Schülerinnen in dem Text eine Basis/Entsprechung finden.

Um den empfohlenen Text verstehen zu können, müssen Kenntnisse erarbeitet werden, die verschiedene technische und strukturelle Elemente von vernetzten Strukturen

---

5 Abkürzung für **R**adio **F**requency **ID**entification (engl.) – Funk-Frequenz-Identifizierung [Identifizierung per Funksignal]

umfassen. Hier wird – im Unterschied zu anderen Vorschlägen – nicht vor der Auseinandersetzung festgelegt, welche Elemente bekannt sein müssen, sondern wir empfehlen, ausgehend von dem Text die Elemente gemeinsam mit den Schülerinnen zunächst zu identifizieren, dann ggf. Gruppen zu bilden, die sich zu den einzelnen Themen kundig machen und z. B. mit der Puzzlemethode (siehe Abschnitt 5.4) die notwendigen Voraussetzungen schaffen, dass die Gesamtgruppe anschließend den kompletten Text versteht. Erst im Anschluss daran wird diskutiert, auf welche konkrete Fragestellung vertiefend eingegangen werden soll. Sind die Schülerinnen nur schwer für Themen der gesellschaftlichen Verantwortung zu interessieren, so bietet sich an, als Beispiel die Kennzeichnung von Menschen mittels RFID in die Diskussion zu bringen [Grunwald und Wolf 2004].

Themen, die sich unmittelbar aus dem Beitrag ergeben, können den Fachgebieten Informatik und Gesellschaft, technische Informatik, Informationswiedergewinnung, aber auch Modellierung in wissensbasierten Systemen (hier speziell Datenbanken) zugeordnet werden. Fragen der Veränderung der Gesellschaft durch technische Artefakte ergeben sich im Kontext und können untersucht werden. Datenschutz und Datensicherheit sind durch dieses Beispiel unmittelbar zugänglich und müssen nicht erst künstlich »generiert« werden. Weitere aktuelle Materialien – speziell zu Fragen, die gesellschaftlich wirksame Aspekte beleuchten – finden sich auf den Webseiten http://www.foebud.org/rfid/ [Verein zur Förderung des öffentlichen bewegten und unbewegten Datenverkehrs (FoeBud) e. V.].

Mit Hilfe eines Werkzeugs[6] RFID-Daten auswerten und verändern zu können, eröffnet weitere Varianten, das Thema der gesellschaftlichen Verantwortung zugänglich zu machen. Da z. B. auch Reisepässe mit RFID ausgestattet werden, sind Szenarien im Zusammenhang mit dem Informatikunterricht realisierbar, die eine unterrichtliche Gestaltung des Problemkontextes ermöglichen.

Der Ansatz erweist sich für den direkten Einsatz in der Sekundarstufe I als schwierig, da [Rieback u. a. 2006] bisher nur in englischer Sprache vorliegt. Soll mit dem angegebenen Impuls in der Sekundarstufe I gearbeitet werden, so ist der Text vorher in die deutsche Sprache zu übersetzen.

Ein anderer Ansatz wird in [Johlen 2006] in einem Beitrag zu dem Thema auf dem 5. Informatiktag NW 2006 in Paderborn vorgestellt. Er richtet sich schwerpunktmäßig an den Unterricht im Berufskolleg. Aus der Zusammenfassung:

> Die Einbettung von RFID-Systemen in Geschäftsprozesse wird anhand von mehreren Unterrichtsbeispielen als Zugang zur Anwendungsentwicklung vorgestellt.

5.4   Differenzierung

Definition 5.2: Schulische Differenzierung
> Schulische Differenzierung wird mit dem Ziel vorgenommen, den individuellen Kompetenzen, Interessen und dem objektiven Bedarf der Schülerinnen Rechnung zu tragen. Sie wird umgesetzt, in dem die Schülerinnen nach ausgewählten Kriterien in Lerngruppen ($n \geq 1$; $n = $»Gruppengröße«) eingeteilt werden.

---

6 Ein Werkzeug für Linux steht mit RFDump zur Verfügung – http://www.rf-dump.org/ .

Tabelle 5.1: Differenzierung – Formen

Art	Bezeichnung (exemplarisch)	Beispiel[e], Ausprägung[en]
äußere	Schulformen	Hauptschule (HS), Realschule (RS), Gesamtschule (GE), Gymnasium (GY), Berufskolleg (BK)
	Fach[leistung]	HS, GE: Mathematik, Englisch, Deutsch
	Wahl[pflicht] – ab Jahrgang 7	Hauptfach: Französisch, Informatik
	Wahl[pflicht] – ab Jahrgang 9	Nebenfach: Informatik in allen allgemeinbildenden Schulformen
	Neigung	Arbeitsgemeinschaften (AGs), Projektwochen
innere	Gruppierungsformen (Sozialformen, Kooperationsformen)	
	Gruppenarbeit	arbeitsgleich,
	Partnerarbeit	arbeitsteilig
	Einzelarbeit	Hausaufgabe, Programmierter Unterricht
	Lernen an Stationen	
	Puzzle	
	Debatte	
	Rollenspiel	
	Planspiel	
	Fallstudie	
	...	

Als Kriterium zur Einordnung der Differenzierung werden zwei grundlegende Formen unterschieden:

äußere Differenzierung – Schülerinnen werden in getrennten Gruppen (an verschiedenen Orten, von verschiedenen Lehrerinnen) unterrichtet

innere Differenzierung auch als Binnendifferenzierung bezeichnet – Schülerinnen werden innerhalb des Unterrichts für eine gewisse Zeit in bestimmter Weise »gruppiert«. Sie erhalten Arbeitsaufträge, die innerhalb dieser »Gruppierung« bearbeitet werden.

In Kapitel 3 wurden Unterrichtsmethoden dargestellt. Im Folgenden werden weitere Ansätze zur Strukturierung der Analyse und Gestaltung der Organisation des Unterrichts vorgestellt. In der Tabelle 5.1 werden »klassische« Organisationsformen – Gruppierungsformen (Sozialformen, Kooperationsformen) – ergänzt um seltener genannte Formen (in der Tabelle grau unterlegt) – aufgelistet. In der bundesrepublikanischen Diskussion der Ergebnisse internationaler Vergleichsuntersuchungen werden organisatorische, aber auch unterrichtsmethodische Konsequenzen gefordert.[7] Hier ist nicht der Ort, um grundlegende Formen der äußeren Differenzierung in Schulformen zu diskutieren, da diese nicht durch die Lehrerin gestaltet werden, sondern vom gesellschaftlich-politischen Feld vorgegeben werden. Formen der inneren Differenzieung jedoch sind tyischerweise von der

---

7 Eine Übersicht zu den verschiedenen Untersuchungen mit Verweisen auf die Originalquellen finden Sie in [Theis 2003] http://www.GGG-NRW.de/Qual/QualMain.html.

Lehrerin zu gestalten.

Wir beschränken uns im Folgenden auf die Diskussion der Formen innerer Differenzierung. Die Arbeit in arbeitsgleichen/arbeitsteiligen Gruppen ist eine häufig eingesetzte Differenzierungsform im Informatikunterricht. Im Zusammenhang mit der Planung und Umsetzung von **arbeitsteiliger** Gruppenarbeit ist dafür Sorge zu tragen, dass

- die Gruppenbildungsentscheidung von der Lehrerin vorbereitet wird (keine Beliebigkeit)

- für die Gruppen entsprechende Arbeitsmaterialien zur Verfügung stehen (z. B. verschiedene Arbeitsblätter für die Gruppen)

- Präsentationsvarianten für die Gruppen bedacht und bei der Planung und Auftragserteilung berücksichtigt werden.

Aus fachlichen Gründen ist Arbeitsteilung ein häufig eingesetztes Mittel, um Probleme einer Lösung zuzuführen. Dadurch ergeben sich für den Informatikunterricht Lernchancen, die im Sinne eines handlungsorientierten Unterrichts die Bedeutung von Absprachen für Schnittstellen erfahrbar machen. Dieser Punkt läßt sich nicht abstrakt erarbeiten, sondern muss in der konkreten Arbeit erkannt werden, um daran anschließend Formen zu finden, die eine zielgerichtete Kommunikation über Schnittstellen ermöglichen. Darüber hinaus wird so die Wiederbenutzung und Weiternutzung bereits entwickelter Elemente verbessert, da alle erarbeiteten Teile von Problemlösungen sorgfältig dokumentiert vorliegen.

> Ein in der bundesdeutschen Unterrrichtspraxis bisher wenig verbreitetes Verfahren, um arbeitsteilige Gruppenarbeit mit Ergebnissen für alle Schülerinnen zu organisieren, ist die Puzzlemethode (ausgearbeitete Beispiele: [Hartmann 2003], allgemeindidaktisch orientierte Hinweise: [Meyer 2004, u. a. Gruppenpuzzle.pdf]). Allerdings sollte darauf hingewiesen werden, dass nach der ersten »Runde« auf jeden Fall eine Qualitätssicherung erfolgen muss, damit die »Expertinnen« keine fachlich falschen Aussagen weitergeben.

5.5   Zur Unterrichtsgestaltung

Die in Tabelle 5.2 angegebenen Arbeitsweisen stellen Elemente für die unterrichtliche Umsetzung bereit. Als maßgebliche Verfahren sind das induktive und das deduktive Vorgehen sowie das ganzheitlich-analytische und das elementenhaft-synthetische Verfahren für die konkrete Arbeit von besonderer Bedeutung (vgl. [Rosenbach 2003]). Es ist allerdings zu betonen, dass die postulierten Arbeitsweisen, die in [Schulmeister 2002, S. 86ff] als »Pseudo- oder Partial-Theorien des Lernens« bezeichnet werden, in konkreten Lernsituationen nicht singulär auftreten und damit nicht isoliert zur Konstruktion herangezogen werden können. Dennoch sind sie geeignet, um globale Positionsbestimmungen von Lehrhandlungen zu ermöglichen.

Planung der Schülerorientierung

Die Dimensionen Schülerorientierung und Binnendifferenzierung verweisen auf zentrale Elemente einer Unterrichtskultur, die den Lernenden verpflichtet ist. Solche grundlegenden Orientierungen sind bereits bei der Planung und Sichtung der Gegenstände und bei

Tabelle 5.2: Wissenschaftliche Begriffe – methodische Grundformen

Bezeichnung	Erläuterung
Imitierendes Lernen	Ein Vorbild wird nachgeahmt, ein Modell vermittelt Muster für das eigene Handeln.
Operantes (instrumentelles) Konditionieren – Lernen am Erfolg	Das Ergebnis, der Erfolg eigenen Handelns wird wahrgenommen und löst erneutes Handeln aus.
Versuch und Irrtum	Eine Schwierigkeit ist zu bewältigen. Über Versuche und Irrtümer führt der Weg zum Erfolg.
Black Box, suchendes Forschen	Ein Vorgang wird als Wirkung einer Ursache erkannt und legt den Schluss auf eine ganz bestimmte Ursache nahe; er kann auch durch das als Ursache angenommene Handeln erneut ausgelöst werden. Die zwischen Ursache und Wirkung bestehenden Zusammenhänge bleiben jedoch im einzelnen ungeklärt.
Analytisch-synthetisches Verfahren	Zusammenhänge und Beziehungen werden systematisch gesucht und hergestellt sowie für das weitere Lernen nutzbar gemacht.
Genetisch-historisches Verfahren	Eine Entwicklung, ein Ablauf, ein Vorgang wird nachvollzogen.
Elementenhaft-synthetisches Verfahren	Aus vorgegebenen Annahmen (Axiomen) oder Grundbausteinen wird ein Begriffsgebäude folgerichtig entwickelt.
Deduktives Verfahren	Aus vorgegebenen allgemeinen Erkenntnissen werden Einzelerkenntnisse abgeleitet.
Induktives Verfahren	Eine Einzelerscheinung legt es nahe, allgemeine Beziehungen und Gesetzmäßigkeiten anzunehmen und sie durch Erfahrung zu überprüfen.
Ganzheitlich-analytisches Verfahren	Ein Komplex von Erscheinungen wird zergliedert und auf deren Grundbausteine zurückgeführt.
Transfer	Erkenntnisse, die in einem Sachgebiet gewonnen wurden, werden auf ein entsprechendes oder ähnliches Sachgebiet angewendet und übertragen.

vgl. [Rosenbach 2003]

der Wahl der methodischen Form (einschließlich differnzierender Maßnahmen) zu berücksichtigen. Sie gehören zu den zentralen Planungsmomenten eines Informatikunterrichts, der Lernchancen für alle Schülerinnen bereithält.

Es ist zu betonen, dass im Zusammenhang mit dem EIS-Prinzip[8] dem »E« im Informatikunterricht eine besondere Rolle zukommt. Informatiker denken an Algorithmen »S« und an Veranschaulichungen durch Abbildungen und Animationen »I«. Die Bedeutung des »E« für das »Begreifen« von informatischen Prozessen durch Rollenspiele oder »die manuelle Manipulation von Bauklötzen« führt uns vor Augen, dass gerade abstrakte Gegenstände en**aktiv** zugänglich gemacht werden sollten. Als Beispiel wird mit dem Ob-

---

8 Enaktiv-Ikonisch-Symbolisch – siehe Seite 37

jektspiel der Versuch unternommen, durch Konkretisierung einen fachlichen Gegenstand für die Unterrichtspraxis zugänglich zu machen.

Objektspiel

Das Objektspiel [Bergin 2000] stellt eine Möglichkeit dar, dieser Maßgabe im Zusammenhang mit der OOM Rechnung zu tragen. Die Schülerinnen »spielen« das Verhalten der Objekte, das bei der Abarbeitung notwendig scheint. Die Schülerinnen erhalten dazu einerseits jeweils eine CRC-karte, und zum anderen eine Objektkarte, auf der dokumentiert wird, welchen Zustand (im Sinne der aktuellen Attributwerte) das Objekt gerade einnimmt. Das Spiel wird »von außen« gestartet: ein erstes Objekt (durch Methodenaufruf, ggf. mit notwendigen Parameterwert[en]) wird aktiviert. Diese Aktivierung kann über ein Token dokumentiert werden, das sich immer bei dem gerade aktiven Objekt befindet. Sobald ein Objekt ein weiteres Objekt aktiviert, gibt es das Token weiter. Da Schülerinnen über explizites Wissen verfügen, ist deutlich zu machen, dass gewisse Formen der Kommunikation im Spiel nicht erlaubt sind. Damit wird die Beschränkung auf die dem Objekt über die Klassen- und Objektkarte zugängliche Sicht erreicht. Der Ablauf des Objektspiels kann mit Hilfe von Sequenzdiagrammen aufgezeichnet werden, so dass nach dem Spiel eine fachliche Darstellung des konkreten Anwendungsfalls für alle zugänglich ist. Das Objektspiel sollte für mehrere Anwendungsfälle durchgeführt werden, damit auf diese Weise die Bedeutung der Analyse durch Anwendungsfälle hervortritt. Überlegungen zu weiteren Anwendungsfällen können von den Schülerinnen entwickelt werden.

Mit dem Projekt **L**ernwerkzeuge für den **I**nformatikunterricht: **E**insetzen, **E**valuieren und (Weiter)**E**ntwickeln[9] wurde das Objektspiel für den deutschsprachigen Raum dokumentiert und – mit Hilfe eines Unterrichtskonzepts, das weitere Elemente umfasst, die einer konstruktivistischen Sicht verpflichtet sind – in einen größeren didaktischen Rahmen eingebunden. Nach Meinung des Autors sind diese Weiterungen allerdings bisher mit einem großen Aufwand verbunden. Getreu der Unix-Philosophie »Löse ein Problem mit einem Werkzeug, das für die Lösung genau dieses Problems geeignet ist« (und nicht mehr!) möchte ich dazu anregen, das Objektspiel mit Schülerinnen umzusetzen, auch wenn die weiteren Elemente aus dem life[3]-Konzept nicht benutzt werden.

5.6   Aufgaben – Lösungen

Aufgabe 5.1:   Besondere Methoden im Informatikunterricht

Beschreiben und begründen Sie, welche Methoden im Informatikunterricht häufig eingesetzt werden. Leiten Sie daraus mögliche Begründungen für den empirischen Befund »Informatikunterricht ist anders« ab.

---

9 Das Projekt life[3] wird an der Universität Paderborn durchgeführt. Unter `http://life.upb.de/` sind weiterführende Hinweise und die Einbeziehung des Objektspiels mit Beispielen für den Unterricht dokumentiert. Die dort zugrunde gelegten konzeptionellen Ideen entstammen der systemorientierten *Didaktik der Informatik* (vgl. Seite 60 – 1999).

Aufgabe 5.2: Rollenspiel

Entwickeln Sie – für einen selbst gewählten Gegenstand – ein Rollenspiel. Kandidaten für Rollenspiele im Informatikunterricht sind in vielen Bereichen zu finden. Die grundlegende Idee besteht darin, Anforderungen zu entwickeln, die es ermöglichen, verschiedene Sichten im Sinne von (beobachtbaren) Tätigkeiten als Handlungen von Schülerinnen ausführen zu lassen.

In Anhang G sind Rollenkarten angegeben, die sich für ein Rollenspiel zum Einstieg in die Diskussion um Genderfragen (vgl. Abschnitt 9.2) bewährt haben. Sollten Sie die Inhalte dieses Lehrbuchs mit anderen gemeinsam bearbeiten (sei es im Fachseminar oder in der universitären Ausbildung) so ist es angeraten, das Rollenspiel durchzuführen.

Aufgabe 5.3: Login-Vorgang

Untersuchen Sie die Eignung des Login-Vorgangs als Element eines problemorientierten Informatikunterrichts. Beschreiben Sie konkrete Fragestellungen, die Sie aufwerfen können, um damit ein für die Schüler relevantes Problem vorzustellen. Formulieren Sie diese Fragestellungen kurz und knapp, so wie Sie es im Abschnitt 5.3 kennengelernt haben. Eignen sich die Fragestellungen als Einstieg in eine projektorientierte unterrichtliche Umsetzung? Berücksichtigen Sie dabei verschiedene Ausprägungen – exemplarisch

1. Konstruktion des Login-Vorgangs (Entwicklung eines Informatiksystems)
2. Fragestellungen der Softwareergonomie
3. Datenschutz und Datensicherheit
4. Vernetzte Informatiksysteme
5. Netiquette

Lösung 5.1: Besondere Methoden im Informatikunterricht

Bezogen auf die grundlegende Struktur des Informatikunterrichts eignen sich die Vorschläge der Problem- und Projektorientierung besonders für einen Informatikunterricht, der auf einer handlungsorientierten Zielmaßgabe beruht. Im konkreten Unterricht wird zur Differenzierung häufig [arbeitsteilige] Gruppenarbeit als Möglichkeit genutzt, um eine fachbezogene Arbeitsform auf Gegenstände zu beziehen, mit der in konstruktiver Weise Ergebnisse erzielt werden [sollen], die zu einem Ganzen zusammengefügt werden. Bezogen auf die Lernphasen kommt im Informatikunterricht zu den bekannten Verfahren die Arbeit mit Informatiksystemen als Unterrichtsmittel zur Realisierung eigener Lösungen (z. B. in Form von selbstentwickelten Modellierungen) und zur Entwicklung gemeinsamer Ergebnisse hinzu. Die dabei entwickelten Strategien zur kollaborativen Arbeit stellen eine besondere Form der Arbeitsteilung dar und haben einen hochmotivierenden Aspekt. Dennoch sind gerade diese Phasen kein Selbstzweck und dürfen den Informatikunterricht quantitativ nicht dominieren.

Bei der Unterrichtsbeobachtung wird häufig die Arbeit der Schülerinnen mit den Informatiksystemen in den Vordergrund gerückt, so dass der Eindruck entsteht, dies sei die besondere Qualität des Informatikunterrichts. Dabei sollte eher die Art der Arbeit (z. B. Arbeitsteilung), die nicht auf die Nutzung der Informatiksysteme beschränkt bleiben darf, besondere Beachtung finden.

Lösung 5.2:   Rollenspiel

Objektorientierte Modellierung

Da in fachlichen Kontexten – gerade bei der objektorientierten Sicht – »Elemente« Nachrichten austauschen, bietet sich eine Zuordnung zwischen Personen und diesen Entitäten geradezu an. Um Ideen zu entwickeln und auf ihre Brauchbarkeit zu überprüfen, können konkrete, ggf. strittige Fragen durch ein Rollenspiel einer Klärung zugeführt werden. Die sorgfältige Planung, Durchführung und Analyse dieses Vorgehens ergibt eine Reihe von Punkten, die noch unklar sind, Widersprüche, die üblicherweise die Schnittstellen und Annahmen betreffen, die implizit vorgenommen wurden, aber noch nicht expliziert wurden, etc.

Dabei handelt es sich bei dieser Art von Rollenspielen nicht um eine Singularität im Informatikunterricht, sondern mit zunehmend regelmäßigem Einsatz um ein Hilfsmittel, das die Qualität der arbeitsteiligen Vorgehensweise erheblich verbessern hilft.

In [Dißmann 2003] wird eine rollenspielgestützte Darstellung des Zugangs zum objektorientierten Modellieren dokumentiert, die im Informatikstudium eingesetzt wird. Einige der Ergebnisse dieser Einführung eignen sich auch zur Verwendung in der Schulinformatik.

Protokolle

Im Zusammenhang mit Protokollen, die für die Client-Server-Modellierung notwendig betrachtet werden müssen, eignen sich Rollenspiele, um die Zusammenarbeit zwischen den Ebenen deutlich zu machen. Eine erste Idee in dieser Richtung wurde mit [Perrochon 1996, S. 123] vorgelegt. Dort wird vorgeschlagen, den Weg von Paketen durch ein Netzwerk mit Hilfe eines Rollenspiels darzustellen.

Kryptografie

Im Rahmen einer Einführung in Fragen der Kryptografie stellen Planspiele eine Möglichkeit bereit, dem Gegenstand eine weitere Qualität zuwachsen zu lassen. Zum Einen können – in Anlehnung an historische Versuche zur Kryptoanalyse – Gruppen mit der Aufgabe betraut werden, verschlüsselte Botschaften zu entschlüsseln. Zum Anderen ist es möglich, Ideen und Verfahren zu Ver- und Entschlüsselung mit Hilfe von selbstentwickelten Kriterien zu bewerten, nachdem die Grundsätze erarbeitet wurden.

Datenschutz

Mit dem **Planspiel Datenschutz** (vgl. [Hammer und Prodesch 1987], [Brandt u. a. 1991]) liegt eine ausgearbeitete Unterrichtseinheit vor, die zur grundlegenden Einführung in einen ganzen Strauß von Fragen des Persönlichkeitsschutzes (Datenschutzfragen) sowohl in den Jahrgangsstufen 9 und 10, aber auch in der gymnasialen Oberstufe erfolgreich eingesetzt werden kann.

Lösung 5.3:   Login-Vorgang

zu 4. Vernetzte Informatiksysteme

Eine problemorientierte Zugangsweise kann über den Lebensweltbezug hergestellt werden: Viele Schülerinnen verfügen über ein »Handy« und kennen damit Situationen, die mit Netzen verbunden sind.

Was geschieht, wenn – ausgehend vom Login-Vorgang – Daten über das Netz geschickt werden sollen?

Ideen zur Problematisierung und Modellierung können nach wenigen Überlegungen – auch für an der Informatik weniger interessierte Schülerinnen – herausgefunden werden. Dazu eignen sich Verfahren, bei denen alle Schülerinnen mit einer Aufgabe betraut werden, die sie zuerst individuell bearbeiten und anschließend in kleinen Teams (Gruppen) so vorbereiten, dass die folgende Präsentation der Ergebnisse die Ideen möglichst vieler Schülerinnen dokumentiert. Hinweise zu dieser methodischen Variante können dem folgenden Abschnitt 5.7 – **Kooperatives Lernen** entnommen werden.

5.7   Hinweise zur vertiefenden Auseinandersetzung

Kooperatives Lernen

... bezeichnet Lernformen wie Partner- und Gruppenarbeit, die eine synchrone oder asynchrone (via Informatiksystem), koordinierte, kollaborative Aktivität der Schülerinnen verlangen, um die Lösung eines Problems oder ein gemeinsames Verständnis für eine Situation zu entwickeln. Zentral für das kooperative Lernen ist, dass jede Schülerin für das Lernen der Gruppe und für ihr eigenes Lernen verantwortlich ist. Im Unterschied zu üblichen Gruppierungs- oder Differenzierungsmaßnahmen, wird häufig eine Trias von Techniken vorgeschlagen, die folgende Elemente umfasst:

1. jede Schülerin erfasst individuell (mit klar vorgegebener Zeit) die Problemsituation – **Think**

2. jeweils zwei Schülerinnen tauschen sich über das Ergebnis von 1. aus – **Pair**

3. jede Schülerin muss die Ergebnisse vortragen können, ohne dass dies vorher festgelegt wird: Auswahl nach dem Zufallsprinzip – **Share**

Die Zusammenstellung der Gruppen erfolgt per Zufall. Motto: wir sind hier nicht als Neigungsgruppe zusammen, sondern aus dem Grund, dass wir hier zusammen arbeiten werden (vgl. [Huber 2004] und [Traub 2004]).

Videostudien

Es ist nicht ohne weiteres möglich, Unterrichtssituationen ausschließlich durch Beschreibungen zu »erfassen«. Videostudien stellen eine andere Möglichkeit dar, Unterricht darzustellen. Allerdings kann auch ein Unterrichtsvideo nicht die komplexen Vorgänge des Unterrichts darstellen, sondern liefert eine (oder zwei) Sichten auf den durchgeführten Unterricht. Videostudien stellen eine zunehmend genutzte Möglichkeit dar, um Unterricht zu dokumentieren und ausbildungsbegleitend eigenen Unterricht zielgerichtet reflektieren zu können. Dies gründet sich in den Erfahrungen, die in dem von der nordrhein-westfälischen Landesregierung unterstützten Projekt **Multimediale Evaluation in der Informatiklehrerausbildung** (MUE) gesammelt wurden (vgl. [Humbert u. a. 2000]).

Es ist besonders zu berücksichtigen, dass **Schülerinnen** Rechte haben (Datenschutz, weitere Hinweise siehe Seite 151) und nicht ohne Beachtung der rechtlichen Rahmenbedingungen Unterrichtsvideos erstellt werden dürfen. Die Schulleitung ist in die Vorbereitung unbedingt einzubeziehen (zustimmungspflichtig).[10]

---

10 Auch Befragungen führen häufig zu Irritationen, da auf Seiten mancher Schulleitungen die Sorge besteht, dass die Ergebnisse Aussagen zeitigen, die gegen die Schule oder die Schulform verwendet werden [können]. Auch in solchen Fällen ist die Genehmigung der Schulleitung unabdingbar.

Wer nicht weiß, wo er hinwill, darf
sich nicht wundern, wenn er ganz
woanders ankommt.

Bonmot aus der Lehrerbildung

6 Vorgehensmodelle – Planung des Informatikunterrichts

Zielorientierung und Strukturierung sind die grundlegenden Voraussetzungen zur Planung unterrichtlicher Prozesse. Dabei fällt es in der Anfangsphase der Ausbildung naturgemäß schwerer, dem grundlegenden Ziel der Schülerorientierung durch offene Phasen angemessen Rechnung zu tragen. Die vollständige Unterwerfung der Planungsprozesse unter ein von außen vorgegebenes Planungsraster führt zu einem überplanten Unterricht, der wenig Raum für Spontanität läßt.

Durch die Erarbeitung der Inhalte des vorliegenden Kapitels werden Sie in die Lage versetzt, die Abhängigkeit der verschiedenen Planungsgegenstände voneinander zu beurteilen und eine fachdidaktisch orientierte Herangehensweise an die Unterrichtsplanung vorzunehmen, die es Ihnen ermöglicht, Informatikunterricht zielgruppenangemessen zu planen.

In diesem Lehrbuch wird das Feld der *Didaktik der Informatik* von verschiedenen Seiten beleuchtet. Dabei wird deutlich, dass die Vielgestaltigkeit der wissenschaftlichen und auf Erkenntnisgewinn ausgerichteten Fragestellungen zu Ergebnissen führt, die für die Planung des konkreten Unterrichts nutzbringend berücksichtigt werden können. Um den Unterricht konkret vorzubereiten, bedarf es einer Planungsstruktur. Die Sequenzierung des Planungsprozesses ist allerdings mit der Gefahr der unzulässigen Vereinfachung und der »falschen Reihenfolge« verbunden. Im Folgenden werden Vorgehensmodelle zur Strukturierung des Planungsprozesses dargestellt. Der Planungsprozess von qualifizierten Lehrerinnen weicht mehr oder weniger von diesen Modellen ab – vor allem werden einige der in der allgemeinen Didaktik postulierten Fragen im Alltag kaum explizit bei der Planung berücksichtigt. In allen Planungsmodellen wird deutlich, dass nicht die einzelne Unterrichtsstunde, sondern größere Einheiten geplant werden.

Definition 6.1: Vorgehensmodell zur Unterrichtsvorbereitung

Ein Vorgehensmodell zur Unterrichtsvorbereitung gliedert den Prozess der Vorbereitung des Unterrichts in verschiedene, strukturierte Phasen. Aufgabe und Ziel eines solchen Vorgehensmodells besteht darin, die in diesem Gestaltungsprozess auftretenden Fragen, Problemstellungen und Aktivitäten in einer begründeten und plausiblen Ordnung darzustellen und Methoden und Techniken zur konkreten Unterrichtsvorbereitung bereitzustellen.

Es werden ausgewählte Vorgehensmodelle zur Vorbereitung und Planung des Unterrichts vorgestellt. Die Kenntnis von Modellen führte bisher nicht zu einer nachhaltigen Modelltreue (verstanden als Nutzung von bekannten Modellen über die Ausbildungszeit hinaus), wie Untersuchungen der Planungsprozesse von Expertinnen des Unterrichts (Lehrerinnen)

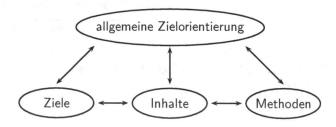

Bild 6.1: Interdependenz der Planungsentscheidungen

belegen. Die Unterrichtsplanung von Expertinnen, die wesentlich von den propagierten Vorgehensmodellen abweicht, wird dargestellt, um den Versuch zu unternehmen, ein Vorgehensmodell zu skizzieren, dass sowohl für die Novizin, aber auch für die erfahrene Informatiklehrerin nützlich ist.

6.1   Allgemeine Vorgehensmodelle

Wenn eine Unterrichtsstunde oder -reihe geplant werden soll, können die folgenden Überlegungen (in Form von Fragen) den Planungsprozess strukturieren helfen.

- Welche Fragen sind durch die Unterrichtsplanung zu beantworten?

- Welche Reihenfolge für die Beantwortung der Fragen ist sinnvoll?

Zur Beantwortung dieser Fragen existieren vielfältige Möglichkeiten; es wurden didaktische Modelle und Konzepte (vgl. Definition 3.1) entwickelt, um auf einer theoretisch ausgewiesenen Basis den Planungsprozess zu strukturieren und handhabbar zu machen. Diese didaktischen Modelle konvergieren nicht im Laufe der Zeit, sondern stehen bis heute mehr oder weniger unversöhnlich nebeneinander. Die Antworten auf die zentralen Fragen zur Unterrichtsplanung unterscheiden sich in grundlegender Weise: so fordert KLAFKI den Primat der Didaktik im engeren Sinne (vor der Methodik) – HEIMANN, OTTO, SCHULZ hingegen verweisen auf die enge Kopplung der Entscheidungsfelder, so dass es keine prioritäre Entscheidung gibt – MEYER verdeutlicht, dass die Schülerorientierung prioritär zu berücksichtigen ist.

In Bild 6.1 wird das Geflecht der verschiedenen allgemeindidaktisch diskutierten Planungsdimensionen dargestellt. Für die konkrete Unterrichtsplanung müssen – soviel ist unstrittig – folgende Fragen(komplexe) beantwortet werden:

- Was soll ich unterrichten? – Ziele, Inhalte

- Wie soll ich unterrichten? – Methoden

- Welche Rahmenbedingungen muss ich berücksichtigen?

Die Unterschiede in den didaktischen Modelle zeitigen bei der Bearbeitung dieser Fragen verschiedene Reihenfolgen und unterscheiden sich darüber hinaus in der Darstellung der

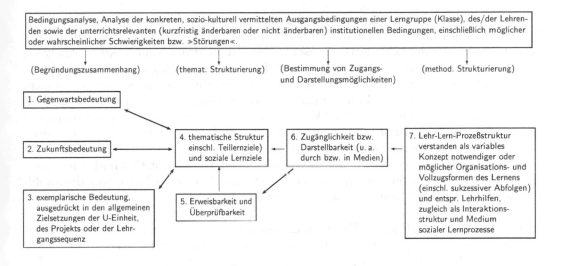

nach [Klafki 1985d, S. 215]

Bild 6.2: Perspektivenschema zur Unterrichtsplanung

Ergebnisse des Planungsprozesses in Form einer schriftlichen Ausarbeitung, dem Unterrichtsentwurf. Das Perspektivenschema wird im Folgenden exemplarisch vorgestellt – es stellt den (zeitlich) letzten Versuch eines bekannten Didaktikers dar, die Strukturierung des Planungsprozesses (unabhängig vom Fach) zu unterstützen.

Perspektivenschema von KLAFKI

Mit dem Perspektivenschema von KLAFKI (vgl. Bild 6.2) werden grundlegende Dimensionen zur Unterrichtsplanung verdeutlicht. Dieses Vorgehensmodell impliziert eine Reihenfolge der Planungsschritte:

Zunächst wird der thematische Begründungszusammenhang hinsichtlich der Dimensionen Gegenwartsbedeutung ①, Zukunftsbedeutung ② und exemplarische Bedeutung ③ aufgeschlossen. Die beiden folgenden Schritte betreffen die thematische Strukturierung. Dabei kommt der Zielbestimmung – sowohl bezogen auf die Erweisbarkeit und Überprüfbarkeit ⑤, aber auch der Lernziele (inklusiv der [kognitiven, psychomotorischen und affektiven] Teillernziele) und der sozialen Lernziele ④ eine Scharnierfunktion zu. An dieser Stelle wird die Interdependenz der Planungsschritte offensichtlich: alle Elemente der Folgeplanung haben Rückwirkungen auf bereits vorliegende erste Ergebnisse des Planungsprozesses. Werden, wie von KLAFKI vorgeschlagen, die Zugangs- und Darstellungsmöglichkeiten bestimmt (in ⑥), ist deutlich, dass diese Entscheidungen die Ergebnisse der vorgängigen Planungsschritte beeinflussen. In einem nächsten Schritt findet die methodische Strukturierung statt. Diese Planung der Prozessstruktur des Lehrens und Lernens ⑦ wirkt ihrerseits zurück auf die Ergebnisse bezüglich der Zugangs- und Darstellungsmöglichkeiten. Somit handelt es sich bei diesem Schema um ein iteratives Modell für den Planungsprozess, wie es in der Informatik in der Softwaretechnik bekannt ist.

Ausgangspunkt für das angegebene didaktische Modell ist die Orientierung an der Bedeutung eines Themas (Primat der Didaktik im engeren Sinne). KLAFKI hat mit der Weiterentwicklung der bildungstheoretischen Didaktik und der »Didaktischen Analyse« zur kritisch-konstruktiven Didaktik das o. g. Planungsraster entwickelt und durch die explizierten Interdependenzen deutlich gemacht, dass der Planungsprozess einen gewissen, wohldefinierten Ausgangspunkt hat (Begründungszusammenhang), aber in Folge eine Reihe voneinander abhängiger Fragen zu klären sind, die ihrerseits bis hin zum Begründungszusammenhang Rückwirkungen zeigen. Es wird deutlich, dass die Planungsschritte nicht isoliert betrachtet werden können, sondern im gesamten Prozess eine Abhängigkeit der verschiedenen Planungsmomente bedacht werden muss. Dies macht Unterrichtsplanung – gerade für Novizen – zu einem schwierigen Unterfangen. Nach einer Hochphase der ausdifferenzierten formalen Planungswerkzeuge werden inzwischen kaum noch allgemeingültige Ansätze diskutiert.[1]

Zu dieser Gemengelage der Entscheidungssituationen kommt hinzu, dass bereits bei der Planung des Informatikunterricht häufig die Möglichkeit berücksichtigt werden muss, Teile der erarbeiteten Ergebnisse mit Hilfe der konkreten zur Verfügung stehenden Informatiksysteme umzusetzen. Damit ist im Unterrichtsplanungsprozess ein erheblicher (vor allem zeitlicher) Aufwand für die konkrete Vorbereitung der schülerorientierten Arbeit mit den Informatiksystemen zu leisten. Gerade hier erweisen sich die Standardmodelle der Didaktik als wenig aussagekräftig, da sie der »technisch-konstruktiven« Vorbereitung nur wenig Aufmerksamkeit widmen.

6.2   Unterrichtsplanung – professionell betrachtet

Eine routinierte Lehrerin, die ihren Unterricht plant, führt die Planungsschritte nicht (mehr) in der Abfolge durch, die durch die verschiedenen Didaktikmodelle impliziert werden. Wie in anderen Fachgebieten, unterscheidet sich die professionelle Arbeit von der Arbeitsweise, die durch Lehrbücher, theoretische Konzepte und Modelle vorgeschlagen werden (vgl. [Dreyfus und Dreyfus 1987, S. 43–56]). Üblicherweise gehen Lehrerinnen als Expertinnen des Unterrichtens und der Unterrichtsplanung, von Themenbereichen aus, wenn sie beschreiben, wie sie ihren Unterricht planen (vgl. Bild 6.3). Implizit spielen dabei bereits zu Beginn der Überlegungen sowohl methodische Fragen, aber auch motivationale Faktoren, Lernerfolgsüberlegungen und Aufgaben(-typen) eine Rolle (vgl. Bild 6.4). Zum Anderen denken Lehrerinnen in übergeordneten, fachdidaktisch geprägten und erfahrungsgeleiteten Strukturen, die es ihnen erlauben, Zusammenhänge in einer übergeordneten Sichtweise zu erkennen und in der Planung zu berücksichtigen. Es kann somit festgestellt werden, dass bei der Planung des Unterrichts durch die Expertin die Interdependenz der verschiedenen Zieldimensionen implizit berücksichtigt wird. In der weiteren Arbeit der Unterrichtsvorbereitung wird nach diesen Vorüberlegungen im Sinne einer Schülerorientierung über Folgen von Handlungsmöglichkeiten der Schülerinnen im Unterricht reflektiert – es wird eine Abfolge von Tätigkeiten der Schülerinnen und der Lehrerin geplant. Dabei muss möglicherweise die Ausgangsidee reformuliert werden, weil sich auf

---

1 Damit wächst den Bereichs- und Fachdidaktiken die Aufgabe zu, didaktische Modelle zu entwickeln, die den Planungsprozess in konstruktiver Weise unterstützen.

Typen der Konkretisierung von Unterrichtshandlungen in der Unterrichtsvorbereitung einer Physiklehrerin

a) Die Vorüberlegungen, die sich auf die Darbietung des Stoffes beziehen, werden als Sätze oder auch nur als Stichworte, die den inhaltlichen Gang der Argumentation abbilden, notiert. Die Handlungen, die sie im Zusammenhang mit den Inhalten ausführen will, also z. B. die Art und Weise, wie sie den Stoff vorträgt, werden nicht ausformuliert. Sie bleiben implizit, können aber bei der Realisierung des Unterrichts von der Lehrerin leicht durch die Routine »Vortrag eines Themas« ausgeführt werden. Auch die Handlungen der Schüler werden nicht ausformuliert.

b) Im Unterschied dazu [gemeint ist Punkt a)] formuliert dieselbe Lehrerin die Prüfungsfragen, die sie an bestimmte Schüler stellen will, wörtlich aus. Sie schreibt zusätzlich die Antworten von Schülern auf, die sie als richtige akzeptieren will. Hier werden also bestimmte Handlungen von Lehrern und Schülern explizit antizipiert.

c) Schließlich bereitet sie ein schwieriges Experiment vor, das sie am nächsten Tag den Schülern demonstrieren will, und zwar vor dem eigentlichen Unterrichtsbeginn und probiert es durch. Die Handlungen der Lehrerin werden hier nicht nur sprachlich explizit gemacht; sie werden auch probehandelnd vor dem Unterricht durchgespielt.

[Altrichter u. a. 1996]

Bild 6.3: Unterrichtsplanung einer Expertin

der Ebene der zunehmenden Konkretion zeigt, dass entweder auf der Handlungsebene oder auf der Wissensebene Elemente unzugänglich sind oder nicht ohne große Umwege erreicht werden können. Ein für die Informatik besonders wichtiger Punkt ist in Bild 6.4 berücksichtigt worden: die »detaillierte Vorbereitung technisch-organisatorischer Art«[2]. Diese Überlegungen sind im Zusammenhang mit der Planung des Informatikunterrichts bedeutsam, so dass wir ihn in Abschnitt 7.1 gesondert diskutieren.

Die bei routinierten Lehrerinnen zu beobachtende Art der Unterrichtsvorbereitung ist Ergebnis ihrer qualifizierten Ausbildung in den Bezugsfeldern: allgemeine Pädagogik und Didaktik, Fachwissenschaft und Fachdidaktik (dies wird hier hervorgehoben, auch wenn die Fachdidaktik Teil der Fachwissenschaft ist). Mit zunehmender Professionalität verschieben sich die Planungsnotwendigkeiten von allgemeinen Strukturierungs- und Planungsmomenten auf die Elemente, die für die konkrete Lerngruppe und damit für einzelne Schülerinnen unterrichtlich als Planungsnotwendigkeit erkannt wurden. Damit wird zunehmend weniger für einzelne, wiederkehrende Handlungssequenzen eine Detailplanung vorgenommen. Die konkrete (bewusste) Planung kann sich mehr und mehr auf einzelne

---

2 Dieser Punkt wird in Bild 6.3 c) formuliert.

Bild 6.4: Unterrichtsplanung von Expertinnen des Unterrichts (schematisch)

Punkte konzentrieren, die – aus Sicht der Lehrerin – den Unterschied zur Routine ausmachen. Dies bedeutet allerdings nicht, dass die Durchführung der »ungeplanten« Elemente nunmehr dem Zufall überlassen wird – vielmehr stehen der Lehrerin auf Grund ihrer Erfahrung Handlungsvarianten zur Verfügung, die sie situationsangemessen im Unterricht einsetzt.

Mit der Darstellung der tatsächlichen Unterrichtsplanung wird ein Defizit didaktischer Modelle offensichtlich: ausgehend von einer theoriegestützten Planung wird in der allgemeinen Didaktik offenbar unterschätzt, wie auf Seiten der Lehrerinnen die Fähigkeiten zur konkreten Unterrichtsplanung zur Bildung individueller Modelle führt, die mit den bekannten Modellen wenig gemeinsam haben. Der Aufnahme begründeter, subjektiver Sichten in fachbezogene, didaktische Modelle, die damit von den Nutzerinnen zum wandlungsfähigen Handwerkszeug (auch nach der Ausbildung) weiterentwickelt werden können, ist eine Voraussetzung für eine valide Unterrichtsvorbereitung auch nach der Ausbildung, die fachdidaktisch anerkannt und theoretisch reflektiert wird.

Ein Problem ergibt sich aus dem begrenzten, erprobten Erfahrungsschatz, die eine Lehrerin in ihrer eigenen Ausbildung gewinnen kann. Durch eine Erweiterung dieses Repertoirs an umgesetzten Varianten, die bereits in der Ausbildung Alternativen zu den gängigen Methoden und Formen bieten, scheint es langfristig möglich zu sein, zukünftigen Anforderungen gerecht werden zu können. Schwierigkeiten bei der methodischen Innovation, die zur Zeit zu beobachten sind, resultieren aus einer fehlenden Kultur der Vorbereitung der Lehrerinnen auf eine Ausbildung nach der Ausbildung. Dies ist das zentrale Defizit der dritten Phase der Lehrerbildung: es werden kaum qualifizierte und qualifizierende Angebote für im Dienst befindliche Kolleginnen gemacht. Darüber hinaus finden Elemente der dritten Phase keine angemessene Berücksichtigung für das Qualifikationsprofil der Lehrerinnen. Damit folgt einer ausgezeichneten Ausbildung keine theoriegeleitete und -unterstützte Weiterentwicklung der professionellen Arbeit. Andererseits werden

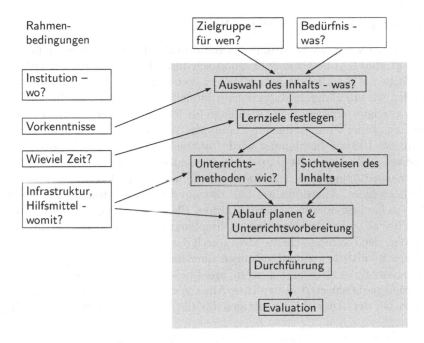

nach HARTMANN

Bild 6.5: Bedingungsgefüge für den Informatikunterricht

Lehrerinnen auf diese Weise zunehmend von der wissenschaftlichen [Weiter-]Entwicklung abgekoppelt. Dabei stellen gerade die aus der praktischen Arbeit resultierenden Fragen für die Weiterentwicklung theoriegeleiteter Konzepte in den beiden ersten Phasen der Lehrerbildung einen zentralen Prüfstein dar.

6.3 Vorgehensmodelle zur Planung des Informatikunterrichts

Für den Informatikunterricht existiert bisher kein fachdidaktisch anerkanntes Vorgehensmodell zur Unterrichtsplanung. Schriftlich fixierte Unterrichtsplanungen für das Schulfach Informatik in der Ausbildung orientieren sich bisher an gängigen Unterrichtsplanungsmodellen, die je nach Orientierung der Berliner/Hamburger Didaktik (vgl. [Heimann u. a. 1970]), dem Perspektivschema von KLAFKI, oder anderen Planungsmodellen zugeordnet werden können.

Die vorgestellten Beispiele zur Unterstützung von Planungsprozessen sollen aufzeigen, in welcher Weise die Fachdidaktik und die Fachwissenschaft gängigen Modellen folgt (Planungshilfe in der Lehrerbildung) von didaktischen Modellen unabhängige Elemente zur Modellierung des Prozesses bereitstellt (Vorgehensmodell zur Planung von Seminaren) und fachdidaktische Forschungsergebnisse zur Konstruktion bereitstellt (Vorgehensmodell auf der Grundlage des Modulkonzepts).

6.3.1   Planungshilfe in der Lehrerbildung

Die von HARTMANN zur Vorbereitung des Informatikunterrichts angegebene Strukturie-
rungshilfe (vgl. Bild 6.5) liefert eine pragmatisch ausgerichtete (fast schon traditionell zu
nennende) Sicht auf die Planungssituation. In dem grau unterlegten Teil des Planungs-
musters finden wir ein gängiges didaktisches Modell, das – wie bereits in den vorherigen
Abschnitten gezeigt – eine nützlich Grundlage für Planungshandlungen von Novizen darstellt, allerdings keine Progression im Planungsprozess aufzeigt. Die Weiterentwicklung
zur Expertin der Unterrichtsplanung wird – abgesehen von biografisch orientierten Forschungsarbeiten (vgl. Abschnitt 10.3) – bisher nicht berücksichtigt.

Um Rahmenbedingungen in summarischer Form zu berücksichtigen, erscheint diese
Planungshilfe geeignet. Allerdings werden – bis auf den Punkt »Infrastruktur, Hilfsmittel
– womit?« – keine besonderen fachdidaktischen Elemente erwähnt. Dieses Planungsmo-
dell stellt daher allgemein bei der Unterrichtsplanung zu berücksichtigende Punkte vor.
Die Reihenfolge der Planungsschritte wird durch das Schema von oben nach unten – also
ausgehend von inhaltlichen Entscheidungen über die Zieldimensionen, methodische und
auf die Wissensstruktur abzielende Fragen, anschließende Verlaufsplanung, Durchführung
und Evaluation sequenziert. Die explizite Angabe einiger Rahmenbedingungen hilft gerade Novizen bei der Auswahl der nötigen für die Vorbereitung zu berücksichtigenden
Elemente.

Elemente, die nicht ausgewiesen werden – exemplarisch ist hier auf Lehrpläne hinzuweisen – haben ihre Ursache in dem Entstehungskontext der Lehrerbildung in der Schweiz:
dort gibt es kein Schulfach Informatik und daher keine Lehrpläne für das Fach.

6.3.2   Vorgehensmodell zur Planung von Seminaren

Der Erfolg der Entwurfsmuster (design pattern) zur Unterstützung der Konstruktion von
[objektorientierten] Informatiksystemen hat zu Überlegungen Anlass gegeben, auch für
den Bereich der Vorbereitung, Planung, Durchführung und Reflexion gestalteter Lernprozesse geeignete Muster zu suchen und in einem iterativen Prozess zu »verbesssern«.[3]

Mit »SEMINARS – A Pedagogical Pattern Language about teaching seminars effectively« [Fricke und Völter 2000] werden »Pädagogische Muster« zur Diskussion gestellt. Mit
Hilfe einer graphischen Darstellung (ein Ausschnitt ist in Bild 6.6 dargestellt) wird die
Komplexität dieses Prozesses verdeutlicht und in einzelne Aktionen zerlegt (die Semantik
für alle möglichen Beziehungen ist in Bild 6.7 dokumentiert).

Die Darstellung sollte nicht zweckentfremdet werden, indem Unterrichtsplanung auf
die betrachteten Elemente reduziert wird. Es soll vielmehr deutlich werden, dass es möglich ist, mit Hilfe fachlich anerkannter Strukturierungsmittel den Versuch zu unternehmen, ausgewählte Teile der Unterrichtsvorbereitung, -durchführung und -reflexion mit
fachlichen Hilfsmitteln aufgabenangemessen abzubilden.

---

3 ALEXANDER beschreibt den Begriff »pattern« folgendermaßen:

> Each pattern describes a problem that occurs over and over again in our environment, and then
> describes the core of the solution to that problem, in such a way that you can use this solution a
> million times over, without ever doing it the same way twice.

[Alexander u. a. 1977]

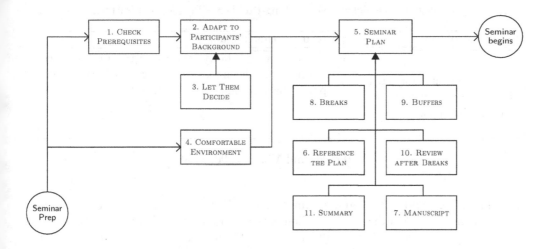

Ausschnitt aus [Fricke und Völter 2000, S. 7]

Bild 6.6: Pedagogical Pattern Map

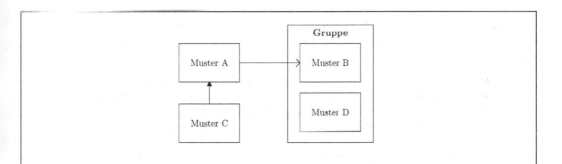

In Bild 6.6 wird die folgende Notation benutzt: »Muster A muss erfolgreich implementiert werden, bevor Muster B implementiert werden kann. Damit wird eine lokale Anordnung der Abfolge beschrieben. Muster C stellt eine Möglichkeit dar, um Muster A zu implementieren. Dies kann als eine Variante der Spezialisierung angesehen werden. Muster B und Muster D betreffen einen gemeinsamen Kontext und sind daher gruppiert (nach [Fricke und Völter 2000, S. 6] – Übersetzung durch den Autor).

Bild 6.7: Erläuterungen zur Semantik der »Pedagogical Pattern Map«

Tabelle 6.1: Beispiel zur Verbindung Problem – Pedagogical Pattern

typical problem	patterns in this language
My sessions are boring, I do not feel I can engage the participants.	change media (41), body language (35), problem orientation (32), relevant examples (28), adapt to participants' background (2), reference the plan (6)

aus [Fricke und Völter 2000, S. 8]

Da ein tiefergehendes Verständnis durch den in Bild 6.6 dokumentierten Ausschnitt nicht möglich ist, werden die weiteren Elemente in Anhang C dokumentiert. Die Darstellung im Anhang empfiehlt sich vor allem zum Verständnis der in Tabelle 6.1 angegebenen Lösungshinweise).

Die Darstellung des Ablaufs von der Vorbereitung bis zur Evaluation wird durch die folgenden Kontrollpunkte (engl. »Checkpoints«) strukturiert:

- Seminar Preparation
- The Seminar begins
- Start teaching
- Teaching is over
- Seminar is over

Darüber hinaus wird an Hand typischer Fragen verdeutlicht, wie mit Unterstützung des Schemas konkrete Fragen an den Lehr-/Lernprozess beantwortet werden können. In der Tabelle 6.1 ist ein Beispiel dargestellt.

> Die Muster befinden sich in der Diskussion und sollen zeigen, dass es möglich ist, mit informatischem Hintergrund den Gesamtprozess zu strukturieren, so dass Fragen, die im Kontext der Vorbereitung, Durchführung und Reflexion auftreten, mit informatischen Mitteln strukturiert und bearbeitet werden können.
>
> Vom didaktischen Standpunkt aus ist anzumerken, dass dieses Modell nicht nach Zielen und ihrer Sinnhaftigkeit fragt, sondern von gegebenen Zielen ausgeht. Diese Vorstellung, die als unterrichtstechnisch/technologisch bezeichnet werden muss, unterscheidet sich von den Zielmaßgaben einer allgemeinen Bildung.

6.3.3   Vorgehensmodell auf der Grundlage des Modulkonzepts

Auf der Grundlage des Modulkonzepts (vgl. [Humbert 2003]) wird eine Planungsgrundlage für den Informatikunterricht entwickelt. Dazu werden die Ergebnisse der wissenschaftlichen Untersuchung berücksichtigt. Bild 6.8 stellt in grafischer Form die drei zentralen Bestimmungsmomente des Modulkonzepts dar. Diese Dimensionen stellen einen fachdidaktischen Rahmen bereit, der – ergänzt um Basiselemente allgemeiner Didaktik – zu einem Planungsrahmen zur Unterrichtsvorbereitung weiterentwickelt wird. Orientiert an den Zielmaßgaben eines handlungsorientierten und auf Schülerinnen bezogenen Unterrichts soll diese Planungssicht deutlich machen, welche fachdidaktischen Elemente bei der Planung einbezogen werden. In den Untersuchungen wird u. a. die Eignung der Dimensionen des Konzepts zur Analyse des Informatikunterrichts in der Sekundarstufe I

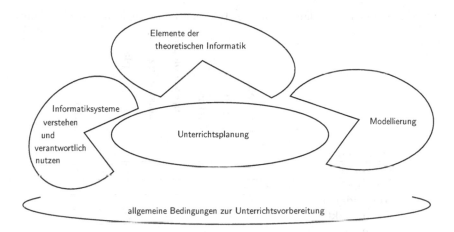

Bild 6.8: Dimensionen nach dem Modulkonzept

gezeigt. Zur Unterrichtsanalyse werden die folgenden fachdidaktischen Kriterien expliziert (vgl. [Humbert 2003, S. 130]):

- Welche Tätigkeiten führen die Schülerinnen aus? (Schüleraktivität)
- Welche fachdidaktischen Konzepte werden im Unterricht umgesetzt?
- Welche Fachkonzepte werden im Unterricht thematisiert?
- Welche Unterrichtsmittel (Medien und Informatikraum) kommen zum Einsatz?

Ausgangspunkte zur Unterrichtsplanung nach dem Modulkonzept

Die Bildungsgangforschung (vgl. Abschnitt 10.3) gibt uns ein Mittel an die Hand, das ausbildungsbegleitend nutzbringend eingesetzt wird: die Möglichkeit, individuell sogenannte Entwicklungsaufgaben zu formulieren. Diese bestehen aus den Elementen, die sich die Studierende/Referendarin als Zukunftsaufgabe in der Ausbildung stellt. Dies führt zu einer Fokussierung und Individualisierung der Ausbildungsaufgaben. Dabei ist zu bedenken, dass in einem komplexen Ausbildungsgeschehen den Ausbilderinnen die Aufgabe zufällt, die Suche und Auswahl von Entwicklungsaufgaben zu unterstützen.

> Da das Konzept entwicklungsoffen und anschlussfähig gestaltet werden soll, muss Ergebnissen aus Untersuchungen Rechnung getragen werden, die die Unterrichtsplanung von Lehrerinnen nach Abschluss der Ausbildung dokumentieren (vgl. Bild 6.2 und 6.4).
>
> In Erweiterung und Konkretisierung der Überlegungen zur kritisch-konstruktiven Didaktik kommt den Fragen zur thematischen Bedeutung im Begründungszusammenhang (vgl. Bild 6.2) für den Informatikunterricht ein erheblicher Stellenwert zu.
>
> Die Bedeutung der Phänomene (vgl. Seite 62 – 2004) und der damit einhergehenden Strukturierung des Unterrichts kann nicht früh genug in den Planungsprozess einfließen. An der Möglichkeit, geeignete Phänomene zu identifizieren, sie zielgerichtet auszuwählen und für den Lernprozess fruchtbar werden zu lassen, entscheidet sich die Wirkmächtigkeit der damit zusammenhängenden Kernideen (vgl. Bild 3.5).

Tabelle 6.2: Dimensionen der Planung für den Informatikunterricht nach dem Modulkonzept

Beteiligte ...	Sichtweise	Personal	Didaktik	Thema	Lernpsychologie	Realisierung	Handlungsplan	Input	Output
Lehrerin		✓	✓	✓	✓	✓	✓	✓	✓
Schülerin			✓			✓	✓		
Ausbilderin		✓	✓	✓		✓			
Fachdidaktik		✓	✓			✓	✓		✓
Fachwissenschaft				✓					✓
allgemeine Didaktik	✓	✓					✓		
Pädagogik	✓					✓			
Schulaufsicht				✓				✓	✓

Zur kognitiven Aneignung abstrakter Gegenstände (um solche handelt es sich im Schulfach Informatik) stellen die Erkenntnisse der Entwicklungspsychologie einen wichtigen Schlüssel dar. Die Beachtung des **E**naktiv-**I**konisch-**S**ymbolisch (EIS)-Prinzips (vgl. Seite 37) führt dazu, dass grundlegend nach Ideen zu suchen ist, wie – bei inhaltlich ausgewiesenen informatischen Fragestellungen – ein handelnder Zugang eröffnet wird.

> Den besonderen Rahmenbedingungen des Informatikunterrichts hinsichtlich der Arbeitsweisen (Formen der Differenzierung und der selbstständigen Arbeit – vgl. Abschnitt 5.4f) aber auch bezogen auf die Verzahnung der theoretischen und praktisch orientierten Arbeitsphasen im Unterricht muss Rechnung getragen werden. Der notwendige Planungsaufwand zur Vorbereitung des zielgerichteten und lernförderlichen Einsatzes der Informatikmittel im Informatikunterricht übersteigt den für Schülerexperimente in anderen Fächern ganz erheblich. Daher reicht das Probehandeln (wie bei Experimenten) nicht aus, um solche Phasen geeignet vorzubereiten. Vielmehr treten im Unterrichtsprozess diverse »Fehlkonfigurationen« auf, die der Tatsache geschuldet sind, dass es sich nicht um abgeschlossene Experimente im Sandkasten handelt (auch wenn die Sandbox von Java verwendet wird), sondern um frei programmierbare Informatiksysteme.

Erläuterungen zum Planungsmodell

Tabelle 6.2 liefert eine Kurzübersicht für den Planungsprozess. Ohne weitere Erklärungen ist diese Übersicht kaum geeignet, eine Unterrichtsplanung zu realisieren.

Im Unterschied zu anderen Planungsmodellen wird bereits bei dem Schema deutlich, dass eine grundlegende Dimension des Rasters explizit »Beteiligte ... « ausweist. Damit wird bereits im Planungszusammenhang eine Reflexion über die jeweils zugrundeliegende Orientierung auf der Basis der Bezugsgruppen angeregt. Die Angaben in dem Raster sind unscharf und bedeuten nicht etwa, dass sich z. B. die Fachdidaktik nicht mit Fragen der Lernpsychologie beschäftigt (oder beschäftigen sollte), sondern, dass wesentliche

Ergebnisse, die bei der Unterrichtsplanung berücksichtigt werden, zur Zeit eher aus dem Bereich der pädagogischen Forschung stammen. Positiv formuliert: durch die Angabe ✓wird verdeutlicht, dass bei der Unterrichtsplanung nach diesem Planungskonzept die Ergebnisse, Aussagen, Zielmaßgaben dieser Gruppe Berücksichtigung finden sollten.

Sichtweise - Personal	
Lehrerin	Entwicklungaufgaben Unterrichten, Planen, Innovieren
Ausbilderin	Beobachtung und Beratung
allgemeine Didaktik	Berücksichtigung
Pädagogik	Forschung: Bildungsgangdidaktik und Professionalisierung
Vorbedingung:	Bildungsgangdidaktik – Forschungsergebnisse
Beschreibung:	• Novizin –> Profi (Entwicklungslinie)
	• fachliche, fachdidaktische Voraussetzungen
	• Bildungsgang – Entwicklungsaufgaben
	• zunehmende Professionalisierung
Nachbedingung:	weitere Entwicklungsaufgabe wählen
Ausnahmebehandlung:	Beratung, Diskussion der Professionalisierung
Siehe auch:	ohne konkreten Bezug auf das Schulfach Informatik – [Hericks 2003b], [Altrichter u. a. 1996]

Sichtweise - allgemeine Didaktik, kritisch-konstruktive Didaktik	
Lehrerin	Kenntnis der Planungsschritte des Perspektivenschemas
Ausbilderin	Absicherung der Planung auf allgemein-didaktischer Basis
Fachdaktik	Argumentationshilfen – vom Bildungswert der Informatik (detailliert)
allgemeine Didaktik	Begründungen
Vorbedingung:	Kenntnisse der allgemeinen Didaktik – Vergegenwärtigung der grundsätzlichen Zieldimensionen; Feststellung der drei Dimensionen des Begründungszusammenhangs:
	• Gegenwartsbedeutung
	• Zukunftsbedeutung
	• Exemplarische Bedeutung
Beschreibung:	• Perspektivenschema [Begründungskontext]
	• gesellschaftliche Schlüsselprobleme
Nachbedingung:	Prüfen der Voraussetzungen für die Erfüllung der Ansprüche der allgemeinen Didaktik
Ausnahmebehandlung:	Beratung, Diskussion der Notwendigkeit der Berücksichtigung allgemein-didaktischer Begründungskontexte
Siehe auch:	Abschnitt 6.2 – [Klafki 1985d], [Klafki 1985a]

Sichtweise - Thematischer Kontext

Lehrerin	Berücksichtigung der Dimensionen

- Zugänglichkeit
- Tragfähigkeit
- Progression
- Perspektive(n)

Schülerin	Phänomen, Kernidee
Ausbilderin	Werden Lernmöglichkeiten für die Schülerinnen eröffnet und eingelöst?
Fachdaktik	Sequenzierung fachlicher Art und ihre mögliche gegenüber der Fachwissenschaft geänderte Anordnung
Fachwissenschaft	fundamentale Ideen, Objektivierung unter fachlicher Perspektive
Schulaufsicht	Entspricht der thematische Kontext den vorgeschriebenen Anforderungen?
Nachbedingung:	je nach Situation werden diverse Fragen erörtert, die den formulierten Ansprüchen entspringen
Ausnahmebehandlung:	• Unterricht wird den durch die Lehrerin gestellten Anforderungen nicht gerecht
	• Schülerin versteht nicht, warum dieser thematische Kontext bedeutsam sein könnte
Siehe auch:	Phänomene: Seite 62 – 2004, Kernideen: [Gallin und Ruf 1998]

Sichtweise - Lernpsychologie

Lehrerin	Ideen zur Umsetzung abstrakter Konzepte der Informatik in Handlungsmöglichkeiten
Ausbilderin	Aufbau und Phasierung des Unterrichts
Pädagogik	Untersuchung der geeigneten Struktur für Lerngruppen
Vorbedingung:	Sammlung von Ideen zur enaktiven Aneignung
Beschreibung:	EIS als Ergebnis lernpsychologischer Forschungen hat gerade für die Planung des Informatikunterrichts zur Konsequenz, dass es wesentlich darauf ankommt (nicht nur bei jüngeren Schülerinnn) die enaktive Aneignung durch »geeignete« Mittel zu unterstützen.
Nachbedingung:	Bewertung, Weiterentwicklung, Kommunikation von Ideen; zunehmend Entwicklungsaufgabe der Fachdidaktik
Ausnahmebehandlung:	Verwerfen von Ideen, Überlegungen zur Phasenstruktur
Siehe auch:	bisher nicht fachdidaktisch differenziert expliziert; Seite 37, [Bruner 1974]

Sichtweise - Realisierung	

Lehrerin	hoher Planungs- und Vorbereitungsaufwand
Schülerin	Motivation für das Fach speist sich häufig aus der Umsetzung mit den Informatiksystemen
Fachdaktik	Auswahl und Entwicklung geeigneter Szenarien, Werkzeuge zur Umsetzung – Theoriebildung zu diesen Fragen
Vorbedingung:	Pädagogische, fachliche und fachdidaktische Kriterien, um grundlegende Entscheidungen zu treffen und zu begründen. Dennoch bleibt die konkrete Umsetzung in der Hand der Lehrerin. Die Umsetzung ist von vielen Elementen abhängig, die nicht ohne weiteres geändert werden können, so das gewisse, begründete Anforderungen nicht umgesetzt werden können. Es sollte, wenn eben möglich, mit freier Software gearbeitet werden. Steht für den Anwendungsfall keine freie Software zur Verfügung, ist darauf zu drängen, dass keine proprietären Systeme zum Einsatz kommen. Daten werden nur in frei zugänglichen, dokumentierten Formaten ausgetauscht.
Beschreibung:	Der Umsetzung modellierter Informatiklösungen in funktionierende Programme kommt eine hohe Bedeutung aus Sicht der Lernenden zu. Dies gilt es konstruktiv und angemessen zu berücksichtigen. Der Zeitaufwand, um diese Umsetzung vorzubereiten und den Schülerinnen die Lösung nicht vorzugeben, sondern erarbeiten zu lassen, ist sehr hoch. Dies führt dazu, dass durch diesen wichtigen Aspekt viele Ressourcen gebunden werden. Es beginnt mit der Auswahl der konkreten Informatiksysteme für den Informatikunterricht (Informatikmittel) und endet damit, dass die Lehrerin viele Stunden damit verbringt, lernförderliche Strukturen im Detail so aufzubauen, dass die Schülerinnen erfolgreich arbeiten können.
Nachbedingung:	Schülerinnen erfahren, dass theoretisch durchdrungene Probleme mit der in der Schule zur Verfügung stehenden Infrastruktur erfolgreich umsetzen lassen. Da freie Systeme eingesetzt werden, können die Ergebnisse auch an anderer Stelle (z. B. zu Hause bei den Schülerinnen) reproduziert werden und geben so Raum für erweiterte Exploration und Experimente.
Ausnahmebehandlung:	Verwerfen von Lösungen – Entwicklung von Rahmenkonzepten, die ermöglichen, den Lernprozess erfolgreich mit freien Systemen zu unterstützen. Kenntnis, Nutzung und Entwicklung von Werkzeugen, die diese Arbeit erleichtern.
Siehe auch:	Abschnitt 7.1

Sichtweise - Handlungsplan (Unterrichtsverlaufsplanung)

Lehrerin	Phasierung im Detail
Schülerin	Spannungsbogen, Lernen, Handeln, Verstehen
Ausbilderin	Planung <-> Umsetzung
Fachdaktik	Unterrichtsmodelle zu konkreten fachlichen Gegenständen – Variationen zu einem thematischen Kontext – Ausweis der fachdidaktischen Stimmigkeit – Möglichkeiten didaktischer Gestaltung (fachdidaktisch schlüssige Begründung der Aufkündigung einer fachlich verengten Sicht auf Gegenstände, »die nur in einer bestimmten Reihung gelernt werden können«)
allgemeine Didaktik	Strukturmuster zur Unterrichtsplanung, Hinweise zur Umsetzung und zu Planungsalternativen
Vorbedingung:	thematischer Kontext; konkrete Aufgaben und Überlegungen zur Lösung durch die Schülerinnen
Beschreibung:	Der Lehrerin – als Planerin des Unterrichts – fällt die Aufgabe zu, eine Reihung von Aktionen der Schülerinnen, die sie veranlaßt und verantwortet, festzulegen und in ihrer zeitlichen Dimension abzuschätzen. Das Ergebnis ist ein Konstrukt, das zunehmend weniger formal den Aufbau und Ablauf des Unterrichts beschreibt.
Nachbedingung:	Planung und Durchführung stimmen (zumindest grundsätzlich) überein. Zunehmende Planungssicherheit und Professionalisierung des Planungshandeln – Fokussierung und Detaillierung ausgewählter Fragestellungen.
Ausnahmebehandlung:	Entwicklungsaufgabe: Planungskompetenz – Erkennen der Punkte, an denen die Durchführung von der Planung abweicht; konstruktive Diskussion – Varianten der Planung
Siehe auch:	Kapitel 8; [Altrichter u. a. 1996]

Sichtweise - Inputorientierung

Lehrerin	Kenntnis der Richtlinien und Lehrpläne
Schulaufsicht	Einhaltung der Richtlinien und Lehrpläne
Vorbedingung:	Anforderungen, vorgeschriebene Inhalte und methodischer Rahmen, Stundentafel, administrative Vorgaben
Beschreibung:	Vorgaben stellen die Grundlage für den Unterricht dar. Sie sind damit ein Element der Bildungsplanung, das auf Gesetzen basiert und mittels Verordnungen vorschreibt, was wann im Informatikunterricht thematisiert werden muss.
Nachbedingung:	Vermutung, dass mit den administrativen Vorgaben das Ziel der Bildung erreicht wird
Ausnahmebehandlung:	administrative Maßnahmen

Sichtweise - Outputorientierung	
Lehrerin	Kenntnis der Anforderungen, Beispielszenarien, -aufgaben
Fachdaktik	Entwicklung von Anforderungen, ... Prüfen der Einlösbarkeit, konzeptionelle Einordnung, Diskussion von Standards
Fachwissenschaft	Explikation der notwendigen, allgemein bildenden Inhalte des Faches, Strukturierung unter fachlichen Gesichtspunkten
Schulaufsicht	Lernstandserhebungen, Zentralabitur, ...
Vorbedingung:	gesellschaftliche Verständigung über die inhaltlich orientierten Ziele des Informatikunterrichts – Kompetenzbereiche, konkretisierte Kompetenzen und ihre Niveaus – Prüfungskultur
Beschreibung:	Die Orientierung an Kompetenzen fordert auf der Ebene des konkreten Unterrichts die Vergewisserung, ob durch den Informatikunterricht ein Beitrag zu bereichsbezogenen Kompetenzen geleistet wird. In der Realisierung gilt es, dafür Sorge zu tragen, dass elementare Kompetenzen erworben werden und eine Prüfung nicht ausschließlich auf die Elemente bezogen werden, die aktuell Unterrichtsgegenstand sind, sondern sich an Zielen orientieren, die als Kompetenzen ausgewiesen werden.
Nachbedingung:	Einlösung der geforderten Kompetenzen durch den Unterricht
Ausnahmebehandlung:	schulische, regionale, grundlegende Änderungen der Bedingungen
Siehe auch:	Abschnitt 4.4

Die Auflistung ist sequenziell (dies ist dem Medium Buch geschuldet), soll aber damit keineswegs eine Reihenfolge der Planung implizieren, sondern deutlich machen, **welche** Punkte grundlegend bei der Planung des Informatikunterrichts nach dem Modulkonzept zu berücksichtigen sind. Die Form orientiert sich an den für Informatikerinnen bekannten Schema der Spezifikation der Eigenschaften einer Einheit und soll über diesen Wiedererkennungswert verdeutlichen, dass die Methoden der Informatik auch ihre Berechtigung bei der Bearbeitung von unklaren/unscharfen Problemstellungen haben. Dies kann nicht darüber hinwegtäuschen, dass es sich hier um einen Bereich handelt, der nicht algorithmisiert werden kann. Insofern muss die »Planung des Nichtplanbaren« mit Unwägbarkeiten umgehen. Allgemeine, fach- und bereichsunabhängige Planungsmuster zeigen, dass Unterricht nicht unabhängig von dem Gegenstandbereich planbar ist.

Unser vorgestelltes Muster unterscheidet sich von allgemeinen Schemata vor allem dadurch, dass es Elemente einbezieht, die im Zusammenhang mit den aktuellen Forschungsergebnissen der Fachdidaktik zeigen, dass gewisse Planungselemente informatiktypisch und informatikspezifisch bedacht werden müssen. Allerdings werden in dem Planungsraster Elemente angegeben, die in allgemeinen Modellen nicht auftreten – der Bezug zu

Personen, die in das Unterrichtsgeschehen nicht direkt involviert sind. Dennoch ist es nach unserer Auffassung notwendig, die Planungsebene um diese Elemente zu erweitern, weil damit eine Möglichkeit der zunehmenden Professionalisierung eröffnet wird.

Im Abschnitt 7.1 werden Fragen zur Gestaltung von Lernumgebungen diskutiert, um den Stellenwert der Aufwändungen zu verdeutlichen. Ein zielgerichteter Einsatz kann durchaus lernförderlich sein – allerdings muss betont werden, dass der Aufwand, den die Lehrerin in die [erstmalige] Vorbereitung steckt, nicht zum alleinigen Merkmal der besonderen Dimensionen der Unterrichtsplanung für das Schulfach Informatik werden darf.

6.4   Aufgaben – Lösungen

Aufgabe 6.1:   Unterrichtsplanung – Informatik – Konzepte

1. Unterrichtsplanungsprozesse stellen den Versuch dar, die Komplexität des Unterrichts so zu strukturieren, dass im Unterricht zielgerichtet gearbeitet werden kann. Die bekannten allgemeinen didaktischen Modelle gehen von unterschiedlichen Voraussetzungen aus. Skizzieren Sie den jeweils angenommenen Standpunkt mit Blick auf die Schülerinnen. Ziehen Sie dazu die in diesem Kapitel dargestellten Planungsmodelle heran.

2. Die Planungsüberlegungen zum Modulkonzept stellen einen ersten Versuch dar, das komplexe Geschehen für die Planung des Informatikunterrichts zu konkretisieren. Entwickeln Sie mit Hilfe der acht Punkte des Vorgehensmodells (Abschnitt 6.3.3) und der Querverweise, die auf andere Kapitel/Abschnitte verweisen, ein Wissensnetz (engl. concept map), das die Interdependenzen

   a. zwischen den angegebenen Punkten und

   b. zu weiteren [fach-]didaktischen Fragen

   verdeutlicht.

Wenn Sie das Wissensnetz mit Unterstützung durch ein Informatiksystem erstellen möchten (und nicht mit Papier und Bleistift), sollten Sie freie Software mit dokumentierten Schnittstellen verwenden. Dazu eignen sich die Werkzeuge Freemind http://freemind.sourceforge.net/ und kdissert http://freehackers.org/~tnagy/kdissert/ – beide nutzen offene Formate; daher sind die Ergebnisse für weitere Werkzeug nutzbar. Beispiele sollen das illustrieren:
Wenn Sie BibTEX-kompatible Dateien erstellen möchten, ist es möglich, mit der Erweiterung http://reagle.org/joseph/blog/technology/python/freemind-extract diese aus Ihren mit Freemind erstellten Daten zu extrahieren; darüber hinaus wurde ein kleines Werkzeug entwickelt, mit dem LATEX-Beamer-Präsentationen direkt aus den Daten erstellen zu lassen.
Mit kdissert können LATEX-Dokumente (Unterstützung für die Klassen Beamer, Prosper zur Präsentation; Book und Article für Textdokumente) aber auch OpenOffice.org-kompatible Dokumente erzeugt werden.

Erweiterung Vermerken Sie in den Knoten des Wissensnetzes, auf welche der elf ausgewiesenen Kompetenzen des professionellen Lehrerinnenhandelns (vgl. [Sekretariat der KMK 2004b, S. 8–14]) sich der Knoten bezieht.

Aufgabe 6.2:   Begrenzte Reichweite der Konzepte zur Unterrichtsplanung

Geben Sie an, aus welchen Gründen die allgemeine Didaktik keine allgemeine Gültigkeit für Annahmen über die Unterrichtsplanung von Expertinnen des Unterrichts (== Lehrerinnen) beanspruchen kann.

Aufgabe 6.3:   Login-Vorgang

Bei den bekannten didaktischen Modellen kommt der Infrastruktur, die für den Informatikunterricht, soweit er sich mit konstruktiven Aspekten beschäftigt, keine besondere Bedeutung zu.

Beschreiben Sie die Erweiterung eines Ihnen bekannten allgemeindidaktischen Ansatzes, die notwendig ist, um einer Aufnahme der Elemente zur Gestaltung eines Login-Vorgangs durch die Schülerinnen im Rahmen der Zielrichtung des Ansatzes gerecht zu werden.

Lösung 6.3:   Login-Vorgang

Die konstruktive Komponente verweist auf die informatische Modellierung, d. h. auf die Phasen: Analyse, Design, Implementierung, Testen einer konstruierten Lösung im Sinne der Softwareentwicklung. Dazu sind Kompetenzen erforderlich, die – abgesehen von den beiden ersten Punkten – in der allgemeinen Bildung selten gefordert werden und daher in der allgemeinen Didaktik nicht gesondert thematisiert wurden. Bei differenzierter Analyse lassen sich – verbunden mit einer gewissen interpretativen Leistung im Sinne des Schulfachs Informatik – sehr wohl Elemente identifizieren, die diesen Bereich auch von Seiten der Unterrichtsmodelle aus zugänglich machen.

Verwiesen sei

1. auf die Bedeutung epochaler Schlüsselfragen (vgl. Klafki),

2. auf die Notwendigkeit handlungsorientieren Unterrichts,

3. auf konkrete Unterrichtsmethoden und

4. auf offene Unterrichtsformen.

Damit sind die Bereichs- und Fachdidaktiken in der Pflicht, die Konkretion für ihren jeweiligen Bereich vorzunehmen. Da nur wenige allgemeine Vorschläge der Fachdidaktik Informatik zum Ablauf konstruktiv orientierter Phasen vorliegen, arbeiten die Lehrerinnen zur Zeit mit Unterrichtsmodellen, die erfahrungsgeleitet erfolgversprechende Ansätze darstellen. Dem Unbehagen an diesen theoretisch nicht abgesicherten Grundlagen für die Unterrichtsplanung für den Bereich der Konstruktion von funktionsfähigen Problemlösungen soll durch die in diesem Kapitel vorgestellten Planungsüberlegungen Rechnung getragen werden.

Nach meiner Überzeugung ist es nicht möglich, einen der vorliegenden allgemeinen Ansätze durch einfache Erweiterung an diese geänderte Anforderung »anzupassen«. Daher ist es unabdingbar, fachdidaktische Überlegungen zu formulieren, die der Berücksichtigung dieser Elemente im Zusammenhang mit der Gestaltung des Unterrichts einen angemessenen Stellenwert verschaffen. Dies führt zu Modellen, die über die bekannten allgemeinen Planungskonzepte erheblich hinausgehen. Bisher wurden keine solchen konkreten Planungsmodelle von Seiten der Fachdidaktik Informatik vorgelegt, da die Vorlage von Planungsmodellen für den Unterricht zur Zeit offenbar als »unschicklich« gilt.

6.5   Hinweise zur vertiefenden Auseinandersetzung

In diesem Kapitel werden eine Reihe von Punkten thematisiert, zu denen im Rahmen der Ausführungen nur grundlegende Hinweise gegeben werden können. Zur Weiterarbeit bzgl. verschiedener offener Fragen werden die folgenden Materialien empfohlen. In der Reihenfolge der in diesem Kapitel dargestellten und diskutierten Elemente:

Thema	Literaturhinweis(e)
Vorgehensmodelle zur Unterrichtsvorbereitung	[Jank und Meyer 2002]
Perspektivenschema	[Klafki 1985b]
Seminarplanung objektorientiert betrachtet	[Fricke und Völter 2000], [Bergin 2002]
Modulkonzept	[Humbert 2003]

Schwer schließlich ist das
Programmieren ... es müssen sich
nur alle einmal an einem Programm
versucht haben, um zu verstehen, was
da vor sich geht.

[von Hentig 1993, S. 69]

7 Umsetzungsdimensionen – Unterrichtsvorbereitung konkret

Bei der Planung des Informatikunterrichts kommt der [Lern-]Umgebung eine besondere Rolle zu. Sie erfahren, welche Gestaltungsmöglichkeiten und -notwendigkeiten auf die Lehrerin zukommen, um nachhaltig lernförderliche Strukturen aufzubauen und sie im Unterricht zielorientiert einzusetzen. Dabei wird besonders auf Lernumgebungen und ihre spezielle Ausprägung(en) zur Unterstützung des Informatikunterrichts eingegangen. Darüber hinaus werden Informatiksysteme als Lernumgebung thematisiert. Das Kapitel schließt mit konkreten Einsatzszenarien des Informatikunterrichts.

Durch die Bearbeitung dieses Kapitels lernen Sie die Dimensionen der Planung lernförderlicher Strukturen von Lernumgebungen und beispielhafte Umsetzungen für den Informatikunterricht kennen. Die Notwendigkeit (und die Randbedingungen) der Planung der Informatikmittel für die Schulgemeinde wird dargestellt – Sie erhalten Hinweise, um Ihre Rolle in diesem Kontext einschätzen zu können. Darüber hinaus werden konkrete Beispiele für Unterrichtsszenarien dokumentiert, die es Ihnen ermöglichen, den lernförderlichen Einsatz von Informatikmitteln für den Unterricht zu planen.

7.1 Gestaltung von Lernumgebungen für den Informatikunterricht

Definition 7.1: Lernumgebung
>   Die bei der Konstruktion der Lehr-/Lernprozesse bedachten, entwickelten und zur Verfügung stehenden Elemente, die räumlichen und personalen Rahmenbedingungen konstituieren eine Lernumgebung.

In jüngerer Zeit wird der Begriff Lernumgebung häufig im Zusammenhang mit der Unterstützung von Lernprozessen durch Informatiksysteme benutzt, um die Bedeutung für die konstruktivistisch orientierte Argumentation zu verdeutlichen.

Exkurs: Lernobjekte

Zur Gestaltung von Lernumgebungen mit Informatiksystemen sind in den letzten Jahren konkurrierende [technische] Standards entwickelt worden. Die bekanntesten sind **Sharable**

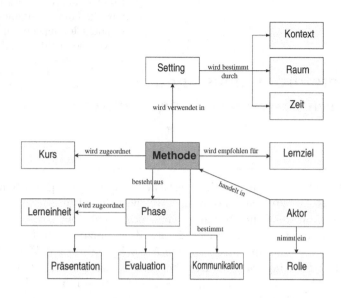

aus [Pawlowski 2002, S. 373]

Bild 7.1: Datenschema Methode

Content **O**bject **R**eference **M**odel (SCORM) und **L**earning **O**bject **M**etadata (LOM). Von diesen Standards wird erwartet, dass mit ihrer Hilfe »Lernobjekte« systemunabhängig erstellt, verteilt und genutzt werden können. Das Ziel dieser Standardisierungsbemühungen besteht darin, die Interoperabilität von Inhalten zwischen verschiedenen Informatiksystemen zu gewährleisten, die als »Lernplattformen« eingesetzt werden. In diesem Kontext finden sich Vorschläge zur Erweiterung der [technischen] Standards um Elemente, die als »Modellierung didaktischer Konzepte« bezeichnet werden (Titel [Pawlowski 2002]).

Wie in Bild 7.1 herausgestellt wird, geht mit diesen modellierten Lernobjekten immer auch eine Strukturüberlegung einher: »Die Beschreibung einer Methode besteht aus den Hauptelementen Setting, Phase, Präsentation, Kommunikation und Evaluation« [Pawlowski 2002, S. 372]. Die Darstellung macht deutlich, dass mit dieser Modellierung eine normierende Wirkung verbunden sein kann. Technische Standards, denen eine spezifische Vorstellung des Lernens und Lehrens zu Grunde liegen, dienen als Grundlage für technisch unterstützte Lernprozesse. In der Anwendung werden die Gestaltungsmöglichkeiten dieser Prozesse durch solche Modelle reglementiert. Bemerkenswert erscheint darüber hinaus, dass nicht die Schülerin (hier als »Aktor«, der eine Rolle einnimmt, bezeichnet), sondern die Methode im Zentrum der Überlegungen steht.

Umgebungsdimensionen des Informatikunterrichts

Für die konkrete Vorbereitung und Durchführung des Informatikunterrichts sind mehrere Dimensionen des Umgebungsbegriffs zu berücksichtigen. In Bild 7.2 sind einige der Elemente schlagwortartig (ohne Gewichtung und Abhängigkeit) angegeben. Es zeigt sich,

• **Informatikräume**	• Administration	• Systemstruktur
• **Medien**	• Planung	• Zugangsmöglichkeit
• **Intranet**	• Beschaffung	• Lizenzen
• **Klienten**	• Wartung	• Provider
• **Pflichtenheft**	• Technik	• Außendarstellung
• Organisation	• Server	• ...

Bild 7.2: Lernumgebung Informatikunterricht – Faktoren

dass die Komplexität der Anforderungen dazu führt, dass ein erheblicher Aufwand nötig ist, um eine angemessene Aufwand-/Nutzenrelation für die eigene Unterrichtsgestaltung allein aus diesem vieldimensionalen Geflecht extrahieren zu können. Andererseits erfordert eine langfristige Perspektive die Berücksichtigung der Rahmenbedingungen, um vom Status quo ausgehend Strukturen zu schaffen, die tragfähig sind (und bleiben) und der Schulgemeinde nützen. Die in Bild 7.2 hervorgehoben dargestellten Faktoren werden jeweils in einem Folgeabschnitt näher beleuchtet. In Anhang D findet sich eine detaillierte Auflistung der Aufgaben- und Kompetenzbereiche, um den Einsatz der Informatikmittel (siehe Definition 5.1) für die Schule zu organisieren und zu optimieren.

7.1.1   Informatikräume

Informatikunterricht findet häufig in speziellen Fachräumen statt. Die grundlegenden Bedingungen für diesen Fachraum findet die Lehrerin zu Beginn vor und kann sie (zumindest kurzfristig, außer durch Raumwechsel) kaum ändern. Die grundsätzliche Gestaltung der Informatikfachräume ist bereits durch bauliche Vorgaben erfolgt. Dennoch kann innerhalb des Fachraums z. B. durch Umstellung einzelner Schulmöbel, geänderte Sitzordnung, etc. ein gewisser positiver Einfluss auf lernförderliche Szenarien genommen werden. Eine Besonderheit des Informatikunterrichts besteht in der zeitweiligen Nutzung von Informatiksystemen im Unterricht. Die Gestaltung der Fachräume für den Informatikunterricht wird häufig unprofessionell behandelt – obwohl offensichtlich ist, dass dieser Dimension eine unabweisliche Rolle für der Gestaltungsmöglichkeiten des Lehr-/Lernprozesses zukommt. Allerdings lassen sich häufig kaum Änderungen umsetzen, wenn ein Fachraum einmal eingerichtet ist.

Best-case-Szenarien

Endweder sind getrennte Räume eingerichtet, die durch eine Tür miteinander verbunden, den flexiblen Übergang zwischen Kommunikations- und Praxisphasen während des

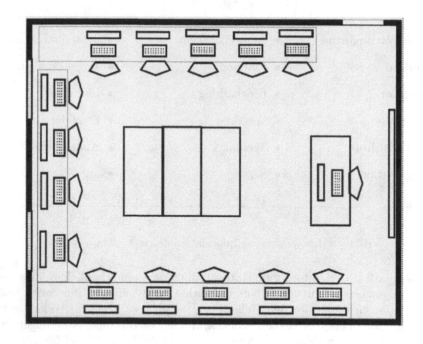

Bild 7.3: Gestaltung eines Informatikfachraums

Unterrichts ermöglichen oder es sind Räume vorhanden, in denen alle Informatiksysteme außen angeordnet werden können. Seit langer Zeit sind verschiedene Vorschläge für die Anordnung von Informatiksystemen in den Fachräumen bekannt. Ein Grundriss mit einer möglichen Anordnung der Elemente (Mobiliar) wird in Bild 7.3 dokumentiert.[1] Bei dem dargestellten Gestaltungsvorschlag werden Möglichkeiten für die Gestaltung der Durchführung des Unterrichts eröffnet, die zwei verschiedene Varianten für unterrichtliche Einsatzszenarien unterstützen:

1. Arbeit aller Schülerinnen eines Kurses zur inhaltlich orientierten Erarbeitung, zur Festlegung weiterer Arbeitsschritte, zur gemeinsamen Diskussion von Arbeitsergebnissen, etc. Dazu setzen sich alle Schülerinnen um die Tische in der Mitte.

2. Umsetzung erarbeiteter Ergebnisse unter Nutzung der Informatiksysteme (ggf. in Gruppen-, in Partner- oder auch in Einzelarbeit).[2] Dazu sollten maximal zwei Schülerinnen mit jeweils einem Informatiksystem arbeiten können.

Die lernförderliche Gestaltung des Fachraums ist eine notwendige Voraussetzung für den erfolgreichen und zielgerichteten Einsatz von Gruppierungsformen und für eine Phasie-

---

1 Weitere Darstellungen finden sich unter [Eckstein u.a. 2003, S. 21] und [Berger 2003, S. 3 der Präsentation].

2 Hier wird ein Problem deutlich, das z.B. in Österreich dazu geführt hat, dass Informatikkurse immer mit geteilten Gruppen durchgeführt werden (müssen), damit jede Schülerin mit genau einem Informatiksystem arbeiten kann.

rung des Unterrichts, die als Planungselement von der Lehrerin konstruktiv ohne räumliche Beeinträchtigung umsetzbar ist.

Außer den offensichtlichen Elementen, wie sie dem Bild 7.3 entnommen werden können, sind weitere Gestaltungselemente von Informatikräumen für den konkreten Unterricht bedeutsam und daher zu berücksichtigen.

7.1.2 Medien

Häufig finden sich in Informatikfachräumen keine Kreidetafeln, sondern Whiteboards zur schriftlichen Fixierung von Ergebnissen. Dies resultiert aus der Annahme, dass die teuren Informatiksysteme durch Kreidestaub so belastet werden, dass ihre Lebensdauer darunter leidet. Diese Annahme ist bei der inzwischen üblichen Hardware nicht mehr gerechtfertigt und sollte bei der zukünftigen Ausstattung von Fachräumen dazu führen, dass wieder Kreidetafeln eingesetzt werden. Darüber hinaus bieten die an den Schulen verbreiteten (häufig zu kleinen, festgeschraubten und schlecht gewarteten) Whiteboards nicht annähernd die Möglichkeiten, die eine übliche Schulkreidetafel bietet.

Die elektronischen Kreidetafeln (welcher Ausprägung auch immer) sind in Fachräumen (heutzutage) fehl am Platz, da es ohne großen technischen Aufwand nicht möglich ist, in größeren Räumen die präsentierten Inhalte hinten im Raum vernünftig zu lesen.

Ein weiteres Element, das sich zunehmend im Informatikfachraum befindet, stellt ein **Beamer** dar. Auch hier gilt, dass nur selten an die Lernumgebung gedacht wurde/wird: ein Beamer gehört unter die Decke geschraubt, muss vorbildlich in das lokale Netz eingepasst sein, damit ohne große Aufwändungen von jedem Schülerarbeitsplatz (ggf. auch mit einem **P**ersonal **D**igital **A**gent (PDA) oder einem anderen mobilen Informatiksystem) eine Präsentation möglich wird.

Trotz der modernen Präsentationstechniken gehört ein **Overhead-Projektor** (OHP) (wird auch Tageslichtschreiber genannt) zur Grundausstattung eines Informatikfachraums. Häufig vernachlässigt werden weitere Präsentationsmöglichkeiten, wie Holzleisten und Pinnwände, an denen Ergebnisse festgehalten werden können, die z. B. während einer längeren Arbeitsphase präsent bleiben sollen (beispielsweise Klassendiagramme – Schnittstellenbeschreibungen für eine arbeitsteilige Gruppenarbeit, die sich über eine Unterrichtsreihe erstreckt).

Die Informatiksysteme (Klienten) können in gewissen Arbeitsphasen ebenfalls als Medien genutzt werden. Da sie jedoch sowohl Medium als auch Arbeitsmittel des Informatikunterrichts sind, werden sie in Abschnitt 7.1.4 gesondert diskutiert.

7.1.3 Intranet

Einigen Elementen der Lernumgebung für den Informatikunterricht kommt – über das Fach Informatik hinaus – eine wichtige Funktion für die gesamte Schulgemeinde zu. Diese Situation hat in den zurückliegenden Jahren dazu geführt, das die Rolle der Informatiklehrerinnen eine Erweiterung erfahren hat, die dem pädagogischen Auftrag nicht entspricht. Informatiklehrerinnen wurden zunehmend zu Systemadministratorinnen für das schulische Intranet und zuständig für die Wartung aller Informatiksysteme in einer Schule. Obwohl der Rat der Informatiklehrerin m. E. in jedem Fall für diese Gestaltungsaufgabe eingeholt werden muss, kann und sollte eine Informatiklehrerin nicht die komplette Last der Systemadministration allein übernehmen. Hier sind die Schulträger in der Pflicht. Die Schule muss allerdings ein Konzept entwickeln, das beschreibt, wie die Erfüllung des schulischen Bildungsauftrages durch konkrete Unterstützung mit Hilfe von Informatiksystemen erfolgen soll. Dabei wird häufig deutlich, dass für den Informatikunterricht andere Anforderungen gestellt werden müssen, als für Unterrichtsfächer, in denen die Informatiksysteme kein Unterrichtsgegenstand, sondern ein Unterrichtsmittel darstellt.

Für die Arbeit im Informatikunterricht ist ein Zugriff auf Ressourcen des schulischen Intranet die unabdingbare Voraussetzung zur Durchführung von Unterrichtsreihen, die Elemente aus dem Bereich Netzwerke gestaltend modelliert. Dazu muss die Informatiklehrerin die volle Kontrolle über das Intranet (in dem betreffenden Informatikraum) erhalten können. So muss unter anderem gewährleistet sein, dass bestimmte Ports abgeschaltet werden können, dass auf Serverseite Dienste eingerichtet werden können, etc. Diese Notwendigkeiten machen es u. U. erforderlich, für den Informatikunterricht über einen eigenen (vom Schulnetz unabhängigen) Server für das jeweilige lokale Netz zu verfügen.

Die Notwendigkeit einer »geteilten Informatikinfrastruktur« ist im Bereich der Hochschulen erkannt worden. Viele Hochschulen haben neben einem Hochschulrechenzentrum auch eine unabhängige Infrastruktur für den Fachbereich Informatik zur Verfügung gestellt.

7.1.4   Informatiksysteme – Klienten

Als erstes soll auf ergonomische Anforderungen an Bildschirmarbeitsplätze hingewiesen werden [Bil 1996]. Bezüglich der Umsetzung dieser Anforderung besteht häufig Nachholbedarf. Auch wenn Schülerinnen üblicherweise nicht stundenlang an den Informatiksystemen arbeiten, so sollte klar sein, dass durch die Arbeitsplatzgestaltung im Informatikfachraum bei den Schülerinnen die Schaffung eines Bewusstsein für die Gestaltung solcher Arbeitsplätze ermöglicht wird.

Als zweites sollte auf die Einhaltung datenschutzrechtlicher Bestimmungen verwiesen werden. Hier sind die jeweils landesspezifischen Gesetze, Verordnungen und die jeweilige Rechtsprechung zu berücksichtigen. Klientensysteme sollten nicht ohne personenbezogenes Accounting betrieben werden. Nach dem Abmelden einer Schülerin dürfen deren Benutzerdaten nicht persistent auf dem Klientensystem verbleiben, sondern gehören in das Benutzerverzeichnis auf dem Server, etc.

Der Umsetzung der modellierten Problemlösungen kommt im Informatikunterricht eine wichtige Funktion zu: einerseits dient diese Umsetzung der Prüfung der Lösungsansätze und ihrer Implementierung – zum Anderen geht von der Erarbeitung konzeptioneller Elemente und ihrer Verbindung mit ablauffähigen Lösungen eine nicht zu unterschätzende Motivation für den Informatikunterricht aus. Ein weiterer Faktor ist bereits bei der grundsätzlichen Gestaltung zu berücksichtigen: Sollen Einzelprüfungen (z. B. Klassenarbeiten, Klausuren, etc.) unter Benutzung der Informatiksysteme durchgeführt werden, so muss jede Schülerin (der Klasse, des Kurses) die Möglichkeit haben, an einem System zu arbeiten. Daher ist bereits frühzeitig zu klären, wie solche Prüfungsmöglichkeiten realisiert werden können. In der Konsequenz benötigt jede Schule mindestens einen mit Informatiksystemen ausgestatteten Raum, in dem 30 Systeme verfügbar sind.

Für bestimmte, unterrichtlich bedeutsame Einsatzszenarien muss besondere Hardware eingesetzt werden (z. B. Roboterprogrammierung). Dazu sind ggf. technische Voraussetzungen erst zu schaffen, da nicht alle Systeme entsprechende Schnittstellen (hard- und/oder softwareseitig) zur Verfügung stellen. Darüber hinaus ist bei Beschaffungen grundsätzlich darauf zu achten, dass die Schnittstellen offen gelegt und dokumentiert sind, damit sie auch mit selbst entwickelten Systemen genutzt werden können.

Welche Anforderungen sind an die Systeme zu stellen? Eine konkrete technische Spezifikation für Klientensysteme anzugeben, verbietet sich, wenn den Aussagen eine längere Halbwertzeit zukommen soll. Es läßt sich überdies keine solide Empfehlung angeben, da die zum Einsatz kommenden Werkzeuge für den Informatikunterricht sehr vielfältig sind.

Bei der Beschaffung aller Hardwarekomponenten sollte darauf geachtet werden, dass diese möglichst wenig Emissionen produzieren. Die Lärmbelastung in Informatikräumen ist zum Teil erheblich. Sie speist sich nicht nur aus dem Lüfterlärm von Klientensystemen, sondern auch des Beamers und von aktiven Netzkomponenten.

Aus grundsätzlichen Überlegungen heraus empfiehlt der Autor, keine proprietären Systeme einzusetzen, d. h. auf freie Software für den Einsatz im Informatikunterricht zu setzen. Diese Struktur hat sich als erfolgreiche Grundlage nicht nur im Informatikunterricht bewährt und kann zunehmend eine auf Informatischer Vernunft basierende Systemstruktur befördern. Ein weiterer Vorteil besteht darin, dass die im Unterricht zum Einsatz gebrachten Informatikmittel – ohne Probleme mit Lizenzen – an die Schülerinnen weitergegeben werden können. Überdies entfällt ein Kostenfaktor, der – trotz großzügiger Rabattierung verschiedener Anbieter für den Bildungsbereich – die Erneuerung und Fortentwicklung von der aktuellen Finanzlage der Schule abhängig macht.

7.1.5   Einsatz von Informatikmitteln

Für eine fachdidaktisch orientierte Diskussion stellen grundlegende, überdauernde Fragen der Informatikinfrastruktur und insbesondere zum konkreten Einsatz (sowie der Verfügbarkeit) der Informatikmittel eine zentrale Kategorie im Zusammenhang mit der konkreten Unterrichtsvorbereitung dar. Dies umfasst langfristige Perspektiven zum Einsatz von Entwicklungswerkzeugen, Programmiersprachen, besonderen Anforderungen an Netzstrukturen, etc. Die Schnellebigkeit von Produkten sorgt bei technischen Schnittstellen (Hardware und ihre Unterstützung durch betriebssystem- und programmiersprachennahe Schichten), bei Betriebssystemen (und ihre Unterstützung durch Hersteller), bei Programmiersprachen (und Zusatzwerkzeugen) scheinbar für den permanenten Zwang zur Umorientierung und für Änderung der Konzepte. Gerade diese »Anforderungen« sollten sehr kritisch geprüft werden, bevor strukturändernde Maßnahmen durchgeführt werden. In letzter Zeit finden – bedingt durch das Auslaufen der Unterstützung von bestimmten Betriebssystemen durch ihre Hersteller – zunehmend freie Systeme Zuspruch (nicht nur) in öffentlichen Institutionen, da die Entscheiderinnen sich nicht vollständig in die Hand der Produktpolitik eines Herstellers begeben möchten.

7.1.6   Pflichtenheft – Informatikmittel für die Schule

Um für die Schulgemeinde langfristig Informatikmittel zur Verfügung zu stellen, muss eine organisatorische Struktur aufgebaut werden. Dazu wurden in den letzten Jahren wegweisende Hinweise entwickelt. Die folgende Darstellung entspricht im Wesentlichen der aktuellen Veröffentlichungslage.[3] Werden diese Hinweise zusammengefasst, ergibt sich, dass der Fachgruppe Informatik an jeder Schule eine wichtige Rolle zuwächst. Typischerweise umfasst sie die fachlich qualifizierten Personen, die den Vorsitz für eine Gruppe stellt, der die Weiterentwicklung der schulischen Informatikmittel zukommt.

Ebenen der Unterstützung

In der Literatur wird zwischen verschiedenen Ebenen der Unterstützung (engl. Support) unterschieden. Ob diese Unterscheidung immer sinnvoll ist, soll hier nicht diskutiert werden.[4] Es wird zwischen drei Ebenen der Unterstützung unterschieden. Dabei erhalten auf den verschiedenen Unterstützungsebenen Personen klare Aufgaben. Diese sind in Tabelle 7.1 grundlegend zugeordnet. Im Anhang D werden die Detailaufgaben aufgelistet und Kompetenzbereichen zugeordnet. Als Querverweis wird in Tabelle 7.1 der jeweils zuzuordnende Kompetenzbereich – nach einem Kompetenzmodell – angegeben.

Kompetenzmodell

Die tatsächlichen Verantwortlichkeiten sind abhängig vom Know-how der Informatikverantwortlichen und von der Informatikkompetenz der Lehrerinnen. Die Kompetenzbereiche sind als Richtwerte für verschiedene Stufen von Fachwissen zu verstehen. Es gibt Lehrerinnen, die durchaus über mehr Fachwissen verfügen – dies kann aber nicht vorausgesetzt werden.

Definition 7.2: Informatikdienst

Der Informatikdienst ist die Abteilung, die Koordination, Leitung, Entwicklung und Umsetzung für alle Informatiksysteme einer Schule durchführt und den Benutzerinnen Unterstützung bietet. Weiter betreibt diese Abteilung das Netzwerk der Schule. Der Informatikdienst plant und realisiert die Informatikinfrastruktur einer Schule.

Ansprechpersonen haben ein pädagogisches Mandat und müssen sich auf den Informatikdienst (vgl. Definition 7.2) stützen können. Andererseits müssen sie für ihre Aufgaben ebenfalls über informatisches Wissen verfügen, deshalb wurden sie in die Liste aufgenommen.

---

3 Insbesondere wurden [Rüddigkeit u. a. 2005], [Baldinger 2005] und [Grepper und Döbeli 2001] herangezogen.

4 Eine Frage muss allerdings gestellt werden: Wird – wie in einer Total Cost of Ownership (TCO)-Untersuchung für Schulen in den Vereinigten Staaten – für den Koordinationsaufwand zwischen technischem und pädagogischem Support pro Woche ein Umfang von fünf Zeitstunden zugrunde gelegt, muss man sich fragen, ob nicht eine geeignete Qualifikation der pädagogischen Seite sinnvoller ist, als jede Woche zehn Arbeitsstunden zu investieren, damit anschließend in ca. drei-vier Stunden die besprochenen Entscheidungen technisch umgesetzt werden.

Tabelle 7.1: Ebenen der Unterstützung – Kompetenzbereiche

Ebene	Bezeichnung	Ort	Kompetenzbereich
①	Beauftragte für Informatikmittel (Schule)	Schule	1/2/3
②	je nach Träger	z. B. Stadt	3/4
③	je nach Bundesland	Land	4/5

Kompetenzbereich 1: Tätigkeiten, die **jede Lehrerin** ausführen kann

Kompetenzbereich 2: Tätigkeiten, die eine **Ansprechperson** ausführen kann

Kompetenzbereich 3: Tätigkeiten, die eine Lehrerin mit zusätzlichem Informatikwissen ausführen kann – **Informatikverantwortliche** der Schule

Kompetenzbereich 4: Tätigkeiten, die eine Berufsausbildung voraussetzen – **Fachinformatikerin** oder Techniker/in

Kompetenzbereich 5: Tätigkeiten, die Ingenieurwissen voraussetzen – **Diplominformatikerin**

Die Beauftragte für Informatikmittel (Schule) ist Mitglied oder Leiterin der Konferenz für die Informatikmittel der Schule und stellt die Schnittstelle zwischen dem Kollegium und den Verantwortlichen des Trägers dar. Sie ist in ein abgestuftes hierarchisches Unterstützungskonzept eingebunden, das auf drei Ebenen strukturiert ist, um die für die Unterstützung in der Schule erforderliche Sachkompetenz nach dem Prinzip der Verhältnismäßigkeit der Mittel zu leisten.

Ebene ① Die Unterstützung auf der ersten Ebene wird innerhalb der Schule von Lehrerinnen, Ansprechpersonen und der Informatikverantwortlichen (Kompetenzbereiche 1–3) geleistet.

Ebene ② Die Unterstützung auf der zweiten Ebene ist beim Träger organisiert und sollte von der Informatikabteilung des Trägers geleistet werden. Die Mitarbeiter dieser Ebene nehmen die Unterstützungsanfragen entgegen, die auf der ersten Ebene nicht gelöst werden können und versuchen (eventuell unter Einbeziehung der dritten Ebene) Lösungen zu finden. Die zweite Ebene ist unmittelbarer Ansprechpartner der Beauftragten für Informatikmittel (Schule) und Bindeglied zur dritten Ebene.

Ebene ③ Die Unterstützung auf der dritten Ebene ist beim Land angesiedelt. Neben der pädagogisch-technischen Beratung der zweiten Ebene werden hier in erster Linie Musterlösungen für schulbezogene Informatiksysteme entwickelt, die als standardisierte Lösungen in den Schulen eingesetzt werden können und die ersten beiden Ebenen von »technischem Ballast« befreien sollen. Dazu gehört auch die Entwicklung von Software-Werkzeugen, die eine Nutzung der Schulnetzwerke als pädagogische Netzwerke ermöglichen und die Lehrerinnen in ihrer pädagogischen Arbeit unterstützen.

7.2 Informatikunterrichtsplanung – Beispielszenarien

Ausgehend von gegebenen Inhalten werden im Folgenden einige Szenarien dokumentiert, die konkrete Unterrichtsplanung zeigen. Dies ist im Zusammenhang mit dem Erwerb der Planungskompetenz für zukünftige Lehrerinnen eine bedeutsame Dokumentation. Dies soll aber nicht darüber hinwegtäuschen, dass ein so dokumentierter Unterricht keinesfalls 1 : 1 übernommen werden kann. Jede Lehr-/Lernsituation weist spezifische Merkmale auf, die häufig gerade auf der Planungsebene einer Berücksichtigung bedarf. Wird dieser Kontext nicht berücksichtigt, kann auch die »beste Planung« nicht erfolgreich umgesetzt werden. Bei den Beispielen werden folgende Dimensionen des Informatikunterrichts beleuchtet:

1. Unterstützung der Modellierung in der 6. Jahrgangsstufe

2. Konzentration auf das Wesentliche – Algorithmen auf Graphen

3. Ausgangspunkt Erfahrung – Phänomen und Kernidee – 11. Jahrgang

7.2.1 Unterstützung der Modellierung in der 6. Jahrgangsstufe

Bei der Durchsicht aller Schulbücher für den Pflichtunterricht Informatik in bayerischen Gymnasien (Jahrgänge 6 und 7) wird offensichtlich, dass durchgängig eine objektorientierte Sicht auf die Informatiksysteme gewählt wird und ihren Ausdruck in der üblichen »Punktnotation« findet.

```
<objektbezeichner>.<methodenbezeichner>(<parameterwert>)
```

Es wurde allerdings keine Schnittstelle zu Informatiksystemen geschaffen, um mit dieser Notation konstruktiv arbeiten zu können. Damit wird – nach unserer Vorstellung – ein didaktisches Prinzip verletzt: den Schülerinnen wird keine Möglichkeit eröffnet, mit der Punktnotation in konstruktiver Weise zu agieren. Um dieses Manko auszugleichen,

Bild 7.4: DOKUMENT – Klassendiagramm

Quellcode 7.1 Erstellen eines Dokuments mit Hilfe von Ponto

```python
from ponto import DOKUMENT
einladung=DOKUMENT()
absatz1=einladung.erzeugeAbsatz("Hallo,␣liebe␣Freundinnen␣und␣Freunde,")
from ponto import Zentriert
absatz1.setzeAusrichtung(Zentriert)
absatz1.setzeZeilenabstand(1.5)
...
```

Python

wird ein erstes Werkzeug zur Nutzung der Punktnotation für die Erstellung von Textdokumenten frei zur Verfügung gestellt: Ponto (vgl. [Borchel u. a. 2005]). Mit dieser schlanken Umgebung ist es systemunabhängig möglich, die eingeführte Notation zur Kontrolle des Büropakets OpenOffice.org einzusetzen. In der Darstellung (Namenskonventionen, Schreibweisen, ...) orientiert sich die Implementierung an den in Bayern eingeführten Absprachen. Da der Quellcode der GNU General Public License (GPL) unterliegt, ist es ohne großen Aufwand möglich, auch andere Schreibweisen zu unterstützen. Im Folgenden wird dokumentiert, wie Schülerinnen des 6. Jahrgangs mit Hilfe der Instanziierung eines Objekts der Klasse DOKUMENT ein Textdokument erstellen können. Nach dem Erstellen des Objekts (das direkt angezeigt wird) ist es durch Aktivieren von Methoden möglich, Attributwerte zu ändern. Auch die Einflüsse dieser Aktionen werden direkt visualisiert. Mit Hilfe der interaktiven Rückkopplung werden die Konzepte der objektorientierten Sichtweise auf Textdokumente (und Notationsmöglichkeiten) handelnd vertieft.

Ausgehend von dem Klassendiagramm (Bild 7.4) erhalten die Schülerinnen die Möglichkeit, ein Textdokument mit Hilfe der Punktnotation zu erstellen. Die Struktur in Form einer Zerlegung des Textdokuments in Absätze haben sie bereits vorher untersucht. Nach einer ersten Evaluation zeigt sich, dass die unmittelbare Rückmeldung, die nach jeder eingegebenen Zeile im Pythoninterpreter erfolgt, die Einflussnahme der Veränderung von Attributwerten auf die Objekte eine motivierende Funktion haben. Quellcode 7.1 do-

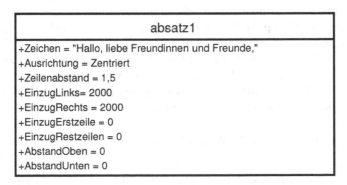

Bild 7.5: Objekt mit Attributwerten nach der Erzeugung

Quellcode 7.2 Einfärben der Zeichen eines Absatzes mit Hilfe von Ponto

```python
...
for zeichenzahl in range( schalke.gibZeichenzahl() ):
  zeichen= textmarke.gibZeichen()
  if zeichenzahl%2==0:
    zeichen.setzeSchriftfarbe(Blau)
  else:
    zeichen.setzeSchriftfarbe(Weiss)
  textmarke.vor()
...
```

kumentiert die Instanziierung eines Objekts und einige Methodenaufrufe. Die Ergebnisse der Änderung der Attributwerte durch Aktivieren der Methoden werden zusammengefasst und in Form einer Objektbeschreibung dargestellt (vgl. Bild 7.5).

Im Anhang F.1 sind ein Informationsblatt und ein Arbeitsblatt dokumentiert, die bei der Einführung in die Arbeit mit Ponto eingesetzt wurden. Sobald die Schülerinnen die Grundstrukturen verstanden haben und umsetzen können, werden (ggf. einzelnen Schülerinnen) Hinweise gegeben, damit die Schülerinnen explorativ damit beginnen können, weitere Möglichkeiten konstruktiv für ihre Textdokumente einzusetzen. Dazu stehen einfache Hilfemöglichkeiten zur Verfügung. Durch ⊨ ⊨ kann im Interpreter herausgefunden werden, welche Möglichkeiten zur Erweiterung des bisher Eingegebenen in der Umgebung bekannt sind. Darüber wurde eine textuelle Erklärung zur Verfügung gestellt, in der in zusammenfassender Form Elemente lesbar dokumentiert sind.

Die hier dokumentierte Möglichkeit eröffnet darüber hinaus die – in dem bayerischen Konzept so nicht mögliche – Einführung grundlegender algorithmischer Strukturen: so kann mit Hilfe erweiterter Aufgabenstellungen die Notwendigkeit von Verzweigungen und Zyklen deutlich werden. Damit bietet sich die Möglichkeit, am Beispiel von Textdokumenten algorithmische Strukturen zu verdeutlichen und einzuführen. Diese Verbindung fehlt in dem o. g. Konzept. Als Beispiel wird mit dem Quellcode 7.2 die Einfärbung des Absatzes in einem Textdokument in den »Königsfarben« angegeben.

Ponto stellt einen Prototyp zur Verfügung, mit dem gezeigt wird, dass – ausgehend von einer konzeptionellen Grundüberlegung – Anschlussmöglichkeiten für die Umsetzung und Optimierung mit Hilfe von Informatiksystemen bestehen. Diese führen zu einem deutlichen Zuwachs an Handlungs- und Verständnismöglichkeiten auf Seiten der Schülerinnen. Zu hoffen ist, dass weitere Schnittstellen entwickelt werden, die z. B. Vektorgrafiken ebenfalls auf diese Weise für Schülerinnen zugänglich machen.

7.2.2   Konzentration auf das Wesentliche – Algorithmen auf Graphen

Im Zusammenhang mit einer Vielzahl von Problemstellungen, die für Schülerinnen interessant und informatisch bedeutsam sind, können Graphen zur Modellierung herangezogen werden. Damit werden theoretisch orientierte Elemente, die als wichtige Zielmaßgabe für den Informatikunterricht erkannt wurden, zur Lösung herangezogen.

Quellcode 7.3 Algorithmus zur Breitensuche

```Python
for knoten in alleknoten:
  besucht[knoten]=False
wurzel=waehleAusgangsknoten()
besucht[wurzel]=True
schlange.haengeAn(wurzel)
while schlange.istNichtLeer():
  beginnKnoten= schlange.erstes()
  for knoten in nachbarschaft(beginnKnoten):
    if not besucht[knoten]:
      besucht[knoten]=True
      schlange.haengeAn(knoten)
```

Betrachten wir als erstes Beispiel die Breitensuche – **Breadth-First-Search** (BFS) – in einem Graph: in der mit dem Quellcode 7.3 angegebenen Variante arbeitet der dokumentierte Algorithmus mit einer Schlange. Das bedeutet, dass die abstrakte Datenstruktur Schlange (realisiert als Klasse, vgl. Bild 7.6) an dieser Stelle die Möglichkeit eröffnet, den Algorithmus auf seinen wesentlichen Gehalt zu reduzieren und ihn so darzustellen. Mehr noch: die typenfreie Darstellung und die mächtigen eingebauten Datenstrukturen (hier wird eine einfache Liste benutzt, um die besuchten Knoten des Graphen festzuhalten) führen zu einer sehr kompakten und dennoch verständlichen und nachvollziehbaren Darstellung. Flexible Schnittstellen gestatten es überdies hinaus, Bezeichner zu wählen, die der deutschen Sprache entnommen werden können.

Häufig können die von Schülerinnen entwickelten – auf Graphenstrukturen arbeitenden – Algorithmen nicht geeignet visualisiert werden. Die Verschränkung der Darstellung mit einer Visualisierungsmöglichkeit bereitet im Unterricht, in dem das Augenmerk der algorithmischen Seite gilt, große Mühe. Dabei kann die Erprobung auch für schwächere Schülerinnen Anreiz sein, ihre Algorithmen genauer zu untersuchen, um auf diese Weise selbstständig Probleme und Fehlerquellen zu entdecken und zu beheben.

Allerdings ist es wenig zielführend, wenn der wesentliche Aufwand zur Realsierung eines Algorithmus im Nebel der Codierung/Programmierung der Visualisierung der Ergebnisse »untergeht«. Daher ist eine klare Trennung von Algorithmus und graphischer Darstellung unabdingbare Voraussetzung für den zielgerichteten Einsatz im Informatikunterricht.

Schlange
+istNichtLeer(): boolean
+haengeAn(in element:inhalt)
+erstes(): inhalt

Bild 7.6: Klassendiagramm Schlange

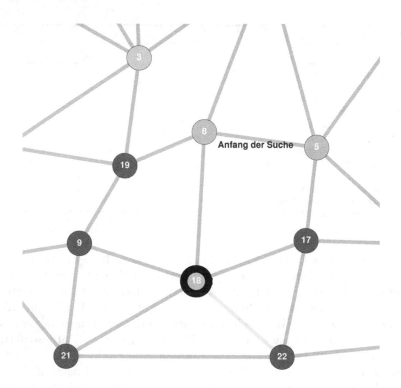

Bild 7.7: Breitensuche – Visualisierung auf einem Graphen

Aus diesem Grund wird häufig auf bewährte Formen der Visualisierung zurückgegriffen – es werden Tafelskizzen erstellt, Folien entwickelt, Präsentationen angefertigt, etc. Der Möglichkeit, den dynamischen Aspekt beim Ablauf des Algorithmus zu zeigen, werden diese Techniken jedoch nicht gerecht. Um diesem Dilemma zu entgehen, eignet sich ein Werkzeug, das im Hintergrund die Visualisierung realisiert, so dass sich weder Schülerinnen noch die Lehrerin um diese Darstellung gesondert bemühen müssen.

An dem bekannten rekursiven Ansatz der Tiefensuche [**D**epth-**F**irst-**S**earch (DFS)-Traversal] wird die Methode verdeutlicht. Diese rekursive Prozedur hat gegenüber anderen in der Schule thematisierten Ansätzen zur Rekursion den Vorteil, dass die Rekursionstiefe und die Anzahl der »Äste«, die noch abzuarbeiten sind, allein vom Graphen abhängt und nicht vorher bekannt ist.

Die Algorithmen lassen sich unabhängig von der Visualisierung entwickeln, auf selbst festgelegte Graphen anwenden und dabei dynamisch visualisieren. Die abgebildeten Ausschnitte (vgl. Bild 7.7 und 7.8) aus den Visualisierungen der beiden mit dem Quellcode 7.3 und 7.4 dokumentierten Algorithmen wurden ohne Änderung der Standardeinstellungen mit Hilfe des frei verfügbaren Werkzeugs `Gato` erstellt (siehe `http://gato.sourceforge.net/`). Der Einsatz dieses Werkzeugs im Unterricht empfiehlt sich – nach aktueller curricularer Situation – für die Jahrgangsstufen der gymnasialen Oberstufe und im Berufskolleg. Mit erweitertem theoretischem Hintergrund wird das Werkzeug in der Hochschullehre eingesetzt. Als Impulse für Eingangsfragestellungen können Fragen gestellt werden, die den

Quellcode 7.4 Rekursiver Algorithmus zur Tiefensuche

```python
def DFS(ausgangsknoten):
    for nachbarknoten in nachbarschaft(ausgangsknoten):
        if vorgaenger[nachbarknoten] == None:
            vorgaenger[nachbarknoten]= ausgangsknoten
            DFS(nachbarknoten)
    return
wurzel= 1
vorgaenger[wurzel]= wurzel
DFS(wurzel)
```

Lebensweltbezug der hinter den Problemen stehenden Fragestellungen »auf den Punkt« bringen: grundlegende Fragestellungen nach Minimierung von Kosten im Zusammenhang der Durchmusterung eines Baumes, oder Fragen der Erreichbarkeit aller Blätter, die als Standardfragen zur graphischen Repräsentanz gestellt werden, sind dabei zu Beginn eher zu abstrakt.

Daher empfehlen sich Fragen, die konkret Problemstellungen beschreiben, die für Schülerinnen einen Lebensweltbezug darstellen: hier bietet das Travelling Salesman Problem (TSP) (Rundreiseproblem) einen sinnvollen Ausgangspunkt. Ebenso können Fragen zu Ressourcen (Bewertung der Kanten), die zu komplexeren Darstellungen und interessanten Erweiterungen Anlass geben, einen (aus Schülerinnensicht) interessanten Ausgangspunkt für die Modellierung mit Hilfe von Graphen gefunden werden. Es zeigt sich, dass die Schülerinnen sehr wohl für theoretische Fragen der Informatik sensibilisiert werden können und die von Schülerinnen im Zusammenhang mit eher lehrgangsartig gestalteten Unterrichtsphasen gestellte Frage: »Wann gehen wir mal wieder an die Computer?« ausbleibt, wenn deutlich wird, dass auch eine längere theoretisch orientierte Einheit im Unterricht nützliche und weiterführende Ergebnisse liefert.

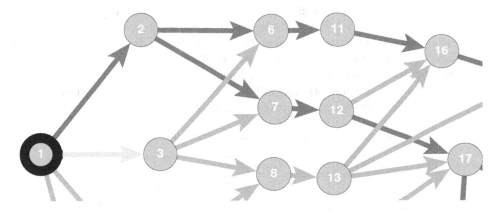

Bild 7.8: Tiefensuche – Visualisierung auf einem gerichteten Graphen

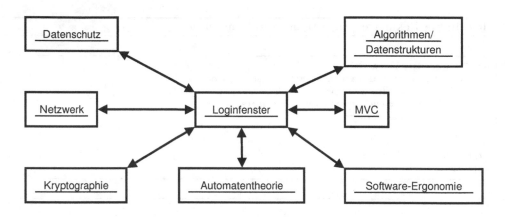

Bild 7.9: Entfaltung möglicher Problemdimensionen zum Login-Vorgang

7.2.3   Ausgangspunkt Erfahrung – Phänomen und Kernidee – 11. Jahrgang

Dieser Abschnitt dokumentiert eine Einführung in die Informatik in der gymnasialen Oberstufe, die von Informatikreferendaren der Studienseminare Arnsberg und Hamm gemeinsam mit dem Autor entwickelt wurde. Sie wurde als Beitrag zur INFOS05 in Dresden veröffentlicht (vgl. [Eickhoff u. a. 2005]). Die Darstellung der unter konstruktivistischen Gesichtspunkten notwendigen Umorientierung von fundamentalen Ideen auf Kernideen – verbunden mit einer an Phänomenen ausgerichteten unterrichtlichen Planung – führte zu einer Diskussion, die an einer Kernidee (dem Login-Vorgang, der Sie durch das Buch begleitet) verschiedene Dimensionen der Informatik zugänglich macht und damit als kognitiver Schlüssel für verschiedene Problemklassen angesehen werden kann. Ein erster Versuch wurde an mehreren Schulen erprobt. Die möglichen Dimensionen sind in Bild 7.9 angegeben. Dabei wird deutlich, dass diese vor der Hand einfach anmutende Fragestellung eine Reihe von Varianten bereithält, den Unterricht zu gestalten. Viele der Fragen sind geradezu klassische Bestandteile des Informatikunterrichts. Wir gehen davon aus, dass sich eine große Zahl weiterer Ideen finden läßt, die auf diese Weise eine Klammer zur Erschließung informatisch bedeutsamer Inhalte darstellen.

Wie bereits in der Lösung zu Aufgabe 2.5 dokumentiert, kann in einer ersten Annäherung an den Ablauf des Login-Vorgangs mit Hilfe eines Struktogramms herausgearbeitet werden, wie die eingegebenen Daten geprüft werden. Diese Beschreibung muss, um sie für

Tabelle 7.2: Deklaration – programmiersprachliche Umsetzung

Programmiersprache	Umsetzung
Java	`String eingabeAccount;`
Pascal	`Var eingabeAccount : String;`
Python	keine Deklaration

das konkrete zur Verfügung stehende System und die jeweils eingesetzte Umgebung weiter
aufzubereiten, in konkrete Anweisungen umgesetzt werden. Dabei sind eine Reihe syn-
taktisch/semantischer Fragen zu beantworten. Gemeinsam mit den beteiligten Kollegen
konnten wir uns auf Namenskonventionen einigen. Diese Abstimmung ist nicht einfach,
gilt es doch, vorausschauend zu überlegen, mit welcher Stringenz Bezeichner in den jeweiligen Programmiersprachen gewählt werden, so dass für die Schülerinnen bereits an der
Schreibweise eines Bezeichners erkennbar ist, ob es sich um eine Klasse, ein Objekt, ein
Attribut, eine Methode, eine Konstante, einen Parameter, ... handelt. Da gehen selbst
der kreativsten Lehrerin irgendwann die Ideen aus.

Eine Variante besteht darin, Präfixe zu verwenden, die angeben, um welche Art es
sich bei dem Bezeichner jeweils handelt. Dieser Weg mag vor der Hand einsichtig sein,
hat allerdings den entscheidenden Nachteil, sich nicht ohne weiteres in Entwicklungsumgebungen realisieren zu lassen, die ihrerseits wiederum gewisse Bezeichnungsweisen
»pflegen«. Aus didaktischer Sicht ist die Semantik von Bezeichnern so zu wählen, dass
deutlich wird, das es sich bei einem Bezeichner beispielsweise um eine Methode handelt
(== Verb). Bei anderen Bezeichnern sollte aus dem Kontext deutlich hervorgehen, ob es
sich beispielsweise um einen Parameter oder um ein Attribut handelt.

Hier wird nicht der Versuch unternommen, eine Einführung in die Programmiersprachen zu gehen, mit denen eine Umsetzung realisiert wird. Unser Ansatz beschränkt sich
auf die Angabe der konkreten Realisierungen in einigen zur Zeit gängigen Programmiersprachen. Gehen wir von einer imperativen Modellierung aus, werden durch den beschriebenen Ablauf des Login-Vorgangs zwei Anforderungen impliziert:

1. Es werden »Behälter« benötigt, die sich wie Lückentexte mit Benutzername und
   Passwort füllen lassen.

2. Um die konkreten Einträge auswerten zu können, wird eine Speichermöglichkeit
   benötigt.

So lässt sich aus imperativer Sicht der Variablenbegriff bzw. das Variablenkonzept motivieren (vgl. Tabelle 7.2). Im Zusammenhang der objektorientierten Modellierung werden
für die Elemente Attribute benötigt.

Ein weiterer Aspekt, der sich aus dem Struktogramm ergibt, besteht in der Notwendigkeit der Umsetzung der Kontrollstruktur **Verzweigung** in die jeweilige Programmiersprache.

Die dargestellte Umsetzung in konkrete Programmiersprachen soll allerdings nicht
darüber hinwegtäuschen, dass mit diesem Beispiel deutlich wird, dass je nach Sichtweise (objektorientiert versus imperativ) die Realisierung eines elementaren Elements
grafischer Benutzungsoberflächen – dem Login-Fenster – wie es den Schülerinnen von
Informatiksystemen bekannt ist – unterschiedlich realisiert wird. Zum einen werden vorgegebene Strukturen parametrisiert – zum anderen werden Klassenbibliotheken[5] genutzt,
um Elemente einer Benutzungsoberfläche zu gestalten. Bei letzterem sind wiederum zwei
Varianten möglich: eine gängige Variante besteht darin, vorgegebene Klassen zu nutzen,

---

5 Hier wurde die Bibliothek Stifte & Mäuse eingesetzt (vgl. [Czischke u. a. 1999]), die auch in einer
  Implementierung für Python vgl. [Linkweiler 2002] verfügbar ist.

Quellcode 7.5 Login-Vorgang – Abfrage dargestellt mit Java

```java
if ((eingabeAccount.equals('Mustermann') && (eingabePasswort.equals('Passwort'))
{
    System.out.println('Sie␣sind␣am␣System␣angemeldet!');
}
else
{
    System.out.println('Zugriff␣verweigert!');
}
```

Quellcode 7.6 Login-Vorgang – Abfrage dargestellt mit Objekt-Pascal

```pascal
if ((eingabeAccount = 'Mustermann') and (eingabePasswort = 'Passwort'))
then
  begin
    ShowMessage('Sie␣sind␣am␣System␣angemeldet!');
  end
else
  begin
    ShowMessage('Zugriff␣verweigert!');
  end;
```

Quellcode 7.7 Login-Vorgang – Abfrage dargestellt mit Python

```python
if eingabeAccount == 'Mustermann' and eingabePasswort == 'Passwort':
    print 'Sie␣sind␣am␣System␣angemeldet!'
else:
    print 'Zugriff␣verweigert!'
```

die gewünschten Objekte zu instanziieren und zu parametrisieren. Diese Variante wird durch die Angabe des Quellcodes 7.8 dokumentiert.[6] Eine weitere, der objektorientierten Modellierung entsprechenden Variante, besteht darin, eine eigene Klasse für den Login-Vorgang zu entwickeln. Diese Variante hat gerade bei der Weiterführung der Idee den Vorteil, dass durch eine frühzeitige Konstruktion einer eigenen Klasse (bereits bei der Einführung in die Modellierung) dieses Mittel zu Abstraktion von Beginn an präsent ist und mit den Erweiterungen in angemessener Weise generisch Klassenbeziehungen einge-

---

6 In Anhang F.3 findet sich ein Arbeitsblatt, das in der Phase zur Modellierung des graphischen Login-Fensters eingesetzt wurde (Aufgabe 2). Der Aufgabe 1 des Arbeitsblatts kann entnommen werden, dass vorweg Fragen aus dem Bereich AAA (vgl. Aufgabe 2.5 in diesem Buch) thematisiert wurden.

Quellcode 7.8 Login-Vorgang – graphische Benutzungsoberfläche mit Python

```python
from sum import Bildschirm
from sum.komponenten import Rahmen

meinBildschirm= Bildschirm()

meinRahmen=Rahmen(meinBildschirm, 200, 60, 200, 100)

meinRahmen.erzeugeEtikett (10, 10, 50, 15, "Login")
meinRahmen.erzeugeTextfeld (70, 10, 80, 15)

meinRahmen.erzeugeEtikett (10, 40, 50, 15, "Passwort")
meinRahmen.erzeugeKennwortfeld (70, 40, 80, 15)

meinRahmen.erzeugeKnopf(90, 60, 40, 20,"Fertig",meinRahmen.ausgabeEintraegeTextfelder)

meinRahmen.run()

meinRahmen.ausgabeEintraegeTextfelder()
meinRahmen.ausgabeEintraegeKennwortfelder()
```

Python

führt werden können. Die dazu notwendigen Voraussetzungen sind unter didaktischen Gesichtspunkten jeweils zu prüfen.

Zunächst wird der weitere Unterrichtsgang unter dem Gesichtspunkt der Festigung und Vertiefung der eingeführten Abstraktionsmechanismen im Bereich Algorithmen und Datenstrukturen skizziert. Anschließend folgt die Darstellung von Bereichen, die andere Gesichtspunkte (Netzwerk, Kryptografie, Softwareergonomie) ins Zentrum der Überlegungen zur Unterrichtsplanung rücken.

Algorithmen und Datenstrukturen

Hier wird zunächst – auf der Ebene von Algorithmen und Datenstrukturen – der Unterrichtsgang angegeben, der sich anbietet, um die eingeführten Konzepte zu vertiefen. Vorgänge wie Deklaration und Initialisierung von Variablen – insbesondere bei Verwendung verschiedener Datentypen – oder aber die Definition und der Aufruf von Methoden mit und ohne Übergabe von Parametern fordern zu Beginn des Unterrichts die Schülerinnen auf vielfältige Weise. Bei gleichzeitigem Gebrauch von Modellierungswerkzeugen kommt es zu Verwechselungen der Sprachebenen, so dass von den Schülerinnen ohne Übung keine Sicherheit im Umgang mit den jeweiligen Informatiksystemen zu erwarten ist. Außerdem muss in der Regel auch der Umgang mit der jeweils benutzten Entwicklungsumgebung geübt werden. Dies gilt auch dann, wenn keine Entwicklungsumgebung eingesetzt wird, da vielen Schülerinnen der Umgang mit einer Shell und den entsprechenden Befehlen nicht geläufig ist. Die Umsetzung des einführenden Beispiels in Java mittels BlueJ erfordert bereits zu Beginn die Einführung einer umfangreichen Java-Syntax, insbesondere die Einführung von Methoden.

Um den Schülerinnen genügend Möglichkeiten zur Übung zu geben, bietet sich die

Einführung einer weiteren Kontrollstruktur an. Als sinnvolle Erweiterung der Datentypen kann die Einführung der Datentypen Integer und Boolean vorgenommen werden.

Um die Einführung sinnvoll in das Beispiel einbetten zu können, kann die Aufgabenstellung erweitert werden. In einer ersten Erweiterung kann sichergestellt werden, dass sich eine Benutzerin an einem System nicht erneut anmelden kann, bevor sie sich nicht abgemeldet hat. Dazu muss zunächst, neben der Methode zum Anmelden, eine Methode zum Abmelden modelliert werden. Ob in diesem Schritt der Umsetzung bereits die Einführung des Datentyps Boolean integriert wird, muss in Abhängigkeit vom jeweils verwendeten Informatiksystem entschieden werden. Die Überprüfung, ob eine Benutzerin bereits angemeldet ist, kann zum Beispiel auch durch einen Vergleich entsprechender Werte von Variablen vom Typ String – äquivalent zur Überprüfung von Benutzernamen und Passwort – erfolgen. Durch die anschließende Einführung des Datentyps Boolean läßt sich dieser Vorgang allerdings wesentlich ökonomischer realisieren und der neue Datentyp wird in einen sinnvollen Kontext eingebunden.

Als weitere Ergänzung der Problemstellung soll eine Benutzerin nach drei erfolgreichen Anmeldungen am System dazu aufgefordert werden, ihr Passwort zu ändern. Dazu muss der gesamte Anmeldevorgang in eine Schleife eingebunden werden. Die Schleife mit while bietet sich hierfür besonders an, da sie durch die umgangssprachlich geläufige Übersetzung »solange« in ihrer Bedeutung schnell für die Schülerinnen zu erfassen ist. In einer ersten Umsetzung ist die zusätzliche Einführung des Datentyps Integer aus den bereits oben beschriebenen Gründen nicht erforderlich, so dass die Schülerinnen nicht sofort mit zwei neuen Konzepten überfordert werden. Diese Ergänzung kann im Anschluss daran vorgenommen – und wiederum mit einer ökonomischeren Programmierung begründet werden.

Als weitere Möglichkeit zur Einübung der bisher eingeführten Kontrollstrukturen kann die Problemstellung erneut erweitert werden. Zum einen kann eine Kontrolle eingeführt werden, die prüft, dass ein neu eingegebenes Passwort nicht identisch mit dem zuvor vorhandenen Passwort sein darf und eventuell einen entsprechenden Hinweis ausgibt. Des Weiteren besteht die Möglichkeit, den Anmeldevorgang bei wiederholter falscher Eingabe des Passwortes abzubrechen.

Eine andere denkbare Ergänzung ist eine Erweiterung des Anmeldedialogs zu einer einfachen Benutzerverwaltung. Dabei können neben Fragen der Gestaltung von Benutzungsschnittstellen Fragen zur Organisation und Speicherung von Benutzerdaten thematisiert werden. Ein Exkurs in Richtung Datenbanken ist ebenso möglich, wie die Realisierung mit Hilfe von einfach bzw. doppelt verketteten linearen Listen.

Durch den Bezug auf die Kernidee ergeben sich Erweiterungsmöglichkeiten, die dazu führen, dass – trotz der unterschiedlichen Systeme und Zugangsweisen – einige Sichten auf den Login-Vorgang unabhängig von den konkreten zum Einsatz kommenden Umgebungen thematisiert werden.

Netzwerk

Problemstellung

Bei dem Anmeldevorgang bietet sich eine Erweiterung auf Netzwerkstrukturen an. Das Ziel ist die Realisierung der Anmeldung an einem Server, der via Netzwerk erreichbar ist. Die Benutzer-Accounts und Passwörter werden auf dem Server gespeichert. Beim Anmeldevorgang werden Benutzername und Passwort eingegeben. Nach der Verbindung des Klienten mit dem Server werden die eingegebenen Daten über das Netzwerk zum Server übermittelt. Dieser vergleicht die ankommenden Daten mit den gespeicherten Daten. Das Ergebnis dieser Prüfung wird dem Klienten übermittelt.

Erweiterungsmöglichkeiten

basierend auf Erfahrungen der Schülerinnen: Nach mehrfach fehlgeschlagenem Anmeldeversuch

- muss das Passwort geändert werden (serverseitig)

- wird der Anmeldevorgang abgebrochen und/oder für einen gewissen Zeitraum gesperrt (klientenseitig)

- ...

Realisierung

Die Bibliothek »Stifte & Mäuse« bietet ein Paket für die Netzwerkprogrammierung an. Die Methode »anmelden« wird so abgeändert, dass die in der Problemstellung angegebenen Vorgaben umgesetzt werden.

Es ist möglich, den netzwerkgestützten Login-Vorgang auch ohne den Einsatz der Klassenbibliothek »Stifte & Mäuse« durchzuführen. Damit werden andere Aspekte der Betrachtung in den Vordergrund gerückt: So kann zum Beispiel die Ereignissteuerung beim Aufbau der Verbindung zwischen Klient und Server betrachtet werden, die bei Verwendung der »Stifte & Mäuse« außen vor bleibt. Mit Hilfe dieser Ereignissteuerung lässt sich das Zustandsdiagramm für einen Server oder einen Klienten erstellen, das einen Einstieg in die Welt der Automaten ermöglicht. Jedes Ereignis löst eine Übergangsfunktion aus. Daraus lässt sich schließen, dass es zwischen den Übergängen gewisse Zustände geben muss. Auf diese Weise werden Schülerinnen motiviert, Zustandsdiagramme zu entwickeln.

Nachdem die Schülerinnen diese Art der Modellierung erarbeitet haben, können sie selbstständig andere Varianten mit Hilfe der Netzwerkverbindung explorieren. Es bietet sich an dieser Stelle an, verschiedene Netzwerk-Protokolle zu thematisieren, die zum Beispiel dem Internet und seinen Diensten zu Grunde liegen. Aus dem einfachen Login können so Echo-Server, Chat-Server, POP3-Klient, SMTP-Klient und auch HTTP-Klient motiviert werden.

Kryptografie

Problemstellung

Aufbauend auf den Fragestellungen zum Netzwerk läßt sich ein erster Einblick in die Kryptografie geben. Da die Daten Benutzername und vor allen Dingen das Passwort unverschlüsselt zum Server gesandt werden, muss darüber nachgedacht werden, den Anmeldevorgang sicherer zu machen. Es bietet sich an, die Daten verschlüsselt zu übertragen. Dazu werden die von der Benutzerin eingegebenen Daten erst verschlüsselt und dann

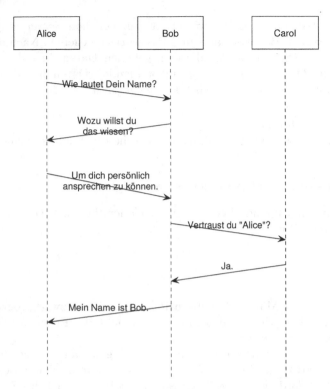

Bild 7.10: Sicherheitsüberprüfung während des Datenaustausches

zum Server übertragen. Jetzt muss natürlich der Server über einen Dienst verfügen, mit dem die verschlüsselten Daten entschlüsselt werden können.

Realisierung

In unserer Beispielimplementation wurde eine weitere Klasse zum Projekt hinzugefügt, die sich um die Verschlüsselung der Daten kümmert. Hier hätte ein weiterer Dienst in der Klasse LogIn gereicht, aber so lassen sich verschiedene Verschlüsselungsdienste übersichtlicher gestalten. Ein weiterer Vorteil ist, dass der Server ebenfalls auf die Verschlüsselungsklasse zugreifen kann, um die verschlüsselten Daten wieder zu entschlüsseln.

Die Methode »anmelden« wird geringfügig abgeändert, wobei jetzt die Anmeldedaten mit einer Methode aus der Klasse »Krypt« verschlüsselt werden. Eine besonders einfache Methode zur Verschlüsselung wäre die Erzeugung eines Palindroms. Diese Methode ist nicht sicher, sondern dient vielmehr als Beispiel. Es können beliebige Verschlüsselungsmethoden zur Klasse »Krypt« hinzugefügt werden.

In Bild 7.10 wird ein Sequenzdiagramm dargestellt, das verdeutlicht, wie eine Sicherheitsprüfung gestaltet werden kann. Eine Verbindung von Fragen der Kryptografie mit Netzwerkverbindungen stellt sich mit dem Problem der Authentifizierung. Durch Rollenspiele (vgl. Objektspiel in Abschnitt 5.5) können verschiedene Szenarien und Lösungsideen in Anlehnung an solche prinzipiellen Überlegungen regelrecht »durchgespielt« werden.

Softwareergonomie[7]

Problemstellung

Bei der Umsetzung von Informatiksystemen im Unterricht wird zumeist der Fokus auf umzusetzende Funktionalität gerichtet und weniger auf vernünftige Bedienbarkeit und Gestaltung der Oberfläche des Systems, da die Problemlösungen im Anfangsunterricht üblicherweise mit einer einfachen Benutzungsschnittstelle realisiert werden können. Schülerinnen verfügen über Erfahrungen im Umgang und der Bedienung von Informatiksystemen. Diese Erfahrungen aufzugreifen, für den Informatikunterricht nutzbar zu machen, ermöglicht die Bearbeitung softwareergonomischer Fragestellungen.

Realisierung

Selbst einfache Dialoge bieten die Möglichkeit, ausgewählte Bewertungs- und Gestaltungskriterien zu thematisieren. So kann beispielsweise über Fragen der Akzeptanz (oder Nichtakzeptanz) bestimmter Zeichen innerhalb einer Benutzerkennung oder des Passworts das Kriterium der Fehlertoleranz aus der EN ISO Norm [CEN – Comité Européen de Normalisation 1995] thematisiert werden. So erhalten die Schülerinnen einen ersten Einblick in mögliche Bewertungskriterien für Bildschirmmasken und Software im allgemeinen.

Einen eher gestalterischen Anknüpfungspunkt bietet die Thematisierung der Vermeidung von generischen Beschriftungen auf Knöpfen (wie $\boxed{\text{Ok}}$ oder $\boxed{\text{Abbrechen}}$), bei der Realisierung der Benutzungsschnittstelle des Anmeldebildschirms. Dieser Punkt kann ferner dazu genutzt werden, erste Begriffe wie Dialog oder Benutzungsschnittstelle kritisch zu hinterfragen, mit Erfahrungen der Schülerinnen im Umgang mit Informatiksystemen anzureichern und diese Begriffe im Anschluss zu definieren.

Dieser kurze Einblick spiegelt bereits die beiden Hauptaspekte wieder, mit denen man sich im Unterricht an Hand von weiteren Beispielen beschäftigen kann:

1. Das Bewerten von Dialogen anhand von Kriterien, wie sie z. B. in der oben genannten Norm zu finden sind.

2. Das Gestalten von Dialogen an Hand konstruktiver Kriterien (siehe exemplarisch [Keil-Slawik u. a. 2004]).

Ziel soll es sein, dass die Schülerinnen am Ende der Reihe grundlegende Fähigkeiten für eine sinnvolle und zügige Realisierung zukünftiger graphischer Benutzungschnittstellen entwickeln. Daneben erlaubt ihnen die Reihe Einblicke in ein Themenfeld, das in aller Regel im Unterricht kaum behandelt wird, obwohl bereits heute mehr Geld in die Schulungen für die Benutzung von Informatiksystemen fließt, als in deren Entwicklung. Des Weiteren können hier Begriffe wie Designkonflikte und Designentscheidungen thematisiert und diskutiert werden und ermöglichen so zu einem sehr frühen Zeitpunkt Einblicke in kreative Prozesse der Softwareentwicklung.

Die sich aus diesem Themenfeld ergebenden Handlungsmöglichkeiten zur Gestaltung der eigenen Systemumgebung (ergonomische Anforderungen an dem Arbeitsplatz bei den Schülerinnen zuhause) stellen darüber hinaus einen Beitrag zur Gesundheitserziehung dar.

---

7 Zu dieser Dimension vgl. auch Aufgabe 4.3.

Zur weiteren Arbeit

In den vorgestellten Beispielen wird deutlich, dass eine einfach scheinende Problemstellung Ausgangspunkt für verschiedene informatisch bedeutsame Fragen darstellt. Hier wurden nur einige dieser Fragestellungen beleuchtet. In der Übersicht zu den Dimensionen (vgl. Bild 7.9) sind weitere Elemente angegeben, auf die hier nicht eingegangen wurde: Datenschutz, Automatentheorie, Model View Control (MVC)-Konzept. Diese Möglichkeiten verdeutlichen, dass die Ausgangsfragestellung für den Informatikunterricht in der Sekundarstufe II als tragfähig zu bezeichnen ist. Es steht zu erwarten, dass diese Dimensionen im Laufe der Fortführung des Konzepts angesprochen werden.

Automatentheorie

Zur Automatentheorie liegen fachdidaktisch orientierte Veröffentlichungen vor (vgl. exemplarisch [Humbert 1999a]). Darüber hinaus existieren für diesen Bereich neben vielen ausgezeichneten Fachbüchern auch Schulbücher (vgl. exemplarisch [Bruhn u. a. 1988, Bruhn u. a. 1990]). Nach wie vor ist ein tragfähiger Einstieg in die Informatik in der gymnasialen Oberstufe mit Hilfe von Automaten eine Möglichkeit, die sich über viele Jahren bewährt hat. Sie konzentriert sich auf eine Fragestellung, die zur handelnden Umsetzung ihren Tribut fordert, der darin besteht, dass die Schülerinnen sich zeitweilig – im Anfangsunterricht Informatik – mit eher theoretisch orientierten Fragen beschäftigen müssen. Allerdings muss festgestellt werden, dass am Ende der Reihe den Schülerinnen die prinzipiellen Grenzen von Automaten deutlich geworden sind und damit eine Entmystifizierung erreicht wird, die in anderen Konzepten erst in der Jahrgangsstufe 12 diskutiert werden kann. Eine solche Anfangssequenz ist allerdings mit zwei Randbedingungen für die Arbeit der Schülerinnen und damit für ihre Sicht auf die Informatik verbunden:

1. Informatik besteht in großen Teilen darin, theoretisch fundierte Konzepte zu erschließen

2. Die praktisch orientiert Arbeit zeigt die Mächtigkeit und die Möglichkeiten, die mit Hilfe der theoretischen Konzepte umsetzbar sind – und nicht umgekehrt

Der daraus resultierende »Primat der Theorie« wird von vielen Schülerinnen allerdings – nach unseren Erfahrungen – nicht ohne Schwierigkeiten akzeptiert, da dies kaum mit den Vorstellungen über Informatik in Einklang steht, die die Schülerinnen in den Informatikunterricht einbringen.

Erwartung der Schülerinnen an das Schulfach Informatik

Dies führt zu einer weiteren Überlegung zur Gestaltung der Informatikunterrichts in der gymnasialen Oberstufe. Wie können die Zuschreibungen, Wünsche und Vorstellungen der Schülerinnen konstruktiv im Unterricht Berücksichtigung finden? Dazu wurde mit der o. g. Gruppe von Referendaren ein Fragebogen entwickelt und evaluiert, der in Anhang (Seite 227ff) dokumentiert ist.

Ziel dieser Erhebung ist es einerseits, die Vorkenntnisse der Schülerinnen in angemessener Weise für den eigenen Unterricht berücksichtigen zu können und andererseits bereits

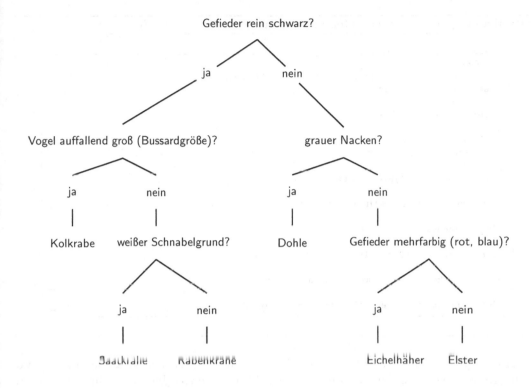

Bild 7.11: Entscheidungsbaum Rabenvögel

frühzeitig zu erfahren, welche Vorstellungen die Schülerinnen bzgl. des Schulfachs Informatik in der Oberstufe mitbringen. Dies ermöglicht der Lehrerin ein Eingehen auf die Vorstellungen und die Vorkenntnisse der Schülerinnen. Die ernsthafte Auseinandersetzung mit den Vorkenntnissen kann ein Vertrauensverhältnis begründen, das es gestattet, mit den Schülerinnen eine von ihren Vorstellungen ausgehende Basis zu finden. Diese Basis ist nicht durch ein Unterrichtsgespräch zu ersetzen, in dem die Schülerinnen »erzählen«, was sie vom Unterricht erwarten, sondern objektiviert die Eingangsbedingungen und ermöglicht neben der Berücksichtigung qualitativer Aspekte auch eine quantitative Analyse. Es scheint sinnvoll, die Schülerinnen nach einem halben Jahr (oder nach einem Jahr) wiederum zu befragen, um auf diese Weise im Längsschnitt eine Basis für Entscheidungen über inhaltliche und methodische Fragen des eigenen Unterrichts zu erhalten.

7.2.4 Abstrakte Datentypen – Bäume – 12. Jahrgang

Die Wechselwirkungen bzgl. des Aufwands zwischen Algorithmen und Datenstrukturen sind aus der Fachliteratur hinlänglich bekannt.

Wie kann ein Beispielszenario aussehen, das keine primär innerfachliche Motivation erfordert »Wir machen jetzt Bäume«, sondern von einer Idee ausgeht, mit der anschaulich einige Problemstellungen verbunden und an der Lösungsideen entwickelt werden können?

Quellcode 7.9 Abstrakter Datentyp binärer Baum als Klasse mit Python

```python
class Baum:
    def __init__(self, inhalt, links=None, rechts=None) :
        self.inhalt = inhalt
        self.links = links
        self.rechts = rechts

    def __str__(self):
        return str(self.inhalt)

    def getInhalt(self): return self.inhalt

    def getLinks (self): return self.links

    def getRechts(self): return self.rechts

    def setInhalt(self, inhalt): self.inhalt = inhalt

    def setLinks (self, links): self.links = links

    def setRechts(self, rechts): self.rechts = rechts
```

Python

Im Folgenden wird eine Idee vorgestellt, die mit der Merkmalsklassifikation von Vögeln (Rabenvögeln) als Ausgangsimpuls die fachliche Idee von (binären) Bäumen nahelegt (vgl. Bild 7.11). Das Beispiel stammt aus der Biologie und firmiert dort unter der Bezeichnung Bestimmungsschlüssel. Solche und ähnliche Baumdarstellungen lassen sich in vielen Kontexten finden.

Ausgehend von der in Bild 7.11 dargestellten Situation bestehen verschiedene Möglichkeiten, Ansätze für Ideen zur Modellierung zu formulieren.

Ziel – Modellierung der Datenstruktur

Soll in erster Linie an dem Beispiel die zugrunde liegende Datenstruktur thematisiert werden, bietet sich die Darstellung dieser Baumstruktur als Klasse – so die Schülerinnen mit der OOM vertraut sind – förmlich an. Mit der in Quellcode 7.9 dargestellten Klasse kann allgemein ein binärer Baum mit beliebigem Inhalt erstellt werden.

Ziel – Problemkontext zur interaktiven Nutzung der Datenstruktur

Eine weitere Herangehensweise besteht darin, in erster Linie zu diskutieren, welche Zielsetzungen mit der Erstellung und Nutzung eines Bestimmungsschlüssels aus Sicht der Modellierung verbunden werden sollen.

1. Soll dieser – und kein anderer – Baum aufgebaut werden?

2. Soll es prinzipiell möglich sein, einen solchen Baum interaktiv aufzubauen?

3. In welcher Form soll der Baum genutzt werden?

Quellcode 7.10 Bestimmungsbaum – Aufbau und Nutzung mit Python

```python
def tier():
    # Beginne mit einem Eintrag in der Wurzel
    wurzel= Baum("Fisch")
    while 1:
        print
        if not ja("Denken␣Sie␣an␣ein␣Tier?␣"): break
        baum= wurzel
        # interaktiv gesteuerter Baumdurchlauf
        while baum.getLinks() != None:
            eingabetext= Baum.getInhalt() + "?␣"
            if ja(eingabetext):
                baum= baum.getRechts()
            else:
                baum= baum.getLinks()
        knoteninhalt= baum.getInhalt()
        eingabetext= "Ist␣es␣ein␣" + knoteninhalt + "?␣"
        if ja(eingabetext):
            print "Danke␣...␣alles␣wird␣gut␣..."
            continue
        eingabetext= "Der␣Name␣des␣Tieres␣lautet?␣"
        tier= raw_input(eingabetext)
        eingabetext= "Formulieren␣Sie␣eine␣Frage␣zum␣Unterschied␣zwischen␣%s␣und␣%s:␣"
        frage= raw_input(eingabetext % (tier,knoteninhalt))
        baum.setInhalt(frage)
        eingabetext= "Wenn␣das␣Tier␣ein␣%s␣ist,␣lautet␣die␣Antwort␣(ja/nein):␣"
        if ja(eingabetext % tier):
            baum.setLinks(Baum(knoteninhalt))
            baum.setRechts(Baum(tier))
        else:
            baum.setLinks(Baum(tier))
            baum.setRechts(Baum(knoteninhalt))
```

Python

Um exemplarisch eine Möglichkeit zur Realisierung zu dokumentieren, wurden folgenden Entscheidungen zugrunde gelegt: zu ① – es sollte möglich sein, einen beliebigen binären Baum aufzubauen und zu nutzen; zu ② – mit dem benutzten Werkzeug (der Programmiersprache Python) ist ein interaktiver Aufbau und die Inspektion der Objekte ohne Probleme realisierbar; zu ③ – es muss möglich sein, den aufgebauten Baum als »Expertensystem« benutzen zu können und interaktiv zu erweitern.

Zum interaktiven Aufbau und zur interaktiven Benutzung eines beliebigen (binären) Bestimmungsbaumes wird mit Quellcode 7.10 eine Lösung vorgestellt.[8] Die Eingabehilfe für die Antwortmöglichkeit Ja/Nein ist in eine eigene Routine ausgelagert worden, die mit Quellcode 7.11 dargestellt wird.

Auch andere grundlegende ADT können an Beispielen entwickelt werden, die – wie hier gezeigt – von einer Problemstellung ausgehen und damit jeweils einen Kontext haben, der

---

8 Die Grundidee für das »Spiel« ist [Downey u. a. 2002, S. 216f] entnommen. Weitere Ideen (z. B. die Umsetzung eines Kartenspiels werden dort in Kapitel 15 und 16 vorgestellt. Das Buch eignet sich als Ideengeber für die Vorbereitung des Unterrichts.

Quellcode 7.11 Eingabehilfe (Ja/Nein) mit Python

```
def ja(frage):
  antwort= raw_input(frage)
  return antwort[0].lower() == 'j'
```
Python

die Struktur zur Grundlage für die folgenden Überlegungen werden läßt. Dies folgt dem Grundgedanken, Kernideen zu finden, die nicht ausschließlich zum Einstieg geeignet sind, sondern über eine längere Zeit die unterrichtliche Arbeit so begleiten, dass die erzielten Ergebnisse dem Ausgangsproblem gerecht werden und zur Weiterarbeit geeignet sind.

Hinweise

Gerade, wenn – wie durch die hier dokumentierten Beispiele – der Quellcode kompakt ist, sollte doch deutlich gemacht werden, dass die Details nicht ohne weiteres Zutun für die Schülerinnen klar sind. Die Nähe der Programmiersprache zu dem in üblichen Standardwerken dokumentierten Pseudocode – gepaart mit der Möglichkeit, die Algorithmen ohne explizite Deklaration typfrei für verschiedene Kontexte interaktiv zu nutzen, bieten für den Einsatz im Unterricht einige unabweisliche Vorteile. Eine Umsetzung für den Einsatz in der Informatikausbildung (in der Hochschule) ist mit [Chou 2001] verfügbar. Dort werden diese Elemente an den folgenden Beispielen verdeutlicht.

- Sortieren,
- Prioritätsschlangen,
- Binärbäume,
- Huffman-Codierung und
- Algorithmen auf Graphen

7.3   Aufgaben – Lösungen

Aufgabe 7.1:   Informatikunterricht – Umgebungsgestaltung

Zu Beginn des kommenden Schuljahres werden Sie als Informatiklehrerin an einer Ihnen nicht bekannten Schule arbeiten. Sie sollen dort Unterricht in der Sekundarstufe I (Klassen 5–10) und in der gymnasialen Oberstufe übernehmen. Ihr Einsatz wird so gestaltet, dass Sie neue Informatikgruppen unterrichten.

1. Geben Sie die Fragen an, die Sie der Informatikfachkonferenzvorsitzenden stellen.

   Überlegen Sie sich eine Fragestruktur (Checkliste), die es Ihnen ermöglicht, mit wenigen Fragen die nach Ihrer Auffassung grundlegenden Elemente zu klären.

2. Sie haben die Möglichkeit, die Schule zu besuchen. Es ist keine Informatiklehrerin in der Schule, so dass Sie selbst Erkundigungen über die »Umgebung« recherchieren müssen. Wie gehen Sie vor?

Aufgabe 7.2:   Informatiklehrerin – Rolle in der Schule

Sie arbeiten seit einigen Jahren in der Schule und unterrichten dort Informatik. Unter Ihrer Leitung der Fachkonferenz wurde ein Intranet auf Unix/Linux-Basis aufgebaut. Die Klienten arbeiten mit einen freien Betriebssystem. Nun kommen zunehmend Anfragen, ob es nicht möglich ist, diese oder jene CD, DVD oder ... die als Lernsoftware charakterisiert wird, in der Schule einzusetzen. Wie gehen Sie vor?

Aufgabe 7.3:   Login-Vorgang

Bearbeiten Sie die Fragestellung: Wie erstelle ich ein gutes Passwort?

1. Geben Sie Gütekriterien für ein Passwort an.

2. Überlegen Sie ein Szenario, um mit Schülerinnen zu diesem Thema zu arbeiten.

3. Entwickeln Sie eine Methode, mit der Ihre Schülerinnen, Ihre Kolleginnen in die Lage versetzt werden, gute Passworte zu entwickeln, die sie sich merken können, ohne sich Notizen zu machen (Aufschreiben ist nicht erlaubt).

Lösung 7.3:   Login-Vorgang

Lösungshinweise Die folgenden Bemerkungen stellen keine Lösung der Aufgabe dar. Vielmehr wird hier der Versuch unternommen, Hinweise zusammenzustellen, die es Ihnen ermöglichen, für den Bereich eigene Ideen, Erfahrungen und Umsetzungsvarianten für die konkrete Lerngruppe zu entwickeln. Der Umgang mit personenbezogenen Daten unterliegt den rechtlichen Bedingungen, die dem Schutz der Persönlichkeit dienen. Daher mag der Einsatz gewisser Werkzeuge reizvoll sein, sollte allerdings nicht ungeprüft ausprobiert werden.

Ein Werkzeug, um »schlechte Passwörter« herauszufinden, ist »John the Ripper password cracker«[9].
Bevor die Schülerinnen die Gütekriterien für ein gutes Passwort kennengelernt haben, kann es sinnvoll sein, die von den Schülerinnen gewählten Passwörter mit diesem Werkzeug »zu knacken«. Dieser Versuch sollte allerdings so gestaltet und durchgeführt werden, dass nicht der Eindruck entsteht, das einzelne Schülerinnen »vorgeführt« werden. Daher ist der Einsatz eines solchen Werkzeuges sehr sorgfältig zu prüfen.
Darüber hinaus muss in der schulischen Benutzungsordnung für die Informatikinfrastruktur deutlich vermerkt werden, dass die Schülerinnen (so sie überhaupt diese Möglichkeit erhalten sollen) ihre Passwörter nach gewissen Kriterien erzeugen sollen, damit sie einfachen Angriffen standhalten. Als Vorlage für eine Benutzungsordnung kann die »Ordnung für die Nutzung der Informatiksysteme des Studienseminars für Lehrämter Hamm« (verfügbar unter http://www.semsek2.schulnetz.hamm.de/Service/Ordnung_neu) herangezogen werden. Unter dem Punkt »Verantwortungsvoller Umgang mit Passwörtern«[10] finden sich Hinweise zur Gestaltung von Passwörten.

---

9 Das Werkzeug ist unter http://www.openwall.com/john/ verfügbar.
10 http://semsek2.ham.nw.schule.de/Service/Ordnung_neu#Verantwortungsvoller_Umgang_mit

7.4   Hinweise zur vertiefenden Auseinandersetzung

Lernumgebungen – Informatikinfrastruktur

Im Zusammenhang mit verschiedenen Initiativen zur Beförderung der Informatikinfrastruktur an Schulen wurden qualitativ höchst unterschiedliche Empfehlungen zur Ausstattung entwickelt. Häufig stecken hinter den Organisationen, die solche Materialien herausgeben, handfeste Unternehmensinteressen. Damit liegt es an der für die Informatikinfrastruktur einer Schule verantwortlichen Lehrerin, die Angebote sehr sorgfältig zu prüfen und sich ggf. die versprochenen Detailfunktionalitäten nicht »in die Hand versprechen zu lassen« sondern schriftliche Zusicherungen einzufordern, die mit Fristen versehen Nachbesserungen beinhalten, die vorgenommen werden müssen, wenn gewisse im Pflichtenheft dargestellte Funktionalitäten nicht eingehalten werden. Dieses Szenario ist nicht aus der Luft gegriffen.

Fallbeispiel: Lernumgebungen – Informatikinfrastruktur

> Der Autor kennt konkret der Fall einer renomierten sogenannten pädagogischen Software, bei der genau dieser Fall eingetreten ist, und über Jahre eine Nachbesserung nicht erfolgreich umgesetzt wurde, da der ursprüngliche Entwickler diese Firma verlassen hat und niemand in der Lage war, die Funktionalität zu implementieren.
>
> Allerdings ist in diesem Fall nicht die Informatikverantwortliche an der Schule, sondern der Träger für die Vertragsgestaltung verantwortlich. Dies macht um so mehr deutlich, dass die gesamte Schulgemeinde ggf. unter einem Zustand leidet, der nicht von der Schule und den Kolleginnen an der Schule verursacht und verantwortet wird, sondern von Entscheidungen auf anderen Ebenen. Daher kann ich nur empfehlen, möglichst viele Entscheidungen auf Schulebene qualifiziert zu diskutieren und auch an der Schule zu entscheiden. Dies setzt für die Informatikinfrastruktur ein gerüttet Maß an Kenntnissen und Einarbeitungswillen voraus, führt aber letztlich zu einer Situation, bei der in der Schule die Ansprechpartnerinnen und die Verantwortlichen eingebunden werden.

Informatikunterrichtsplanung

In dem vorliegenden Kapitel wurden für die Unterrichtsplanungsbeispiele vorgegebene Inhalte als Ausgangspunkt gewählt, um deutlich zu machen, wie eine konkrete Umsetzung unter Einbezug der Informatikmittel gestaltet werden kann. Dies soll nicht zu der Annahme verleiten, dass in den jeweiligen Unterrichtsreihen die Motivation und der Lebensweltbezug keine Rolle spielt. Ein hervorragendes Fallbeispiel, das auf Eignung zur Informatikunterrichtsvorbereitung für alle Jahrgangsstufen geprüft werden kann, findet sich in [Bruelhart u. a. 2006]: »Aus einem Tag der Schülerin Ada«

> ... Das SMS-Gepiepse[11] um sie herum nervt sie total. Zudem kursieren auch abscheuliche Bilder auf den Handys, die sie gar nicht sehen will. Sie schätzt es auch nicht, wenn Jungs von ihr Fotos machen und diese dann untereinander austauschen. Sie wollte das auch schon mit ihren Eltern und der Lehrerin diskutieren. Aber sie hat oft das Gefühl, dass die Erwachsenen manchmal gar nicht mitbekommen, was da um sie herum in dieser Beziehung so alles abgeht ...
>
> Auf der Buddylist ihres Instant-Messengers sieht sie, dass einige ihrer Kolleginnen online sind. Bald sind sie alle im Web-Chat und gemeinsam organisieren sie die Aufgabenteilung für den Gruppenvortrag im Geografieunterricht. Ein paar Jungs aus der Klasse unterhalten eine eigene Klassenhomepage, wo sie wieder einmal ein paar gute Links findet und ihr hilft, die Hausaufgabe schneller als gedacht zu erledigen. ...

---

11 Abkürzung für short message service (engl.) – deutsch: Kurzmitteilungsdienst

... meine Überzeugungen und Taten
öffentlich zu begründen, mich der
Kritik insbesondere der Betroffenen
und Sachkundigen auszusetzen, meine
Urteile gewissenhaft zu prüfen ...

[von Hentig 1992]

8 Leistungsmessung – Bewertung

Ausgehend von der Allokations- und Selektionsfunktion der Schule (vgl. Abschnitt 3.1) kommt auf die Informatiklehrerin die Aufgabe zu, die Arbeit der Schülerinnen zu bewerten. Dies umfasst den fachbezogenen inhaltlichen und methodischen Bereich – darüber hinaus auch fachübergreifende Fähigkeiten (z. B. Teamfähigkeit; Sozialverhalten in der Klasse, im Kurs, in der Lerngruppe). Unter Zuhilfenahme von Beispielszenarien werden Elemente zur konkreten Bewertungskompetenz dokumentiert. Die Spannbreite der Möglichkeiten wird in Ausschnitten dargestellt.

Um die mit der Leistungsmessung verbundenen Probleme darzustellen, werden Ergebnisse der Testtheorie und der empirischen Sozialforschung herangezogen. Ziel ist die Verbesserung der Qualität von Testverfahren im schulischen Alltag. Da ein Teil der theoretisch wünschbaren Optimierungsmöglichkeiten nicht in der schulischen Praxis eingelöst werden können, werden einige Erläuterung zu pragmatischen Gestaltungsgrundsätzen für schulische Prüfungssituationen gegeben.

Sie erwerben in der Erarbeitung der Inhalte dieses Kapitels ein Grundgerüst, das mit Hilfe eigener Erfahrungen angereichert werden muss, um in der Schulpraxis zu validen und nachprüfbaren Bewertungsverfahren zu führen.

Um Leistung messen, bewerten und benoten zu können, muss zunächst einmal der Begriff Leistung geklärt werden (vgl. [Klafki 1985c, S. 174]):

Definition 8.1: Leistung
Ergebnis und Vollzug einer zielgerichteten Tätigkeit, die mit Anstrengung und gegebenenfalls mit Selbstüberwindung verbunden ist und für die Gütemaßstäbe anerkannt werden, die also beurteilt wird.

Nun befindet sich die Lehrende allerdings in einer Problemsituation: Leistungsbewertung soll über den Stand des Lernprozesses der Schülerin Aufschluss geben, aber Lernerfolg kann nicht direkt, sondern nur indirekt über Leistungen »gemessen« werden. Zur Messung von Leistungen existieren umfangreiche testtheoretische Aussagen. Die Messung betrifft das momentane Leistungsvermögen und das die speziellen Aufgaben betreffende Leistungsvermögen, nicht das momentane Ausmaß des Könnens. Damit wird der Unterschied zwischen Können (Stand im Lernprozess) und Leisten offensichtlich. Die Leistungsbewertung stellt die pädagogische Interpretation des Ergebnisses dar; wohingegen die Leistungsbenotung die Reduktion der Leistungsbewertung auf [z. B. sechs] Notenstufen darstellt.

Testgütekriterien

---

1. **Objektivität**

    a. Durchführungsobjektivität

    b. Auswertungsobjektivität

    c. Interpretationsobjektivität

2. **Reliabilität (Zuverlässigkeit)**

    a. Retest-Reliabilität

    b. Paralleltest-Reliabilität

    c. Testhalbierungs-Reliabilität

    d. Interne Konsistenz

3. **Validität (Gültigkeit)**

    a. Inhaltsvalidität

    b. Kriteriumsvalidität

    c. Konstruktvalidität

---

nach: [Bortz und Döring 1995, S. 180–187]

Bild 8.1: Die drei Testgütekriterien

8.1 Funktionen der Leistungsmessung/-bewertung

Mit der Bewertung von Schülerinnen im schulischen Alltag werden die folgenden Ziele angestrebt:

- Notenfindung
- Eigenkontrolle der Lernergebnisse
- Fremdkontrolle der Lernergebnisse
- Evaluation
- Motivation
- Diagnose

Es ist evident, dass übliche Leistungsmessungen in der Schule anlässlich von Prüfungen[1] wissenschaftlichen Kriterien an Testverfahren nicht standhalten können. Dies wird deutlich, wenn Kriterien für Anforderungen an die Güte von Testverfahren aus der empirischen Sozialforschung herangezogen werden, wie sie in Bild 8.1 angegeben sind. Diese Kriterien sollen dazu beitragen, die Vergleichbarkeit und Wiederholbarkeit von Tests zu ermöglichen und stellen so Ergebnisse bereit, die dem Anspruch an wissenschaftliche Untersuchungen genügen.

Das Grundproblem ist einfach anzugeben: die Ziele der Messung von Schulleistungen, wie sie mit wissenschaftlichen Vergleichsstudien angestrebt werden und der Leistungsbewertung von Prüfungen im Kontext des konkreten Unterrichts sind verschieden.

---

1 Damit werden im Folgenden alle von Lehrerinnen durchgeführten Formen der Leistungsermittlung bezeichnet.

Pragmatische Hinweise

Stellen Sie für eine Unterrichtsreihe, die Sie planen, bereits während des Planungsprozesses Aufgaben zur Prüfung – sei es eine Lernzielkontrolle oder eine Arbeit/Klausur – zusammen, mit der die von Ihnen avisierten kognitiven Ziele überprüft werden sollen. Überlegen Sie daraufhin, an welchen Stellen der Unterrichtsreihe die Grundlagen zur Bearbeitung der Aufgaben gelegt werden, welche Details ggf. stärker zu betonen, und welche eher zu vernachlässigen sind. Um den Prozess weiter zu verdichten, sollten Sie durchaus für eine Einzelstunde überlegen, welche konkreten Aufgaben eine Schülerin im Anschluss an die Unterrichtsstunde bearbeiten soll, um zu zeigen, dass sie die in der Unterrichtsstunde erarbeiteten Ergebnisse so verstanden hat, dass sie entsprechende Aufgaben erfolgreich bearbeiten kann.

Wenn mit mehreren Klassen oder Kursen parallel gearbeitet wird, so empfiehlt sich bereits im Vorfeld eine Absprache zu den konkreten Anforderungen, die gestellt werden. Hier sind Lernzielkontrollen, Klausuren aber auch dokumentierte Überlegungen zu mündlichen Prüfungen des Lernerfolgs nützlich im Sinne der Unterstützung eines kollegialen Austauschprozesses.

In der lernzielorientierten Didaktik führen diese Überlegungen zu der Konsequenz, dass die Lernziele in einer Form angegeben werden, die jeweils auch die Art und Weise umfassen, in der die Schülerin zeigen kann, dass sie dieses konkrete Ziel erreicht hat. Ein Beispiel soll diese Sicht illustrieren:

Die Schülerin

verdeutlicht den Unterschied zwischen einer Klasse und einem Objekt, indem sie an dem Beispiel »Säugetier« angibt, dass dies eine Klasse ist, während die Hauskatze »Thetys« ein Objekt darstellt und die Unterschiede daran verdeutlicht, dass bei der Klasse »Säugetier« Attribute angegeben werden, die erst nach der/durch die Instanziierung mit Werten belegt werden können.

Bild 8.2: Hinweise zur Planung von Prüfungsaufgaben

Im Kontext der Leistungsmessung für Vergleichsstudien wird explizit gefordert, dass die gestellten Aufgaben den o. g. Qualitätskriterien genügen und unabhängig vom konkreten Unterrichtsgeschehen bearbeitet werden können. Dies führt beispielsweise dazu, dass – zum Teil mit erheblichem Aufwand – bei der Testkonstruktion von »schwierigen« textuellen Erklärungen abgesehen wird, weil damit die Schülerinnen benachteiligt werden, die Probleme mit dem sinnentnehmenden Textverständnis haben.

Dagegen haben Lehrerinnen den Vorteil, die Schülerinnen der Gruppe, die sie unterrichten, typischerweise auch zu prüfen zu müssen. Diese Verlässlichkeit stellt zunächst eine pädagogische Schutzfunktion für die Schülerinnen dar: es wird das geprüft, was in dieser konkreten Lerngruppe unter den Bedingungen, die die Lehrerin kennt, auch tatsächlich unterrichtlich thematisiert wurde. Darüber hinaus kann die Lehrerin – auf Grund des durchgeführten Unterrichts – abschätzen, in welchen Inhaltsbereichen die Schülerinnen mehr oder weniger Probleme mit den Inhalten und der Bearbeitung von Aufgaben haben und somit Schwerpunkte in der Prüfung wählen, die vom Anforderungsniveau aus betrachtet dem Lernstand der konkreten Lerngruppe gerecht werden. Diese Faktoren sind mit den Gütekriterien einer »objektiven Prüfung« nicht vereinbar. Dieser Problematik muss sich die Lehrerin bewusst sein und versuchen, einige Anforderungen an Prüfungen bereits bei der Planung ihres Unterrichts zu berücksichtigen (siehe dazu Bild 8.2).

8.2   Kontext und Grundsätze zur Leistungsmessung/-bewertung

Zunächst einmal gilt es, die Situation der Lehrerin im Prüfungskontext zu klären: sie hat (typischerweise) den Unterricht, zu dem die Leistungsmessung erfolgt, geplant – damit die Ziele formuliert, den Unterricht so geplant und durchgeführt, dass nach ihrer Auffassung bestimmte Lernziele und Kompetenzen von den Schülerinnen erreicht werden konnten. Damit kann sie die Aufgaben auf den Unterricht beziehen, den sie durchgeführt hat. Die Zielsetzung der Lehrerin besteht also darin, herauszufinden, ob und wie gut ihre Schülerinnen in der Prüfungssituation zeigen, dass sie die angestrebten, inhaltlich orientierten Ziele erreicht haben.

Daraus resultieren Überlegungen, die sich auf die inhaltliche Gestaltung der Prüfung beziehen: es können nicht sämtliche Inhalte und Gegenstände, die im Unterricht thematisiert wurden, Prüfungsbestandteil sein. Andererseits sollte kein Bereich des vorgängigen Unterrichts vollständig von den Prüfungsinhalten ausgenommen werden. Damit kommt auf die Lehrerin zunächst einmal die Anforderung zu, die Prüfung so zu gestalten, dass sie eine Projektion der Unterrichtsinhalte und der Kompetenzbereiche in Prüfungsfragen/-aufgaben darstellt.

Diese Projektion sollte ein Abbild der unterrichtlich bearbeiteten Inhalte darstellen. Vor allem ist darauf zu achten, dass diese Projektion eine gewisse Abbildungstreue aufweist, d. h. inhaltliche Schwerpunkt im Unterricht auch Schwerpunkte in der Prüfung darstellen und unterrichtlich nur am Rand bearbeitete Fragestellungen in der Prüfung ebenfalls Randbereiche darstellen. Diese Anforderung wird als **Grundsatz der proportionalen Abbildung** bezeichnet.

Der **Grundsatz der Variabilität** stellt den zweiten wichtigen Entscheidungsbereich dar: Schülerinnen haben individuelle Vorlieben für bestimmte Modalitäten (Prüfungsformen) in Prüfungssituationen. Dies gilt es grundsätzlich erst einmal zur Kenntnis zu nehmen und in Folge Prüfungssituationen möglichst abwechselungsreich zu gestalten, so dass Schülerinnen ihr Können auch zeigen können. In der Konsequenz dieses Grundsatzes sollten Prüfungen mehrere Modalitäten unterstützen und daher verschieden Formen der Bewältigung der Aufgaben zulassen. Dies kann durch grundsätzliche Entscheidungen unterstützt werden: die Prüfungsform[2] kann (zumindest für einige Prüfungssituationen)

---

2 Als mögliche Prüfungsformen in der Schule seien genannt: schriftliche, mündliche, praktische Prüfungen. Die Form der Prüfung sollte bereits aus dem Kontext des Unterrichts bekannt sein. Die verlangte Art der Aktivität der Schülerin in der Prüfungssituation ist damit als Aktivität aus dem Unterricht bekannt.

variiert werden, die Aufgabenformen lassen ebenfalls eine gewisse Variationsbreite zu. Dagegen sprechen allerdings einerseits adminstrative Vorgaben (so ist es im Abitur nicht möglich, in Gruppen zu arbeiten) und andererseits Fachtraditionen.

Eine weitere unter diesem Gesichtspunkt bedeutsame Entscheidung betrifft die Art der Aufgaben, die einem Prüfling vorgelegt werden. Bei Prüfungsaufgaben spielen die üblichen, in der Klasse oder dem Kurs bekannten Typen von Aufgaben eine maßgebliche Rolle. Das bedeutet, dass die Art der Formulierung, die Form der Darstellung der Aufgaben, die Fragetechnik, die in den Aufgaben gewählt werden, nicht ohne triftigen Grund von der den Schülerinnen aus dem Unterricht bekannten Art abweichen sollten.

Ein anderer Gesichtspunkt betrifft das Kompetenzmodell, das für die Prüfung zugrunde gelegt wird. Im Folgenden wird gezeigt, wie die Zuordnung von Begriffen zu Anforderungsbereichen in der Abiturprüfung vorgenommen werden kann.

Operationalisierung der Kompetenzen der Anforderungsbereiche

Ziel: Prüfungsaufgaben zu entwickeln, die einer einheitlichen Begrifflichkeit verpflichtet sind, um so zu garantieren, dass die Anforderungen vergleichbar sind. Die Überlegungen dienen der näheren Spezifikation einer Operationalisierung der Kompetenzen der Anforderungsbereiche.[3] Sie erstrecken sich vor allem auf den Versuch, Verben auszuweisen, die den Kompetenzbereichen zugeordnet werden können. Auf diese Weise sollen Hinweise zur Lösung einer Prüfungsaufgabe aus dem Zentralabitur Informatik (siehe Bild 8.4) den Anforderungsbereichen zugeordnet werden können. Es sei darauf hingewiesen, dass – bedingt durch die Fachsprache in der Informatik – einige Verben mehreren Anforderungsbereichen zugeordnet werden. Dabei sind die folgenden Sichten möglich.

- fachlich
- fachdidaktisch
- **kompetenzbezogen**

Wir versuchen im Folgenden, den Bezug zu den Kompetenzen herzustellen. Damit begeben wir uns – im Unterschied zu den bisher von den Kolleginnen eingereichten Abiturvorschlägen auf einen Weg, der die vorgegebenen zentralen Aufgaben mehr oder weniger unabhängig von dem durchgeführten Unterricht einer Bewertung zugänglich machen. Eine Umsetzung muss sich nun – statt Bezug auf den konkreten Unterricht zu nehmen – der Basis vergewissern, die in den Veröffentlichungen zur Vorbereitung auf das Zentralabitur[4] zu finden ist. Die Reihung der Begriffe in Bild 8.3 entspricht einer lexikografischen Ordnung. Die Liste enthält auch Elemente, die bei der Erstellung von Beispielaufgaben zum Zentralabitur verwendet wurden – in den veröffentlichten Materialien allerdings nicht benutzt werden. Einige der Begriffe treten in mehreren Anforderungsbereichen auf. Sie wurden für die Übereinstimmung Anforderungsbereich I und Anforderungsbereich II mit » $\frac{I}{II}$ « und für die Übereinstimmung Anforderungsbereich II und Anforderungsbereich III mit » $\frac{II}{III}$ « gekennzeichnet. Zur Unterstützung des Auswahlprozesses und der Einordnung wurde die Sicht auf den Inhalts- und Bezugsbereich aufgenommen.

---

3 Hierzu werden die EPA-Informatik [KMK 2004, S. 10f] und der aktuelle Lehrplan Informatik [MSWWF 1999, S. 83–86] zugrunde gelegt.

4 Folgende Dokumente zum Zentralabitur werden berücksichtigt: [van Briel (federführend) u. a. 2005, S. 2f] und [MSWWF 1999, Obligatorik – S. 23–35].

Anforderungsbereich I

- bereitstellen
- identifizieren
- übertragen $\frac{I}{II}$
- wiedergeben
- beschreiben
- nutzen
- verwenden $\frac{I}{II}$

Im Lehrplan wird in den Formulierungen ein klarer Bezug zum durchgeführten Unterricht deutlich – dies drückt sich aus in Begriffen, wie »gelernter Zusammenhang«, »geübte Arbeitstechniken und Verfahren«. Dieser Bezug ist bei zentralen Aufgaben nicht möglich.

Anforderungsbereich II

- abschätzen $\frac{II}{III}$
- berücksichtigen
- implementieren
- analysieren $\frac{II}{III}$
- darstellen
- planen
- anordnen
- entwerfen
- übertragen $\frac{I}{II}$
- entwickeln $\frac{II}{III}$
- anwenden
- erkennen
- vergleichen
- auswählen
- erstellen
- verwenden $\frac{I}{II}$
- begründen
- ersetzen
- zusammensetzen

Die aufgeführten Kompetenzen sind dem Bereich zuzuordnen, bei dem die selbstständige Übertragung eines bekannten Sachverhalts auf eine neue Situation vorgenommen wird. Der Anforderungsbereich wird in der Literatur auch als Transfer charakterisiert.

Anforderungsbereich III

- abschätzen $\frac{II}{III}$
- bewerten
- interpretieren
- analysieren $\frac{II}{III}$
- entwerfen
- optimieren
- auffinden
- entwickeln $\frac{II}{III}$
- ausführen
- ersetzen
- werten
- begründen
- formulieren
- zerlegen

Die aufgeführten Kompetenzen sind dem Bereich zuzuordnen, bei dem selbstständige Lösungen, Gestaltungen oder Deutungen, Folgerungen, Begründungen, Wertungen als Ziel erreicht werden. Dabei werden aus bekannten Methoden oder Lösungsverfahren die zur Bewältigung der Aufgabe geeigneten selbstständig ausgewählt oder einer neuen Problemstellung angepasst.

Bild 8.3: Zuordnung von Verben zu Anforderungsbereichen für die Abiturprüfung

---

Zentralabitur

Durch die Umorientierung von inputbezogenen Vorgaben für Lehr-/Lernprozesse auf outputbezogene findet eine verstärkte Orientierung der Leistungsmessung an Beispiel- und Musteraufgaben in (veröffentlichten) Aufgabensammlungen statt. In der Folge wird von den Lehrerinnen verlangt, dass sie ihren Unterricht direkter auf die durch die Aufgaben implizierten Inhalte abstellen (Beispiel: Zentralabitur). Dies hat zur Folge, dass der Unterricht »stromlinienförmig« an den Fachinhalten und -methoden orientiert wird, die zentral geprüft werden.

Damit wird aus der Outputorientierung indirekt eine Inputorientierung (auch wenn dies von der Vertreterinnen in Abrede gestellt wird). Belege lassen sich in den Bundesländern und Fächern sammeln, die eine lange Tradition in der Durchführung des Zentralabiturs besitzen. In Nordrhein-Westfalen (NW) wird ab dem Schuljahr 2006/2007 die Abiturprüfung zentral durchgeführt (vgl. [MSW 2005]).

Ein weiteres Problem betrifft die konkrete Umsetzung, wie bei der ersten Formulierung (und vor allem der anschließenden Diskussion) der unterrichtlichen Voraussetzung bzgl. des Zentralabiturs in NW Ende 2004 (vgl. [van Briel (federführend) u. a. 2005]) festgestellt werden konnte: dort wurden Inhalte als abiturrelevant gekennzeichnet, die vor ca. 20 Jahren den Stand der Fachwissenschaft darstellten – keine Aussage zur (objektorientierten) Modellierung, zu Netzwerken, etc. Im Ergebnis muss festgehalten werden, dass durch die massive Kritik (von Lehrerinnen) ein geänderter Entwurf vorgelegt wurde, der zumindest den Hauptkritikpunkten gerecht wird. Es bleibt abzuwarten, wie das Zentralabitur 2007 gestaltet werden wird. Allerdings wird bereits bei der o. g. Darstellung deutlich, dass jede zentrale Reglementierung die Innovationsfähigkeit nachhaltig beschädigen kann, da nunmehr immer mit Blick auf eine zentrale Abschlussprüfung für die Inhalte entschieden werden wird, dass es sinnvoller ist, die dort geforderten Bereiche stärker zu betonen, um die Möglichkeiten der Schülerinnen zu verbessern, in einer solchen Prüfungssituation erfolgreich die schriftliche Abiturprüfung zu bestehen.

Bild 8.4: Zentralabitur – von der Input- zur Outputorientierung

8.3 Zur Konstruktion – Lernzielkontrollen, Klassenarbeiten und Klausuren

Beispiel – Lernzielkontrolle 11. Jahrgang

Im Anhang – Bild F.4 ist eine Lernzielkontrolle aus dem 11. Jahrgang der gymnasialen Oberstufe mit Fragen zu »Informatik«, »Objektorientierung« und »Datenschutz« dokumentiert. Die Bearbeitungszeit dieser Lernzielkontrolle ist auf 15 Minuten begrenzt und sollte nur Inhalte des Unterrichts der letzten Wochen umfassen (eine Unterrichtseinheit). An dem Beispiel können einige Faktoren schriftlicher Prüfungen konkretisiert werden.

Aufgabenformen Es wird zwischen verschiedenen Aufgabenformen gewechselt: es gibt sowohl freie, aber auch gebundene Formen der Antwortmöglichkeit: Ausfüllen einer Tabelle (halboffen), Angabe einer Definition (2. Aufgabe) mit freien Antwortmöglichkeiten. Um die erste Aufgabe (Tabelle) zu bearbeiten, ist der angegebene Quelltext zu analysieren – dies kann formal geschehen, es sind damit Varianten möglich, die sich ausschließlich an der Form orientieren, wenn in dem Kurs eine einheitliche und vereinbarte Form der Notation von Klassen, Objekten und Methoden vereinbart wurde, stellt die Aufgabe eine Übung im Wiedererkennen von bekannten Mustern dar – es wird also Wissen zur Kenntnis der Notation abgefragt.

Damit gelangen wir zu einer Charakterisierung/Typisierung von gängigen Aufgabenformen (vgl. Bild 8.5). Für die Auswertung der Ergebnisse unter ökonomischen Gesichtspunkten eignen sich gebundene Formen der Antwortmöglichkeiten besonders, da die Lehrerin nur prüfen muss, ob die Antworten »zutreffen«. Sobald die Form der Antworten offener gestaltet ist, gestaltet sich die Auswertung schwieriger, da im Detail nachgesehen werden muss, welche Teile der Antwort akzeptiert werden, welche Teile ungenau, und welche falsch sind. Dazu ist es unabdingbar, vor der Durchführung eine Musterlösung zu erstellen, aus der hervorgeht, wie die Bewertung/Auswertung vorgenommen werden soll.

Allerdings steckt in die Entwicklung von gebundenen Aufgaben ein nicht zu vernachlässigender Arbeitsaufwand. Mehrfachwahlaufgaben stellen die Lehrerin z. B. vor das Problem, geeignete Alternativen anzugeben, die eine gewisse Berechtigung haben, so dass nicht sofort – auf Grund des Kontextes – entschieden werden kann, welche Antwortmöglichkeiten unsinnig sind und daher nicht als richtige Lösung in Frage kommen. Darüber hinaus haben alle Typen von gebundenen Aufgaben die gemeinsame Eigenschaft, dass sie nur die passive Verfügbarkeit des Wissens (also Faktenwissen) überprüfen können. Diese Feststellung soll nicht darüber hinwegtäuschen, dass es in vielen Bereichen der Aneignung schulischen Wissens Elemente gibt, über die die Schülerinnen im Sinne von Faktenwissen verfügen müssen. Dabei ist es – vom Ergebnis her – häufig nicht bedeutsam, dass in einer Prüfungssituation Kreativität gefordert wird. Diese kann nur bei freien Aufgabenformen eingefordert werden. Damit eignen sich freie Aufgabenformen vor allem dazu, herauszufinden, welche Lösungswege eine Schülerin findet, wenn sie mit einer fachlich orientierten Problemstellung konfrontiert wird. Damit eignen sich freie Aufgabenformen vor allem zur Diagnose der Schülerleistung. Sollen Ergebnisse von Lerngruppen miteinander verglichen werden, so eignen sich eher gebundene Aufgabenformen.

Transparenz Für die einzelnen Aufgaben ist in der Lernzielkontrolle in Bild F.4 offen gelegt worden, wieviel Punkte erreicht werden können. Dies stellt – gerade bei textlastigen Aufgaben(teilen) eine Möglichkeit der Schwerpunktsetzung dar. Die Schülerin kann z. B. mit Hilfe der Punktzahl, die mit der erfolgreichen Bearbeitung einer Aufgabe erzielt werden kann, ermitteln, wieviel Zeit sie in die Bearbeitung einer [Teil-]Aufgabe investiert. Der Nachteil dieser Offenlegung liegt auf der Hand: geht die Lehrerin bei der erwarteten Qualität der Schülerleistung von falschen Voraussetzungen aus – können die Schülerinnen bestimmte Aufgaben[-teile] nicht oder nur mit Mühe bearbeiten – so hat durch die vorherige Festlegung der Punktmarge die Lehrerin nicht mehr die Möglichkeit, Teilaufgaben von der Bewertung auszuschließen.

Bild 8.5: Testaufgaben – Aufgabenformen

Sequenzierung der Aufgaben

Ein wichtiger Punkt der Konstruktion von schriftlichen Prüfungen betrifft die Reihenfolge der Aufgaben. Üblicherweise wird den Schülerinnen freigestellt, in welcher Reihenfolge sie die Aufgaben bearbeiten. Dennoch arbeiten ca. 80% der Schülerinnen die Aufgaben sukzessiv von vorn nach hinten ab. Es ergibt sich also die Notwendigkeit, dass die Lehrerin eine Reihenfolge für die Aufgaben wählt, die dazu führt, dass einer Schülerin, die der Reihenfolge der gestellten Aufgaben von vorn nach hinten folgt, dadurch keine Nachteile gegenüber einer Schülerin haben darf, die eine andere Reihenfolge wählt.

Da die Anspannung in einer Prüfungssituation häufig dazu führt, dass psychologische Blockaden aufgebaut werden, gilt es mit Aufgaben zu beginnen, die die Schülerinnen mit hoher Wahrscheinlichkeit erfolgreich bearbeiten können und die daher nicht gleich zu Beginn komplexes, problemlösendes, kreatives Denken erfordern. Anschließend folgen Aufgaben, die einen erhöhten Schwierigkeitsgrad aufweisen. Auch hier gilt: innerhalb einer Aufgabe mit Teilaufgaben ist den Versuch zu unternehmen, dass eine Steigerung in der Aufgabe von einfachen zu komplexeren Problemlösungsstrategien erreicht wird.

Einige Autoren empfehlen, eine schriftliche Prüfung mit einfachen Aufgaben zu beschließen. Dieser Empfehlung läßt sich positiv abgewinnen, dass damit eine Prüfungssituation auf diese Weise »ausklingen« kann. Gegen die Empfehlung ist ins Feld zu führen, dass schwache Schülerinnen nicht bis zum Ende der Prüfung gelangen und damit diese Aufgaben nicht bearbeiten.

Beispiel – Klausur 11. Jahrgang

Mit einem Klausurbeispiel (vgl. Bild F.5 im Anhang) legen wir ein weiteres Beispiel für eine schriftliche Prüfung vor. Zunächst wird – mit der ersten Aufgabe – ein Begriffsnetz (engl. concept map) assoziiert, das die Schülerinnen aufgebaut haben und hier kriteriengestützt angeben sollen. Die Darstellung als Begriffsnetz lenkt den Blick von den Details auf das Verständnis von Zusammenhängen und ermöglicht gerade in fach- und sachlogisch strukturierten Bereichen eine Darstellung von verschiedensten Begriffen und ihren Zusammenhängen. Dies wird hier um die Auswahl des Kriteriums zur Strukturierung erweitert, das die Schülerinnen wählen. Mit der Aufgabe zum Datenschutz (Aufgabe 2) wird ein Stimulus gegeben, der dazu führen soll, dass die Schülerin ihr Wissen zu dem Bereich Datenschutz reaktiviert und im Kontext – bis hin zu einer Problemlösung – darstellt. Die Bearbeitung führt bis in einen Bereich, der informatische Kenntnisse voraussetzt, aber darüber hinaus auch gesellschaftlich relevant ist. Die dritte Aufgabe erfordert von der Schülerin die Kenntnis der im Unterricht benutzten Modellierungsstrategien, so dass sie erfolgreich einen Bildschirm mit einem Rahmen erstellen kann, der verschiedene Elemente umfasst. In der abschließenden Aufgabe wurde eine Differenzierung vorgenommen, die zum einen die Interpretation eines vorgegebenen Struktogramms zum Ziel hat »... Was geschieht, ... « und alternativ die Darstellung von Ergebnissen einer Modellierung in Form eines Ablaufs, der als Struktogramm darzustellen ist.

Musterlösung

Bevor Sie eine Prüfung durchführen, müssen Sie eine vollständige Musterlösung anfertigen. Dies empfiehlt sich aus mehreren Gründen:

- Häufig werden erst bei der Erstellung der Musterlösung Detailprobleme entdeckt, die bei der Konstruktion der Aufgaben nicht aufgefallen sind. Dies sind bei Informatikaufgaben häufig Inkonsistenzen bei der Wahl der Bezeichner oder bei Schreibweisen.

- Durch die Erstellung einer Musterlösung zerlegen Sie die Aufgabenlösung in die Teilschritte, die Sie zur Punktevergabe berücksichtigen. Bei dieser Zerlegung können Sie gemäß den in Bild 8.3 angegeben Verben die jeweils erwartete Tätigkeit der Schülerin einem der drei Anforderungsbereiche zuordnen, um damit die Qualität der Anforderung zu charakterisieren. Aller Erfahrung nach wird bei Informatikprüfungen häufig der Anforderungsbereich III stark betont. Es ist sinnvoll, den Schülerinnen auch Möglichkeiten zur Reproduktion gelernten Wissens und für einfache Transferleistungen zu eröffnen.

- Um die Bearbeitungszeit der Schülerinnen für die Bewältigung der Prüfung festzustellen, müssen Sie die Aufgaben einmal bearbeitet haben. Erfahrene Lehrerinnen multiplizieren ihre eigene Bearbeitungszeit mit einem Faktor (je nach Aufgabentyp zwischen zwei und vier), um zu ermitteln, wieviel Zeit die Schülerinnen ungefähr benötigen. Diesen Wert müssen Sie individuell ermitteln.

8.4   Zur Bewertung – Lernzielkontrollen, Klassenarbeiten und Klausuren

Entgegen einem verbreiteten Glauben steht am Beginn der Entwicklung einer Aufgabe für PISA nicht die Analyse des Gegenstandsbereichs mit anschließend zunehmend verfeinerten Taxonomien, sondern eine Aufgabenidee. Diese wird formuliert und Kolleginnen vorgelegt, die »drüberschauen« und Kommentare dazu abgeben. Im nächsten Schritt werden α-Pretests durchgeführt, möglichst gleich mit Schülergruppen verschiedenen Alters. Diese Tests führen dazu, dass erkannt werden kann, ob die Aufgaben für die Zielgruppe altersangemessen formuliert wurden, ob es unverständliche oder widersprüchliche Angaben gibt, wie Aufgaben interpretiert werden, etc. Jetzt erst macht sich die

Forscherin an die Auswertung – nach dem Pretest werden die Aufgabenteile identifiziert, die den Schülerinnen Schwierigkeiten bereiteten. Diese werden in der Testpsychologie als Aposteriori-Schwierigkeiten bezeichnet. Nicht das, was die Testerin für schwierig hält, ist für den Prüfling schwer, sondern das, was für den Prüfling schwer zu bewältigen ist. Selbst die Identifikation der Kompetenzen erfolgt auf diese Weise. Die in der Rückschau dargestellten (veröffentlichten) Ergebnisse zeigen ein anderes Bild. Dort werden zunächst die Kompetenzbereiche, die Kompetenzen und dann die Ergebnisse mitgeteilt. Diese Form der Präsentation zeigt, dass die Interpretation der Ergebnisse für die Öffentlichkeit wichtig ist, nicht so sehr der Weg, auf dem die Ergebnisse ermittelt wurden. Das Verfahren zeichnet sich durch eine hohe Qualität aus, da nicht in einer von den Schülerinnen abgehobenen Weise Aufgaben, die zu lösen sind, postuliert werden, sondern – an den Schülerinnen orientiert – die Aufgabenkonstruktion und -bewertung vorgenommen werden.

Übertragen auf die »normale« Prüfungssituation in der Schule bedeutet das: Transparenz mag eine nützliche Eigenschaft darstellen, allerdings ersetzt sie nicht die subjektive Einschätzung der Schwierigkeit durch die Schülerinnen. Wie kann also grundsätzlich verfahren werden?

Zunächst ist festzuhalten, dass die subjektive Einschätzung der Schwierigkeit verdeutlicht, dass die Lehrerin sich zurückhalten sollte, was die Vergabe von Punkten für besonders schwierig scheinende Teilaufgaben betrifft. Die Aufgabenteile sollten eher nach dem angenommenen Zeitaufwand bepunktet werden, denn nach der gemutmaßten Schwierigkeit. Wird – und dies ist nur bei einer nicht transparenten Punktevergabe möglich – festgestellt, dass gewisse Aufgabenteile nicht erfolgreich bearbeitet wurden, kann im Nachhinein ein solcher Aufgabenteil aus der Bewertung herausgenommen werden.

Auch Facharbeiten müssen bewertet werden. Um dazu einen kriteriengestützten Bewertungsansatz zu dokumentieren, wurde ein Bewertungsbogen entwickelt, der im Anhang in Bild F.6 dokumentiert wird.

Auf eine spezifische Eigenheit des Bundeslandes, in dem der Autor als Lehrer tätig ist, soll gesondert hingewiesen werden: Erreichen bei einer schriftlichen Prüfung weniger als $\frac{2}{3}$ der Schülerinnen einer Lerngruppe einen mindestens ausreichendes Ergebnis, so muss die Arbeit der Schulleitung zur Genehmigung vorgelegt werden.

Datenschutz

In Tabelle 8.1 wird gezeigt, wie aus numerisch erhobenen Ergebnissen einer Arbeit (sei es eine Klassenarbeit, eine Klausur oder eine Lernzielkontrolle) formal eine Note gewonnen werden kann. Damit kommen wir zu einer gerade für Informatiklehrerinnen wichtigen Dimension der Leistungsüberprüfung, dem Datenschutz. Werden, wie im obigen Beispiel, personenbezogene Daten auf einem Informatiksystem (typischerweise bei einer Lehrerin im Arbeitszimmer) gespeichert und verarbeitet, so sind datenschutzrechtliche Rahmenbedingungen zu berücksichtigen. Diese bestehen (z. B. in NW) darin, dass die Schulleitung ausdrücklich dieser Datenverarbeitung zustimmen muss.

Tabelle 8.1: Von Prozentanteilen zur Note

Zeile Spalte	D	E	F	G
37	$\geq$ 0	ungenügend		6
38	$\geq$ 20	mangelhaft		5
39	$\geq$ 45	ausreichend		4
40	$\geq$ 60	befriedigend		3
41	$\geq$ 75	gut		2
42	$\geq$ 90	sehr gut		1

Um Noten zu berechnen, bieten Tabellenkalkulationssysteme die Möglichkeit, einen Wert aus einer Liste herauszusuchen und einen zugehörigen anderen Wert zurückzuliefern. Ist in $\boxed{V30}$ der Prozentwert der Schülerin abgelegt, so wird von gnumeric (einer freien Tabellenkalkulation) die Note als Wort durch $\boxed{=\text{lookup}(V30;D37:D42;E37:E42)}$ geliefert. Entsprechend wird mit $\boxed{=\text{lookup}(V30;D37:D42;G37:G42)}$ bei den Inhalten, die in der vorstehenden Tabelle dargestellt sind, der numerische Wert herausgesucht. Das Verfahren läßt sich ohne Probleme auf »halbe Noten« erweitern oder auch zur Bestimmung der Punktbewertung in der gymnasialen Oberstufe einsetzen. Dies sei der Leserin zur selbstständigen Übung überlassen.

Ein entsprechender Antrag findet sich auf den Webseiten der Datenschutzbeauftragten des Landes.[5]

8.5   Aufgaben – Lösungen

Aufgabe 8.1:   Einsatz von Informatiksystemen in Prüfungen

Der Bereich der Umsetzung von Modellierungsergebnissen mit Hilfe von Informatiksystemen wurde in diesem Kapitel nicht thematisiert. Dabei wird z. B. in der EPA ausdrücklich darauf hingewiesen, dass einige der vorgestellten Aufgaben mit Hilfe von Informatiksystemen umgesetzt werden sollen. Darüber hinaus haben immer wieder Kolleginnen in mündlichen Abiturprüfungen mit Hilfe des Einsatzes von Informatiksystemen den Prüflingen auch Kenntnisse abverlangt, die mit der Benutzung und Bedienung komplexer Systeme zusammenhängen. Außerdem ist darauf hinzuweisen, dass Prüfungen zum ECDL auf jeden Fall die Nutzung von Informatiksystemen umfassen.

1. Welche Gründe sprechen für und welche gegen den Einsatz von Informatiksystemen in Prüfungssituationen?

---

5 Datenschutz im Schulbereich: `http://www.bildungsportal.nrw.de/BP/Schule/lehrer/Datenschutz.html` – »Antrag auf Erteilung einer Genehmigung der Verarbeitung personenbezogener Daten von Schülerinnen/Schülern auf meiner privaten **A**utomatische **D**atenverarbeitung (ADV)-Anlage« `http://www.lfd.nrw.de/fachbereich/download/antrag.pdf`

2. Finden Sie heraus, ob in Ihrem Bundesland die Möglichkeit besteht, im Rahmen von Prüfungen Informatiksysteme einzusetzen. Recherchieren Sie die Bedingungen, die gefordert sind, damit dieser Einsatz möglich ist.

Aufgabe 8.2: Login-Vorgang

- Entwickeln Sie eine Aufgabe für den Kontext des Login-Vorgangs, die einen konstruktiven Anteil umfasst; einen Anteil, der im Wesentlichen Kenntnisse betrifft und einen Anteil, in dem bekannte Elemente auf einen weiteren Bereich angewendet werden müssen. Die Bereiche entsprechen den Anforderungsbereichen III, I und II.

- Entwickeln Sie eine Musterlösung für die Aufgabe und formulieren Sie, welche konkreten Aktivitäten Sie von den Schülerinnen erwarten.

Lösung 8.1: Einsatz von Informatiksystemen in Prüfungen

In der Lösung wird der erste Punkt der Aufgabenstellung bearbeitet. Gründe für/gegen den Einsatz von Informatiksystemen in Prüfungen:

pro: Fähigkeiten der Handhabung komplexer Informatiksysteme werden im Unterrichtszusammenhang vermittelt und sollten damit auch Prüfungsbestandteil sein; dazu gehören Kompetenz im Umgang mit den im Unterricht eingesetzten Betriebssystemen, Editoren, Entwicklungsumgebungen, etc.

kontra:

- Die Ziele des Informatikunterrichts sind unabhängig von den konkreten Informatiksystemen, die in der Schule zur Verfügung gestellt werden [können]. Damit kann den Informatiksystemen, ihrem Einsatz im Unterricht und damit der dabei notwendigen Bedien- und Benutzungskompetenz keine bildende Funktion zugeordnet werden. Ein Einsatz in Prüfungssituationen ist daher nicht sinnvoll.

- Die Vergleichbarkeit von Prüfungsleistungen über die einzelne Schule hinaus ist nicht möglich, da sehr unterschiedliche Systeme eingesetzt werden, die sich hinsichtlich der notwendigen Kenntnisse gerade in der Bedienung voneinander stark unterscheiden.

- Anforderungen an die Betriebssicherheit in der Prüfungssituation stellt die Systemadministration vor ein Problem, für das es keine Ressourcen gibt.

- Der Aufwand zur Prüfungsvorbereitung steigt erheblich, da regelmäßig neue Systeme eingesetzt werden.

8.6 Hinweise zur vertiefenden Auseinandersetzung

Kritische Anmerkungen zur Leistungsmessung

Der Klassiker zur »Fragwürdigkeit der Zensurengebung« [Ingenkamp 1995]. Zum Umgang mit dem Thema, das kaum in der Ausbildung von Lehrerinnen diskutiert wird, stellt [Terhart 2000b] eine klare, auf empirischen Untersuchungen basierende Analyse vor.

Leistungsmessung – wissenschaftlich versus unterrichtsbezogen

Um weitergehend in das Thema Leistungsmessung einzusteigen, ist zunächst die Frage nach dem Ziel zu beantworten.

1. Eher wissenschaftlich orientierte Leistungsmessungen, wie sie grundlegend für internationale Vergleichsstudien betrieben und erforscht werden

2. Professionalität im Lehrberuf

Zu dem ersten Bereich liegen eine Reihe wissenschaftlich orientierter Werke bereit. Es existiert wohl kaum ein Forschungsbereich, in dem derart viele Forscherinnen in einer derart kurzen Zeitspanne promoviert wurden.

Zum zweiten Bereich liegen nur wenige Forschungsarbeiten vor. Da diese üblicherweise eher strukturell gestaltet sind, erlauben sie keinen Einblick in den für uns interessanten Bereich der konkreten Leistungsmessung in der Informatik. So sind wir nach wie vor auf Erfahrungsberichte angewiesen, die einen individuellen Eindruck vermitteln.

Projektunterricht und Leistungsmessung

An anderen Stellen wurde auf die Notwendigkeit offener Unterrichtsformen verwiesen. U. a. wird die These vertreten, dass der Projektorientierung eine wichtige Rolle im Informatikunterricht zukommt. Es stellt sich die Frage, wie die Lehrerin eine Leistungsbewertung im projektorientierten Unterricht vornehmen kann. Diese Frage kann auf verschiedene Weise beantwortet werden: einerseits ist die Notwendigkeit von Einzelleistungen, die nachgewiesen werden müssen, in der bundesdeutschen Prüfungskultur unstreitig – andererseits sind Erfahrungen dokumentiert, wie durch kriteriengestützte Beobachtung von Gruppenprozessen durchaus eine Bewertung vorgenommen werden kann. Entscheidend ist hierbei, dass den Schülerinnen die Bewertungskriterien vor Beginn der Arbeit mitgeteilt werden, respektiv diese gemeinsam mit ihnen diskutiert und entwickelt wurden. Dies darf nicht zu der Annahme führen, dass im Anschluss keine Klausuren stattfinden. Diese stellen weiterhin die Grundlage der schriftlichen Leistungsüberprüfung dar. Die im Zusammenhang mit projektorientierten Phasen ermittelten Leistungen gehen in die »sonstige Mitarbeit« ein. Mit [Thomas 1998] liegt eine Sammlung von Ideen vor, die – allerdings sehr lernzielorientiert – das Problem thematisiert.

Portfolio – Lernberichte

In einem Lehrwerk zur *Didaktik der Informatik* erwartet die Leserin Hinweise zu einer geänderten Prüfungskultur. Dies wurde in dem vorliegenden Kapitel nicht geleistet, da es in erster Linie notwendig erscheint, mit bekannten Elementen der täglichen Unterrichts- und Prüfungspraxis vertraut zu werden. Allerdings bietet gerade das Schulfach Informatik für andere Formen der unterrichtsbegleitenden Dokumentation und Bewertung viele Möglichkeiten: im Rahmen der Nutzung kollaborativer Informatiksysteme ist die Nutzung des BSCW verbreitet (vgl. [Humbert 1999b], [Humbert 2000]) – damit wird ermöglicht, z. B. unterrichtsbegleitend nicht nur Material in der geschlossenen Benutzergruppe zu verteilen, sondern ebenso, die Schülerinnen anzuregen, mit einem solchen System ein eigenes Portfolio aufzubauen.

Weitere Formen, die der Autor bisher im Unterricht nicht eingesetzt hat, sind mit Hilfe der Unterstützung durch Informatiksysteme möglich, die z. B. als Wiki organisiert sind. Allerdings ist Vorsicht geboten: so zeigen sich die Lehrenden begeistert von der Möglichkeit, dass sich die Schülerinnen mit einer solchen technischen Infrastruktur in den Prozess der Konstruktion des Wissens einbringen können. Im Zusammenhang mit einer Übung zur *Didaktik der Informatik* im Juli 2004 sollten die Studierenden eine eigene Definition zur *Didaktik der Informatik* entwickeln und der Wikipedia zufügen. Es wurden etliche Definitionen (in Form der bearbeiteten Übungsaufgaben) abgegeben, aber nur zwei fanden den Weg in die Wikipedia (vgl. `http://de.wikipedia.org/wiki/` `Didaktik_der_Informatik` ⇒Versionen/Autoren).

Der Fehler ist das Salz des Lernens.

[Kahl 2004]

9 Besondere Bedingungen des Lernens

Einigen Themen der Fachdidaktik Informatik wird nur in begrenzten [Forschungs-] Kontexten Aufmerksamkeit gewidmet. Hier wird der kursorische Versuch unternommen, einige dieser Themen stärker in den Fokus der Fachdidaktik zu rücken. Die Auswahl der Gegenstände folgt dem Interesse, der Fachdidaktik verstreut vorliegende Ergebnisse zugänglich zu machen, die für einen zukunftsorientierten Informatikunterricht mehr Beachtung verdienen. Ausgehend von der aktuellen »Bildungskatastrophe« werden die Themen Fehlvorstellungen und informatische Begabung und Gendermainstreaming beleuchtet.

Das Kapitel thematisiert offene Fragen der *Didaktik der Informatik*. Zielsetzung ist es, Sie für die vorgestellten Fragestellungen so zu interessieren, dass Sie selbstständig weiterarbeiten können. Im Unterschied zu den vorherigen Kapiteln wird nicht angestrebt, die Bereiche in möglichst geschlossener Form zu präsentieren.

Die Bezüge zum konkreten Informatikunterricht können daher an vielen Stellen nur andeutungsweise hergestellt werden.

9.1 Fehlvorstellungen – informatische Begabung

Die beiden – vor der Hand – auseinander liegenden Bereiche haben mehr miteinander gemeinsam, als auf den ersten Blick vermutet werden mag. Die Ziele der im Folgenden dargestellten Überlegungen bestehen darin, Fehlvorstellungen zu identifizieren und Möglichkeiten zu finden, wie bei Schülerinnen Fehlvorstellungen zu grundlegenden Inhalten vermieden werden können.

Theoretisch orientierte Ansätze aus der Psychologie führen zu dem Versuch der Bestimmung mentaler Modelle als ein Erklärungsmuster für Fehlvorstellungen, sind allerdings in einen größeren Kontext einzubinden, in dem auch nach Erklärungen für [besondere] Begabungen – verstanden als Ausprägung der Intelligenz – diskutiert werden können. Damit liegen die Mittel bereit, um Ideen darzustellen, mit denen informatische Begabung erkannt, unterstützt und befördert werden kann. Da beide Bereiche, also sowohl die Erklärungsmuster zu Fehlvorstellungen, aber auch zu informatischer Begabung auf Modellen des Lernens und Agierens mit abstrakten Konzepten basieren, können über diese Klammer Verbindungen hergestellt werden.

9.1.1 Fehlvorstellungen

Fehlvorstellungen, die häufiger auftreten, sind jeder Informatiklehrerin bekannt: vgl. die »If-Schleife«, die jede Informatiklehrerin aus dem Mund von Schülerinnen kennengelernt hat. Eine in jüngerer Zeit häufig gefundene Fehlvorstellung ist die der Verwechselung zwischen Klasse und Objekt.[1]

Erklärung 9.1:   Misskonzepte

Hartnäckige Fehlvorstellungen und -interpretationen werden als Misskonzepte (engl. misconception) bezeichnet. Im Folgenden findet allerdings der Begriff Fehlvorstellung Verwendung.

Bei der grundsätzlichen Beschäftigung mit dem Problem findet sich ein Forschungszweig in anderen Fachdidaktiken (namentlich der Physik- und der Mathematikdidaktik) und in der [pädagogischen] Psychologie, der sich mit Misskonzepten beschäftigt. Ausgangspunkt der Überlegungen ist, dass »falsche« mentale Modelle gebildet und verfestigt werden. Daher scheint es für die Begriffsbildung unabdingbar, den Begriff mentales Modell zu klären. Dies stellt ein schwieriges Unterfangen dar. Daher soll hier ein Erklärungsversuch gewagt werden, der weit von einer Definition entfernt ist:

Erklärung 9.2:   Mentales Modell

Die interne Darstellung (Abbildung) von Elementen (und Beziehungen zwischen ihnen) aus der Umwelt eines Menschen – in einer dem Individuum eigenen Konstruktion – wird als mentales Modell bezeichnet.

Damit wird die üblicherweise bei den Definitionsversuchen zum Ausdruck gebrachte enge Kopplung an das lernpsychologische Modell des Kognitivismus (vgl. Bild 9.1) vermieden[2] und Bezug auf konstruktivistisch orientierte Ansätze genommen (vgl. Kapitel 3.2). Durch die Erklärung soll deutlich werden, dass eine Abbildung zwischen Objekten – seien sie nun für das Individuum physisch zugänglich oder abstrakt – und dem Denken des Individuums existiert. Mit diesen Konstruktionen läßt sich individuell offenbar trefflich »arbeiten«, sprich: Vorstellungen von Ursache-Wirkungs-Ketten, Zusammenhänge verschiedenster Art können mit Hilfe mentaler Modelle eine Erklärung finden – bis hin zu dem fatalistischen Ausruf »Beim nächsten Boot wird alles [wieder] gut«. Für nicht direkt zugängliche Bereiche, also für Objekte, die »nur gedacht existieren« (abstrakte Objekte) stellt damit ein mentales Modell eine Voraussetzung (in Form eines Erklärungsmusters) zum Verständnis bereit.

Die Ziele der Forschungen und Überlegungen zu Fehlvorstellungen in der Didaktik und der Psychologie bestehen darin

---

1 Weitere, verbreitete Fehlvorstellungen in der Informatik (insbesondere im Informatikunterricht) lassen sich nur vereinzelt in der deutschsprachigen Literatur finden. Sobald allerdings einige Informatiklehrerinnen zusammenkommen, wird schnell Einigkeit herrschen, wenn die Sprache auf weitere »beliebte« Fehlvorstellungen kommt: den Unterschied zwischen einer Zuweisung und einem Vergleich nicht angeben können (je nach Programmiersprache unterschiedlich notiert); bei Schleifen nicht angeben können, welche Werte eine Variable annimmt; ... Für den deutschsprachigen Raum muss konstatiert werden, dass keine ausgewiesene Informatikdidaktikforschung zu diesen Fragen stattfindet.

2 Bei den eher kognitivistisch orientierten Modellen kommt dem Faktor »Repräsentation der Außenwelt« eine besondere Rolle zu. Erkärungen zu abstrakten Objekten fallen dann erheblich komplexer aus, da eine einfache »Repräsentation« nicht möglich erscheint.

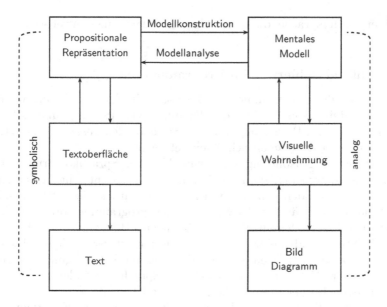

nach [Koerber 2000, S. 22]

Bild 9.1: Text- und Bildverstehen unter Bezugnahme auf mentale Modelle

- falsche Vorstellungen zu vermeiden,

- zu überlegen dazu, wie mit Fehlvorstellungen – wenn sie als Präkonzepte in den Lernprozess eingebracht werden – umgegangen werden kann,

- herauszufinden, wie Prozesse beim Erwerb von Wissen [um-]gestaltet werden müssen, damit sie nicht zu Fehlvorstellungen führen oder diese verfestigen.

Bei den Untersuchungen zu Fehlvorstellungen tritt Erstaunliches zutage: Physikstudierende haben nach dem Vordiplom Erklärungsansätze für alltägliche physikalische Vorgänge, die denen von Kleinkindern sehr ähnlich sind – es scheint also eine recht frühe Verfestigung von mentalen Modellen zu geben, an die angeknüpft wird, auch wenn inzwischen andere Erklärungsmuster möglich sind.[3]

Um Fehlvorstellungen zu vermeiden, werden in der Literatur verschiedene Strategien vorgeschlagen:

- einerseits sollen Lehrerinnen diese explizit thematisieren,

- andererseits sollen sie vorwissenschaftliche Vorstellungen abstrakter Gegenstände völlig ignorieren,

---

3 Dies kann – zumindest empirisch – bestätigt werden: zwischen der Kleinkindvorstellung und »dem Rückfall in die Kleinkindvorstellung« werden physikalische Alltagsphänomene signifikant häufiger richtig erklärt.

bis hin zu einer »Fach«sprache, die neuen Gegenständen neue – unverbrauchte – Bezeichnungen gibt.

Studien zu Anfängerfehlern beim Programmieren

Nach Durchsetzung der Programmiersprache Pascal in der Ausbildung wurden in den 90er Jahren eine Reihe von Studien durchgeführt (vgl. [Spohrer und Soloway 1986]), die sich mit Fehlern beim Programmieren von Studierenden auseinandersetzten[4] und zu einigen – bis heute – bedeutsamen Schlüssen gelangen:

Konzentriert sich die Ausbildung auf Vermittlung von Sprachkonstrukten (in der Reihenfolge: zunächst Zuweisung, dann Bedingung, ...), so entsteht in der Analyse der Fehler, die von Studierenden gemacht werden der Eindruck: die Fehler resultieren aus dem unvollständigen Verständnis der Semantik der programmiersprachlichen Konstrukte. Jedoch ergibt sich bei näherem Hinsehen ein anderes Bild: ein Teil der Fehler resultiert daraus, dass die Studierenden einzelne – durchaus korrekt verstandene – Elemente nicht zu einem Ganzen zusammenfügen können; dass bei der Übertragung umgangssprachlicher Bedingungen die Unschärfe der natürlichen Sprache zu fehlerhaften Bedingungen auf programmiersprachlicher Ebene führt; bekannte Elemente werden auf neue Situationen übertragen, ohne die geänderten Einsatzbedinungen zu berücksichtigen, etc.

Im Ergebnis kommen die Autoren zu der Aussage, dass die Identifikation »Programmkonstrukt verursachter Fehler« aus Sicht der Beobachterin primär in der Beseitigung des »Fehlers« im Quellcode liegt, da sie von der Annahme ausgeht, dass die Ursache ein falsch verstandenes Konstrukt ist (da der Fehler durch Änderung in dem Konstrukt beseitigt werden kann).

Die quantitative Analyse zeigt deutlich, dass über die Hälfte der Fehler definitiv keine Fehler sind, die durch falsche Benutzung von programmiersprachlichen Konstrukten erklärt werden können, weniger als zehn Prozent der Fehler lassen sich definitiv als konstruktbezogen erklären.

Diesen Studien kommt bis heute eine große Bedeutung zu. Sie verändert die Sicht auf das Ziel in der Ausbildung: nicht Konstrukte einer Programmiersprache sind zu vermitteln, sondern Zielorientierung und Planung der Problemlösung. Die Details müssen dann nachgeordnet betrachtet werden.

Darüber hinaus empfehlen [Spohrer und Soloway 1986] den Ausbilderinnen:

1. Weisen Sie die Studierenden auf die Existenz häufiger Fehler explizit hin und widmen Sie den Ursachen (Fehlvorstellungen) Ihre Aufmerksamkeit.

2. Sie können die Leistungen Ihrer Studierenden verbessern, wenn Sie ihnen

    a. Strategien vermitteln, wie Teile eines Programms zusammengefügt werden und

    b. konkrete Hilfen zu den syntaktischen und semantischen Konstrukten der benutzten Programmiersprache geben.

---

4 In einer Fleißarbeit wurde in den Jahren 1983 und 1985 ein vier Bände umfassender Katalog von Fehlern erstellt (vgl. [Johnson u. a. 1983], [Spohrer u. a. 1985]).

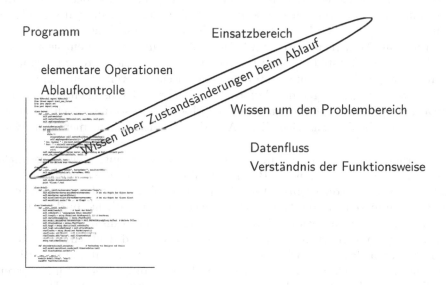

Bild 9.2: Mentale Modelle zur Untersuchung von Programmen

Die oben angeführte Fehlvorstellung aus dem Informatikunterricht läßt sich m. E. einfach vermeiden: da häufig (man kann sogar sagen: üblicherweise) die Kontrollstrukturen Verzweigung und Zyklus in direkter Folge im Unterricht thematisiert werden, ohne das zwischenzeitlich deutliche Sicherungs- und Festigungsphasen stattfinden, in der das Konzept der Verzweigung internalisiert wird, gibt es offenbar keine deutliche Zäsur (für die Schülerinnen!) zwischen den verschiedenen Kontrollstrukturen. Dies führt bei einigen Schülerinnen offenbar dazu, dass die verschiedenen Kontrollstrukturen nicht getrennt werden können. Ein weiteres Problem besteht darin, dass die Formulierung einer umgangssprachlichen Lösung nicht deutlich genug herausgearbeitet wird, dass die Umsetzung des verbal formulierten Ablaufs in ein Struktogramm nicht sorgfältig vorgenommen wird, bevor die gefundene Lösung in eine Programmiersprache überführt wird. Formulieren Schülerinnen bereits bei ihrer verbalen Lösungsangabe mit Schlüsselworten aus einer Programmiersprache, so steht zu befürchten, dass ihnen nicht klar (gemacht worden) ist, dass die programmiersprachliche Umsetzung das letzte Glied einer Kette ist und daher auch nur am Ende dieser Kette verwendet werden darf.[5]

Zum anderen ist zu diskutieren, ob nicht vor der Einführung von Schleifen zunächst die Rekursion thematisiert wird. Diese wird typischerweise nicht mit der Verzweigung identifiziert (und könnte darüber hinaus bereits im 5. Jahrgang eingeführt werden ;-).

---

5 Typische Fehlvorstellungen in der Informatik werden häufig auf ein Reihenfolgeproblem (die sogenannte Ähnlichkeitshemmung) reduziert, um durch eine andere unterrichtliche Sequenzierung zu verhindern, dass es zu diesen Fehlvorstellungen kommt.
Bis heute liegen allerdings keine differenzierten Forschungsergebnisse der Fachdidaktik Informatik zu diesen Problemen vor.

Mentale Modelle in der Informatik – eine weitere Dimension

Eine andere Dimension mentaler Modelle betrifft den konstruktiven Aspekt: bei Informatiksystemen handelt es sich typischerweise um abstrakte Objekte, die auf Grund eines Modellierungsprozesses entwickelt werden. Damit liegt die Vorstellung nahe, dass Informatikerinnen mentale Modelle in Form von Informatiksystemen realisieren, sie also »zum Leben erwecken«. Diese Vorstellung wird beispielsweise – ohne sie weiter zu diskutieren, in [Vessey und Conger 1994] benutzt, um einen empirischen Vergleich zur Entwicklung von Informatiksystemen (im Sinne der Anforderungsanalyse) darzustellen. Sie gehen dabei sehr unverkrampft mit dem Begriff mentales Modell um, so dass doch an einigen Stellen etwas dubios bleibt, was sich diese Autorinnen unter einem mentalen Modell vorstellen.

Für die Informatik, deren Gegenstände immateriell sind, könnte eine einigermaßen klare Übereinkunft einer Definition des Begriffs mentales Modell sicher zielführend sein.

Mit Bild 9.2 wird die von [Pennington 1987] entwickelte Vorstellung zur Untersuchung von Programmierenden, die Quelltext analysieren, verdeutlicht. In ihrer Darstellung trennt die Forscherin die beiden Bereiche Programm und Einsatzkontext/-bereich und ordnet ihnen die jeweils ermittelten Ergebnisse zu. Es wird deutlich, dass die Verbindung zwischen dem Programm (das als Quellcode vorgelegt wurde) und dem Einsatzbereich über die Analyse der Zustandsänderungen, die sich auf gegebene Eingangswerte beziehen, vollzogen wird. Dabei wird auf bekannte Muster zurückgegriffen. Die Untersuchungen bezogen sich auf prozedural strukturierte Programme.

Im Unterschied zu der Lesart, die Bild 9.1 entnommen werden kann, wird von der Forscherin deutlich gemacht, dass die Darstellung der Programme als Text erfolgt und nicht in einer – wie auch immer beschreibbaren – anderen Form. Über ein Modell der Situation, das aus dem Programmtext gewonnen wird, werden Verbindungen zwischen dem Programmtext und dem »Weltwissen« hergestellt. Die qualifizierteren Expertinnen stellen weitaus mehr Verbindungen zwischen den beiden Bereichen her. Daraus folgert Pennington, dass durch die Stärkung der Verbindungen zwischen den Bereichen auch die Programmierausbildung verbessert werden kann. Untersuchungen anderer Forschungsgruppen bestätigen diese Überlegungen (dabei findet sich auch eine Gruppe, die dies bei Prolog-Expertinnen untersucht hat). Zur Analyse der Vorstellungen von Studierenden zum Vergleich zwischen prozedural strukturierter Programmierung und Objektorientierte Programmierung (OOP) wurde die in Bild 9.2 dargestellte Grundlage zur Unterscheidung der Bereiche in [Wiedenbeck und Ramalingam 1999] herangezogen. Basierend auf einer umfassende Literaturrecherche werden in dem Artikel (neben anderen) zwei für den Informatikunterricht bedeutsame Punkte dargestellt:

1. die Wahl des Paradigmas ist (eher) zweitrangig,

2. die Nutzung grafischer Notationen im Problemlöseprozess bietet keine Vorteile gegenüber der Darstellung als Quellcode.

Die Untersuchungen kommen zu dem Schluss, dass die Summe der Fehler, die von den Anfängerinnen gemacht werden, fast identisch ist. Andererseits bestätigen die Untersuchungen den Erfahrungswert, dass prozedural orientierte Anfängerinnen weniger Fehler

Tabelle 9.1: Kategorien der Sicht auf die Konzepte (Phänomene) »Objekt« und »Klasse«

Objekt	Klasse
Ein Objekt ist ein Stück Quelltext.	Eine Klasse ist eine Einheit in einem Programm, die etwas zur Struktur beiträgt.
Wie vor – darüber hinaus wird ein Objekt als etwas Aktives im Programm angesehen.	Wie vor – darüber hinaus wird eine Klasse charakterisiert als eine Beschreibung von Eigenschaften und Verhalten für Objekte.
Wie vor – darüber hinaus wird ein Objekt als Modell eines Phänomens der realen Welt beschrieben.	Wie vor – darüber hinaus wird die Klasse als Modell eines Phänomens der realen Welt beschrieben.

auf der Programmkonstruktebene und bei Fragen zum Ablauf machen, während die Anzahl der Fehler der OOP-Gruppe zu Fragen des Problembereichs und bei Fragen zu der Funktion der Programme geringer ist. OOP orientierte Studierende erhalten (durch die Klassendeklaration) einen stärkeren Bezug auf die Funktion eines Programms. Nicht untersucht wurde der Effekt für große Programme, bei denen mehr Strukturen der OOP benutzt werden.

Für die schwächeren Anfängerinnen zeigt sich eine stärkere Ausprägung des Unterschiedes zwischen OOP und prozeduraler Orientierung bezogen auf die Bereiche Programm versus Problembereich.

Von Fehlvorstellungen zur Begabung

Im Unterschied zu den Untersuchungen zu Fehlvorstellungen gehen [Eckerdal und Thuné 2005] einen anderen, konstruktiven Weg: Sie diskutieren den Aufbau von Konzepten am Beispiel der beiden zentralen Strukturelemente der OOM »Objekt« und »Klasse«. Dies begründen die Autoren damit, dass der Aufbau von Konzepten die Voraussetzung zur Vermeidung von Fehlvorstellungen darstellt. Der gewählte Forschungsansatz besteht in einer qualitativen Methode, die durch sogenannte Variation schnell zu Ergebnissen führen soll, die praxiswirksam eingesetzt werden können. Umgesetzt wurde das Herangehen mit halboffenen Interviews, in denen – an Phänomenen[6] orientiert – die Studierenden aufgefordert wurden, Unterschiede zwischen »Objekt« und »Klasse« zu verdeutlichen. Dabei kam es darauf an, möglichst viel von dem Verständnis dieser Konzepte zu erfahren.

In der Analyse findet sich eine dreistufiges Kategorisierung, die in Übersetzung in Tabelle 9.1 angegeben ist.

In den Folgerungen für die Ausbildung beziehen sich die Autoren auf einige der veröffentlichten Fehlvorstellungen:

- »Objekte sind so eine Art Variable« – kann vermieden werden, wenn bereits zu Beginn mehrere Exemplare einer Klasse instanziiert werden.

---

6 Interessant ist der Vergleich mit der Idee, Phänomene als Schlüssel zu Informatikkonzepten zu wählen – vgl. Seite 62.

- »Überbetonung des Datenaspekts gegenüber dem Verhalten von Objekten« – kann vermieden werden, indem bereits zu Beginn Objekte benutzt werden, bei denen – als Reaktion auf eine Nachricht – der Zustand des Objekts substanziell geändert wird.

- »Unterschied zwischen Klasse und Objekt ist unklar« – kann vermieden werden, wenn von Beginn an von jeder Klasse mehrere Objekte erzeugt werden.

Inklusiv der letzten Punkte, die uns wieder auf Fehlvorstellungen verweisen, zeigen die Ergebnisse, dass ein Forschungsansatz, der sich Fragen der Konstruktion auf Seiten der Lernenden widmet, auch Rückwirkungen auf Vorschläge haben, die in der Ausbildung berücksichtigt werden sollten.

Im Zusammenhang mit diesen Untersuchungen kristallisieren sich die Bereiche heraus, die Hinweise auf die subjektiv bedingte Konstruktion spezieller Sichten auf konkrete Aufgabenklassen und Problembereiche liefern. Diese Hinweise können sowohl im Zusammenhang mit der häufig beschriebenen (leider bis heute nicht differenziert untersuchten) besonderen informatischen Begabung, aber ebenso auf Fehlvorstellungen bezogen diskutiert werden. Möglicherweise liegt in einer Analyse dieser beiden vor der Hand disparaten Bereiche der Schlüssel für einen fachdidaktisch erfolgversprechenden Forschungsansatz.

9.1.2   Informatische Begabung

Die Idee, sich mit dem Thema der informatischen Begabung zu beschäftigen, entspringt Beobachtungen zur Arbeit und Arbeitsweise junger Informatiktalente (anlässlich der Endrunden im Bundeswettbewerb Informatik). Es ist besonders auffällig, wie bei die Bearbeitung komplexer Fragestellungen, für die keine geschlossene Lösung existiert, vorgegangen wird, um Lösungsideen zu gewinnen, Teilprobleme zu identifizieren und den Gruppenprozess voranzubringen.

Um den Gegenstand der »informatischen Begabung« oder der »informatischen Intelligenz« zu diskutieren, sind die Begriffe Intelligenz und Begabung zu klären.

Intelligenz – Definitionsversuche

Zur Geschichte der Untersuchung zur Bestimmung und »Vermessung« der Intelligenz liegen umfangreiche historische Studien vor. Dem Franzosen BINET gelang es 1905 als erstem, ein Messinstrument für die Intelligenz zu entwickeln, das auch modernen Ansprüchen an psychologische Testverfahren genügt. Im Anschluss an die Entwicklung und Ausdifferenzierung der Binet-Skalen fasste STERN 1911 das Werk von BINET zusammen und nahm eine allgemeine Definition von Intelligenz vor. In diesem Kontext entwickelte er den Intelligenzquotient (IQ). Die Darstellung der Intelligenz eines Individuums durch den IQ führt zur Unabhängigkeit vom Alter des Individuums. Eine Auswahl von Intelligenzdefinitionen wird in [Nettelnstroth 2003] vorgestellt (vgl. Tabelle 9.2).

Die massenhafte »Messung von Intelligenz« in Form der Bestimmung des IQ zur Zuordnung von US-amerikanischen Rekruten im Ersten Weltkrieg zu verschieden anspruchsvollen Einsatzbereichen ist ein Beleg für eine Praxis, die zu diesem Zeitpunkt weder empirisch noch analytisch »auf sicheren Füßen« steht. Dennoch wird die Verfahrensweise auf weitere Bereiche übertragen: »Was sich für die Armee als gut erwiesen hatte, sollte

Tabelle 9.2: Intelligenzdefinitionen

Autor(en), Jahr	Intelligenz ist ...
BINET & SIMON, 1905	... die Art der Bewältigung einer aktuellen Situation, genauer: gut urteilen, gut verstehen und gut denken
STERN, 1911	... ist eine durchaus formale Eigenschaft: sie bezieht sich auf eine Fähigkeit, die Geistesbewegung jeweiligen neuen Aufgaben anpassen zu können
HOFSTÄTTER, 1957	... das Ensemble von Fähigkeiten, das den innerhalb einer bestimmten Kultur Erfolgreichen gemeinsam ist
ROHRACHER, 1965	... der Leistungsgrad der psychischen Funktionen bei ihrem Zusammenwirken in der Bewältigung neuer Situationen
STERN, 2001	... das Potenzial eines Menschen, Lern- und Bildungsangebote zur Aneignung von Wissen zu nutzen

nach: [Nettelnstroth 2003, S. 27]

in der Erziehung hilfreich und für die Industrie nützlich sein« [Groffmann und Michel 1983, S. 43]. Mit dem Aufschwung der Untersuchungen zu Intelligenzmessungen erweist sich die Quantifizierbarkeit »von Intelligenz« zunehmend als schwierig. Verschiedene – zunehmend komplexer gestaltete Modelle – werden entwickelt und erprobt, um der Quantifizierbarkeit von Intelligenz weiterhin eine Basis zu verschaffen. »Nachdem im weiteren Verlauf der Forschung immer mehr Intelligenzfaktoren postuliert worden waren, was zu einer unübersehbaren Vielfalt an häufig willkürlich erscheinenden artifiziellen Faktoren geführt hatte, wurde mit [Guilford 1967] ein Modell vorgestellt, nach dem Intelligenzleistungen aus Linearkombinationen drei verschiedener Dimensionen resultieren« [Hütter 2001, S. 79]. Diese sind in Bild 9.3 dargestellt.

Intelligenztests

Mit dem 1905 von BINET und SIMON im Auftrag des französischen Kultusministeriums entwickelten Intelligenztest werden folgende Bereiche getestet:

- der Wortschatz »Was bedeutet misanthrop?«,

- das Sprachverständnis »Warum leihen sich Menschen manchmal Geld?« und

- das Finden von Beziehungen »Was haben eine Orange, ein Apfel und eine Birne gemeinsam?«.

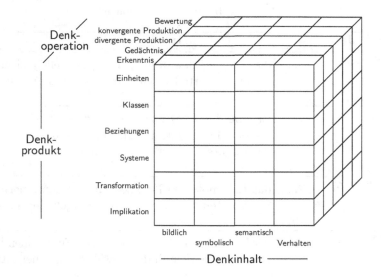

Bild 9.3: Würfelmodell nach GUILFORD

Die Tests wurden an der Stanford Universität in Langzeitversuchen geprüft. Mit den Ergebnissen dieser Tests wurden Schulleistungen vorausgesagt. Diese waren so erfolgreich, dass die vierte Auflage der Stanford-Binet-Intelligenzskala bis heute genutzt wird (vgl. [Stangl 2004]).

Kritik

Zwei kritische Faktoren seien hier angegeben, da sie im Folgenden nicht weiter expliziert werden.

1. Intelligenzforscherinnen sind damit konfrontiert, dass ihre Messungen – entgegen aller Bemühungen – immer mit Absichten verbunden sind.

2. Die kulturelle Gebundenheit – auch bei der schriftfreien Bestimmung – des IQ wird in der Diskussion häufig außer Acht gelassen (vgl. exemplarisch die Einträge in Tabelle 9.3).

WEIZENBAUM

Die von WEIZENBAUM im Zusammenhang der Diskussion um die »Künstliche Intelligenz« geäußerte Kritik an dem Umgang mit dem IQ sind nach wie vor aktuell:

- Es gibt wenige »wissenschaftliche« Theorien, die das Denken von Wissenschaftlern und Laien stärker in Verwirrung gestürzt haben als die des »IQ«.
- Die Vorstellung, Intelligenz könne entlang einer simplen Linearskala quantitativ erfasst werden, hat unserer Gesellschaft vor allem auf dem Gebiet des Erziehungswesens unsäglichen Schmerz zugefügt.

Intelligenzformen		
• sprachliche	• mathematische	• kinästhetische[7]
• musikalische	• räumliche	• personale[8]

Bild 9.4: Modell Multipler Intelligenzen nach GARDNER

- Mir geht es [...] darum, dass die Mythen um die Intelligenztests die vielfach übernommene und doch so irreführende Überzeugung genährt haben, Intelligenz sei in irgendeiner Weise eine permanente, unveränderliche und kulturell unabhängige Eigenschaft von Individuen (etwa wie die Farbe der Augen) und dass sie darüber hinaus von Generation zu Generation durch Vererbung weitergegeben werde.

vgl. [Weizenbaum 1977, S. 269–270]

Neuere Ansätze

Neben den etablierten Definitionen finden sich neuere Ansätze, mit denen einige Probleme der [fast ausschließlich] auf kognitive Fähigkeiten abzielenden Messung der Intelligenz überwunden werden sollen. Allerdings bleiben diese Ansätze bis heute ohne empirischen Nachweis.

Gardner

In der Kritik an den Testverfahren, die üblicherweise die verbale, logische und raumbezogene Komponente der Intelligenzformen berücksichtigen, andere Dimensionen aber ignorieren, schlägt [Gardner 1983] ein umfassendes Modell mit Intelligenzformen vor: Das Modell multipler Intelligenzen (vgl. Bild 9.4).

Sternberg

Während Testaufgaben zur analytischen (akademischen) Dimension von anderen Personen gestellt wurden, klar definiert sind und nur eine einzige Lösung haben, erfordern praktische Intelligenzaufgaben eine spezifische Problemformulierung, sind unklar definiert und haben meist mehrere Lösungen. Gerade berufsrelevantes Wissen korreliert oftmals nicht hoch mit dem IQ (nach [Schneider 2004]). Eine Zusammenstellung von Verhaltensweisen, die die Faktoren praktische Problemlösefähigkeit, verbale und soziale Fähigkeiten dokumentieren, ist in Tabelle 9.3 wiedergegeben.

---

7 körperbezogene
8 Ausprägungen: interpersonal, intrapersonale

Tabelle 9.3: idealtypische Verhaltensweisen für intelligente Personen

Faktor	Faktorenladung
Praktische Problemlösefähigkeit	
Urteilt/schlussfolgert logisch und gut	.77
Identifiziert Beziehungen zwischen Ideen	.77
Sieht alle Aspekte eines Problems	.76
Reagiert nachdenklich auf die Vorstellungen anderer	.70
Schätzt Situationen angemessen ein	.69
Erfasst den Kern von Problemen	.69
Interpretiert Information richtig	.66
Trifft gute Entscheidungen	.65
Verbale Fähigkeit	
Spricht klar und artikuliert	.83
Ist verbal flüssig	.82
Kennt sich innerhalb bestimmter Wissensgebiete gut aus	.74
Arbeitet hart	.70
Liest viel	.69
Geht effektiv mit Leuten um	.68
Schreibt ohne Schwierigkeiten	.65
Lässt sich Zeit zum Lesen nicht nehmen	.64
Soziale Kompetenz	
Akzeptiert andere so wie sie sind	.88
Gibt Fehler zu	.74
Entfaltet Interessen am Geschehen in der Welt	.72
Ist pünktlich bei Verabredungen	.71
Hat ein soziales Bewusstsein	.70
Denkt nach, bevor er spricht oder handelt	.70
Schätzt die Relevanz von Information für ein anstehendes Problem richtig ein	.66
Ist sensitiv gegenüber den Bedürfnissen und Wünschen anderer	.65
Ist offen und aufrichtig mit sich und anderen	.64
Entfaltet Interesse an seiner unmittelbaren Umgebung	.64

[Sternberg u. a. 1981, S. 45] nach [Stangl 2004]

Goleman

Die wohl grundsätzlichste Kritik am Intelligenzbegriff kann in dem Beitrag [Goleman 1997] gesehen werden und mündet in dem Konzept der sogenannten »emotionalen Intelligenz«. Das Konzept basiert auf der Kritik des »verengten« Intelligenzkonzepts und seine mangelnde Eignung für die Vorhersage des Berufs- und Lebenserfolgs. Die Fähigkeit, kompetent mit seinen Gefühlen umgehen zu können, Empathie zu zeigen und altruistisch zu handeln (wird auch als Emotional Quotient (EQ) bezeichnet), bestimmt nach GOLEMAN beruflichen Erfolg mehr als der IQ. Angemessene Emotionskontrolle und abgewogenes Handeln in sozialen Situationen werden als relevante Erfolgskriterien angesehen.

Begabung

Die Verwendung des Begriffs Begabung ist in der Literatur nicht einheitlich. Bei der Sichtung trifft man vor allem auf den Begriff Hochbegabung, selten aber werden die Begriffe Begabung und Intelligenz sauber von einander abgegrenzt. Dabei kann der Begriff Begabung vom Sprachgefühl her eher als Disposition verstanden werden, die ohne »Futter« keine Intelligenz zur Folge hat, sondern durchaus verkümmern kann, da sie unerkannt bleibt. Ähnliche Argumentationen finden sich in den Diskussionen um Hochbegabung. Auf der anderen Seite finden sich Forscher, die den Begriff Intelligenz explizit ablehnen und lieber den Begriff Begabung verwenden möchten. Diese Sichtweise macht deutlich, dass die mit dem Begriff Intelligenz verbundenen (offenbar ungebrochenen) Hoffnungen sich in der Krise befinden.

Um es zusammenzufassen: »Die Intelligenz« existiert nicht in einer quantitativen Methoden zugänglichen Weise. Sie ist – und bleibt – ein Konstrukt. Dennoch wird dieser Begriff verwendet, da er sich eingebürgert hat und nicht – ohne Verluste – einfach in Begabung geändert werden kann.

Informatische Intelligenz

Für die nähere Bestimmung der informatischen Intelligenz ist zu fragen:

> Welche im Besonderen einer/der informatischen Intelligenz zuzuordnenden Elemente werden bei den bisher bekannten/verbreiteten Messverfahren nicht oder nur unzureichend berücksichtigt?

Soziale Intelligenz – unabdingbarer Bestandteil

Bezüglich der Informatik sind Elemente bedeutsam, die Bestandteil der informatischen Arbeitsweise sind. Dabei spielt die soziale Intelligenz, die an konkreten Inhalten und Arbeitsweisen (vgl. arbeitsteilige Gruppenarbeit und projektorientiertes Arbeiten) verankert wird, eine unabdingbare Rolle.

Erklärung 9.3: Soziale Intelligenz – nach Thorndike (1920)

> ability to understand and manage men and women, boys and girls
> to act wisely in human relations

vgl. [Thorndike 1920, S. 228]

Die Erklärung 9.3 weist auf interpersonale und intrapersonale Intelligenz hin, die als personale Ausprägung von Begabungen/Intelligenz Eingang in die Definition Multipler Intelligenzen nach GARDNER (vgl. Seite 165) gefunden hat.

Dort, wo »real world applications« eine Rolle im Informatikunterricht erhalten, wird deutlich, dass es nicht möglich ist, die Komplexität durch eine »one person show« zu erschließen. Unabdingbar für die Bearbeitung echter Problemstellungen sind vom Fach begründete Arbeitsformen, die in pädagogisch verantwortlicher Weise für den konkreten Unterricht gestaltet werden.

Die Fachdidaktik ist aufgefordert, sich mit Fragen zur informatischen Begabung verstärkt auseinanderzusetzen, um dazu beizutragen, dass deutlich wird, in welchen Handlungsfeldern ein Beitrag zur Entwicklung der Kompetenzen durch die Informatik geleistet wird. Bisher drängt sich der Eindruck auf, dass neben Elementen der allgemeinen Intelligenz eine wesentliche Kategorie im Feld der sozialen Kompetenzen zu suchen sein wird. Die dazu unabdingbaren Voraussetzungen gilt es – insbesondere für Informatiktalente – möglichst lokal zu unterstützen und zu entwickeln. Dazu kann beitragen, dass die Hochschulen sich der Aufgabe stellen, z. B. Wettbewerbe auszuschreiben, bei denen Gruppen von Schülerinnen Beiträge erarbeiten und dabei von kompetenten, projektgruppenerfahrenen Mitarbeiterinnen unterstützt werden. Erste, vielversprechende Ansätze in dieser Richtung sind zwar bekannt – allerdings ist dies als Konzept in der Fläche umzusetzen, damit Informatiktalente früh erkannt und gefördert werden können.

[Moderne] Alltagsprobleme bewältigen

Überlegungen zur Einbeziehung informatischer Theorieansätze zur Ermöglichung des Zugangs zu Alltagsproblemen wurden vor ca. zehn Jahren mit Bundesmitteln im Zusammenhang mit dem Projekt OPTIMANU[9] unterstützt und durchgeführt. Die Ergebnisse der Untersuchungen werden bisher in der Fachdidaktik Informatik nicht rezipiert. Dabei lassen sich zentrale Elemente der Informatik, wie die informatische *Struktur endlicher Automaten*, die Notwendigkeit *effektiver Sortierverfahren*, aber auch der Umgang mit *dynamischen Systemen* bereits in den Titeln der Publikationen von FUNKE finden. Andererseits haben die dokumentierten Forschungsergebnisse auch keinen Eingang in die Weiterentwicklung von Testtheorien gefunden. In [Funke 2001, S. 90] wird deutlich formuliert, woran es hapert:

> Einer der Hauptgründe für die Beschränktheit der bisherigen Intelligenztests liegt in der Ignoranz der Testautoren gegenüber zwei wichtigen Merkmalen unserer natürlichen Umwelt:
>
> - Vernetztheit und
>
> - Dynamik.

Genau diese Elemente sind Herzstücke der Informatik.

Folgerungen

Aus den in diesem Abschnitt dargestellten Elementen wird deutlich, dass sie einen weiteren Beitrag zur Begründung der Notwendigkeit der Verankerung der Informatik im Pflichtkanon schulischer Qualifikationen liefert. Im Feld der mentalen Modelle und Vorstellungen treten einige Probleme auf, die sich nicht mit gängigen kognitivistischen Ansätzen erklären lassen »Code rules«, dass andererseits im Feld informatischer Begabung

---

9 OPTIMANU ≡ **Opti**mization of VCR **manu**als - BMFT-Projekt

eine aus der Arbeitsweise des Faches resultierende Kompetenz gefordert ist (und damit zu fördern ist), die für moderne Gesellschaften unabdingbar ist: soziale Kompetenz. Zum letzten kann festgestellt werden, dass einigen theoretisch bedeutsamen Fachinhalten im Alltag eine Rolle zufällt, die bisher nicht reflektiert wurde.

9.2   Gendermainstreaming

Über die Zeit wurde im deutschen Sprachraum der Begriff »Geschlechterforschung« (engl.: Gender Studies) durch den Begriff »Genderforschung« abgelöst.[10] Die Hintergründe sind in vielfältigen Diskussionsprozessen zu Fragen der Konstituierung der Zuschreibung von Eigenschaften zum biologischen versus sozialen Geschlecht zu finden. Ohne Kenntnis dieser Diskussion mögen die folgenden Begriffsklärungen überflüssig erscheinen. Dennoch sei empfohlen, sich mit dieser Diskussion auseinanderzusetzen, um die Notwendigkeit der Benutzung der verwendeten Begriffe zu erkennen und nachvollziehen zu können, dass im Zusammenhang mit der Diskussion um angemessene Begriffe zugleich Prozesse in Gang gesetzt werden, die sich neben dem Erkenntnisinteresse auch einer politisch gesellschaftlichen Einflussnahme verpflichtet fühlen.

Die Beschäftigung mit Fragen und Ergebnissen der Genderforschung in der Fachdidaktik Informatik ist ursächlich dadurch zu erklären, dass in zwei Dimensionen Erklärungs- und Handlungsbedarf besteht:

1. Die Beobachtung von Schülerinnen und Schülern im Informatikunterricht wirft Fragen nach genderspezifischen Verhaltensweisen und -mustern auf, die in pädagogisch verantwortlicher Weise für die Gestaltung des Unterrichts berücksichtigt werden müssen.

2. Sobald Schüler die Wahl haben, findet bezüglich des Faches Informatik eine Abstimmung mit den Füßen statt. Hier gilt es, die Ursachen zu identifizieren, um so Handlungsmöglichkeiten aufzuzeigen.

Die im Folgenden dargestellten Ergebnisse lassen sich kaum auf einen kurzen Nenner bringen. Bereits die Kenntnisnahme der Dokumentation von Ergebnissen bietet Anlass, eine Position zu finden und zu beziehen. Dieser Zielrichtung ist die Darstellung primär verpflichtet. Handlungsmöglichkeiten und -alternativen werden, soweit sie von Autorinnen expliziert wurden oder offensichtlich erscheinen – dargestellt.

9.2.1   Begriffsklärungen

Was ist Gender?

Zur Klärung der Begriffe **Geschlecht**, **Gender** und **Gendering** wurden die in [Schinzel und Ruiz Ben 2002] angegebenen impliziten Erklärungen herangezogen.

Erklärung 9.4:   Gender

Das soziale Geschlecht wird als Gender bezeichnet.

---

10 Eine umfangreiche Sammlung von Quellen zu »Gender« findet sich in [Jelitto 2003].

Erklärung 9.5: Sex

Das biologische Geschlecht wird als Sex bezeichnet.

Erklärung 9.6: Geschlecht

Der Begriff Geschlecht umfasst die Kategorien Sex und Gender.

Aus Gründen der Vereinfachung findet Gender als isolierte Kategorie Verwendung. Sie realisiert sich in sozialen Interaktionen, in gesellschaftlichen Prozessen, in der eigenen Körperwahrnehmung und in technischen Artefakten.

Erklärung 9.7: Gendering

Die Prozesse, die Gender konstruieren, werden als Gendering bezeichnet.

In dem Beitrag [Metz-Göckel und Roloff 2002] wird unter der Perspektive der Schlüsselqualifikation der Begriff Genderkompetenz eingeführt. Mit der Erklärung der beiden nächsten Begriffe wird schließlich ein Abschluss in der Begriffsklärung erzielt.

Erklärung 9.8: Mainstreaming

Mainstreaming (engl. für »Hauptstrom«) bedeutet, dass eine bestimmte inhaltliche Vorgabe, die bisher nicht das Handeln bestimmt hat, nun zum zentralen Bestandteil bei allen Entscheidungen und Prozessen gemacht wird.

Erklärung 9.9: Gender Mainstreaming

Bei allen gesellschaftlichen Vorhaben sind die unterschiedlichen Lebenssituationen und Interessen von Frauen und Männern von vornherein und regelmäßig zu berücksichtigen, da es keine geschlechtsneutrale Wirklichkeit gibt.

Bei den dargestellten Begriffen wird deutlich, dass Fragen der Diskussion um die gesellschaftliche Umsetzung der Forschungsergebnisse zur gesellschaftlichen Verantwortung (Grundgesetz: Männer und Frauen sind vor dem Gesetz gleich) inzwischen dazu geführt haben, dass Forderungen zunehmend ernst genommen werden. Die Begrifflichkeit ist Ergebnis vieler Diskussionen, die den Fokus zunehmend auf die Veränderung der Bedingungen richten.

9.2.2   Genderdiskussion und Informatik

Beobachtungen auf konkreter Ebene (im Unterricht, bei Projektarbeiten, in Seminaren, etc.) und die Analyse statistischer Angaben führen dazu, dass klar zu werden scheint, welche Fragestellungen ursächlich die Beschäftigung mit dem Thema notwendig macht:

- Frauen agieren (nicht nur) im Informatikunterricht, in Projektgruppen, in Seminaren, etc. anders als Männer.

- Der Anteil der Frauen im Informatikwahlunterricht und in den Informatikstudiengängen an den Hochschulen ist (zu) gering.

Diese Beobachtungen sind nicht neu. Sie wurden – im Zusammenhang mit dem Auf- und Ausbau der Informatik und der parallel dazu verstärkten Genderforschung – früh dokumentiert. Darüber hinaus werden langfristige Entwicklungen (gerade bzgl. des sinkenden Anteils von Frauen in den Informatikwahlkursen, in den Studiengängen) immer wieder zum Anlass genommen, eine Diskussion zu den Ursachen zu führen und über Maßnahmen nachzudenken, die diese Situation ändern.

Genderdiskussion – Schulinformatik – Untersuchungen – Ergebnisse

> Bei Untersuchungen im Zusammenhang mit der Grundbildung Informatik [Altermann-Köster u. a. 1990] taucht die Fragestellung nach den »geschlechtsspezifischen Zugängen« zu »informatischen Gegenständen« auf. Mit »informatischen Gegenständen« werden die technisch geprägten Artefakte, nämlich die konkreten Informatiksysteme bezeichnet, mit denen die Schülerinnen und Schüler arbeiten.
>
> Die Umsetzung projektorientierter Unterrichtskonzepte im Kontext der Informationstechnischen Grundbildung (ITG) sollte durch Unterstützung mit detailliert vorbereiteten Materialien (bis hin zu vorgefertigten Arbeitsblättern) zu neuen Inhalten erfolgen. Durch die Verbindung des für die Lehrerinnen neuen Inhalts mit einem neuen methodisch-didaktischen Konzept wurde der Sache des Informatikunterrichts – insbesondere unter der Genderperspektive – nicht gedient. Deutlich wird dies bei der externen Evaluation am Beispiel der geschlechtsspezifischen Rollenzuweisung:
>
> »Bei verschiedenen Unterrichtsbeobachtungen konnten wir beobachten, daß aufgrund des geringen Kenntnisvorsprungs der Lehrenden gegenüber den Schüler/innen häufig Informatiklehrer um Hilfe gebeten werden mußten. Häufig ist die hilfesuchende Person eine Frau und der Hilfegebende ein Mann. Dies kann leicht Vorurteile bei Schüler/innen bestärken, daß Frauen "keine Ahnung" von Naturwissenschaften und Technik, insbesondere neuen Technologien haben.«
> [Altermann-Köster u. a. 1990, S. 159]

Zur Genderdiskussion im Zusammenhang mit dem Schulfach Informatik liegen ausführliche und spezielle Aspekte berücksichtigende Studien vor. Dabei stellt [Funken u. a. 1996] eine grundlegende und sehr sorgfältig erstellte Studie dar.

Die Dominanz der Jungen in den Informatikwahlkursen (sowohl in der Sekundarstufe I wie auch in der Sekundarstufe II) nimmt zu Ungunsten der Mädchen und Frauen über die Zeit zu. WESTRAM hat sich über einen längeren Zeitraum mit Fragen den Zugangs zur Informatik auseinandergesetzt und dazu eine wissenschaftliche Arbeit angefertigt (vgl. [Westram 1999]).

In der Analyse verdeutlichen die Ergebnisse verschiedene konkrete Problembereiche. Da Informatik zum Untersuchungszeitpunkt keine Pflichtfach war, werden viele Aussagen zum Wahlverhalten und zur Akzeptanz der Schulfachs Informatik bei den Schülerinnen angestellt.

Als Maßnahmen werden z. B. curriculare Änderungen vorgeschlagen. Einige der von den Autorinnen vorgetragenen Argumente scheinen darauf hinzuweisen, dass Schulinformatik besser nicht stattfinden sollte.

Keine der Untersuchungen kommt zu dem Schluss, den wir für erfolgversprechend halten: Informatik darf kein Wahlfach sein, sondern muss Eingang in den Pflichtkanon finden. Darüber hinaus ist auf curricularer Ebene in der Tat zu diskutieren, wie der Informatikunterricht so zu gestalten ist, dass er den Interessen der Frauen gerecht wird. Zum dritten ist festzustellen, dass die Untersuchungen sich nicht mit Fragen der Ausbildung der Informatiklehrerinnen auseinandersetzen. Nach unserem Eindruck (dies kann auf Grund der geringen Stichprobe nicht empirisch untermauert werden) ist der Anteil der Frauen, die Informatiklehrerinnen werden wollen, höher als der Anteil der Frauen in den »reinen« Informatikstudiengängen (die These wird tendenziell gestützt durch die quantitativen Analyse in naturwissenschaftlichen Fächern). Dies kann den Vorbildcharakter, der auch über konkrete Personen (in diesem Fall die Informatiklehrerin) weitergetragen wird, stärken und damit jungen Frauen eine Perspektive ermöglichen, die durch das Kennenlernen erfolgreicher Informatiklehrerinnen verbessert wird.

Darüber hinaus sollte angemerkt werden, dass die Zuordnung des Schulfachs Informatik in der gymnasialen Oberstufe zu dem Aufgabenfeld Naturwissenschaft ein Übriges dazu beiträgt, Genderprobleme, die den naturwissenschaftlichen Fächern zugeschrieben werden, auf das Schulfach Informatik zu projezieren.

Nach unserer Einschätzung gibt es also eine Reihe von Handlungsmöglichkeiten, die bisher in den Studien nicht expliziert wurden.

Den erfolgversprechensten Schritt in der Kette der notwendigen Maßnahmen stellt sicherlich die Einführung des Pflichtfachs Informatik dar. Der Fachdidaktik kommt dabei die Aufgabe zu, für die Gestaltung des Informatikunterrichts unter einer Genderperspektive Vorschläge zu unterbreiten, die ein Umsetzungpotenzial umfassen, das sich von der bisherigen Vorschlägen abhebt.

Genderdiskussion – Informatik in der beruflichen Bildung

Hinter einigen Überlegungen zur Genderdiskussion verbergen sich, insbesondere in Zeiten mit einerseits hoher Arbeitslosigkeit und auf der anderen Seite einem großen, unbefriedigten Bedarf nach qualifizierten Arbeitskräften in Informatikberufen, Ansätze mit einer ökonomisch orientierten Sicht (vgl. [Tischer 1998]). Interessant ist in diesem Zusammenhang, dass die Zuordnung eines Ausbildungsberufs zu einem Bereich offenbar zur Folge hat, dass der Anteil der Frauen höher oder niedriger ist, wie dem Berufsbildungsbericht des Jahres 2005 entnommen werden kann:

> Der Frauenanteil beträgt in den neuen Berufen wie auch im Vorjahr knapp 23%. Höhere Anteile haben die weiblichen Auszubildenden bei den Medienberufen, wie zum Beispiel bei den Fachangestellten für Medien- und Informationsdienste (78,0%) und bei den Mediengestaltern für Digital- und Printmedien (54,5%) sowie bei den kaufmännischen Berufen, wie Kaufleute für Verkehrsservice (64,7%), Veranstaltungskaufleute (64,6%), Kaufleute im Gesundheitswesen (72,6%) und Servicekaufleute im Luftverkehr (77,8%). Bei den neuen IT- Berufen beträgt ihr Anteil durchschnittlich 13,2% und hat sich damit gegenüber dem Vorjahr (14,0%) erneut leicht verringert. Unter den IT-Berufen erzielen die Informations- und Telekommunikationssystemkaufleute (28,0%) sowie die Informatikkaufleute (21,8%) höhere Werte (aus [BMBF 2005, S. 103]).

Genderdiskussion – Informatik in den Hochschulen

Im Zusammenhang mit dem Informatikstudium wurden von SCHINZEL ab 1991 Daten erhoben und weitere Überlegungen zusammengetragen und in dem Beitrag [Schinzel und Ruiz Ben 2002] verdichtet. Die Tendenz zur zunehmenden Verringerung des Anteils von Frauen läßt sich in den Informatikstudiengängen an den Hochschulen nachweisen. In der Bundesrepublik stellt sich im Vergleich mit den Vereinigten Staaten (vgl. [Danenberg 2001]) das Ungleichgewicht in einer stärkeren Ausprägung dar. Dennoch handelt es sich nicht um eine Singularität bundesrepublikanischer Strukturen.

9.2.3 Analyse des Bildungssystems unter einer Genderperspektive

Um zur Entwicklung des Bildungssystems unter einer Genderperspektive zu gelangen, ist es hilfreich, den Blick von der Informatik abzuwenden und eine allgemeinere Perspektive einzunehmen: Mit [Faulstich-Wieland und Nyssen 1998] wird eine Veröffentlichung zu den Geschlechterverhältnissen im Bildungssystem vorgelegt, der wir einen Abschnitt entnehmen, der diese Sicht illustriert.

Erstmals in der Geschichte sind Frauen im allgemeinbildenden Schulsystem formal besser qualifiziert als die jungen Männer. Dennoch stellt sich die Situation für die jungen Frauen immer noch ambivalent dar. Auch 1998 können die jungen Frauen noch immer nicht ihre »Vorteile« im allgemeinbildenden Schulsystem in entsprechende berufliche Qualifizierungen umsetzen. Hier bestätigen sich nach wie vor die schon 1984 herausgearbeiteten Benachteiligungen – schwierigerer Zugang zum gewerblich-technischen Bereich, stärkere Präsenz im traditionell-weiblichen Feld vollzeitschulischer Ausbildungen, starke Konkurrenz im Feld der begehrten Ausbildungen zu Warenkaufleuten. Dies gilt auch für Studentinnen, die – selbst bei dem gleichen Studienfach – (mit Ausnahme des öffentlichen Dienstes) häufig weniger verdienen, stärker von Arbeitslosigkeit betroffen sind bzw. eine Position einnehmen, die unter ihren formalen Voraussetzungen liegt. [...] Erst nachdem die Frauen hinsichtlich der formalen schulischen Qualifikation mit den jungen Männern gleichgezogen hatten bzw. diese überholt hatten, wurde der Widerspruch zwischen erreichter Allgemeinbildung und beruflicher Positionierung als schulisches Problem thematisiert. In diesem Zusammenhang wurden die strukturellen Begrenzungen, die es für Frauen (immer noch) gibt – der geschlechtsspezifisch segmentierte Ausbildungs- und Arbeitsmarkt und die Zuständigkeit von Frauen für den Reproduktionsbereich und die mit beiden verbundene Problematik von Frauenerwerbstätigkeit – weiterhin analysiert, der Blick wurde jedoch auch auf die innerschulischen Mechanismen, die zu den genannten Widersprüchen führen, gelenkt. Die Schule ist zwar nicht die Verursacherin des geschlechtsabhängig segmentierten Arbeitsmarktes, sie wirkt aber offensichtlich nicht der Einengung des inhaltlichen Spektrums der Kurswahlen der Mädchen (und Jungen) und in deren Folge auch der Einengung der Berufs- und Studienwahlen entgegen. Über Prozesse des heimlichen Lehrplans, so scheint es, werden die strukturellen Benachteiligungen von Frauen eher verstärkt als abgebaut.

[Faulstich-Wieland und Nyssen 1998]

Hiermit wird deutlich herausgestellt, dass eine ausschließlich auf das Schulfach Informatik orientierte Sicht, die Angabe von Ideen, wie die Situation geändert werden kann, Maßnahmen, die von verschiedenen Autorinnen angegeben werden, um die Situation partiell zu beeinflussen, nicht ausreichen werden, wenn die Gesamtheit der Rahmenbedingungen keine nachhaltige Veränderung erfährt. Dies gilt es auch bei den im Folgenden dargestellten Detailergebnissen zu berücksichtigen. Die Fachdidaktik muss sich mit den Ergebnissen (auch im Detail) auseinandersetzen, jedoch kann sie die grundlegenden Rahmenbedingungen der Gesellschaft nicht ignorieren.

9.2.4   Ergebnisse der Genderforschung für die Schulinformatik

Modellversuche zur Chancengleichheit von Mädchen und Jungen in Naturwissenschaft, Mathematik und Technik in der Sekundarstufe I und II

Die Ergebnisse der Modellversuche werden in [Faulstich-Wieland und Nyssen 1998] zusammenfassend dargestellt. Für unseren Kontext sind vor allem die informatikunterrichtsbezogenen Aussagen bedeutsam:

> Das Projekt »Geschlechtersozialisation und soziale Herkunft in ihrer Bedeutung für Lernchancen und Lernhindernisse im Informatikunterricht der gymnasialen Oberstufe« lief in der Sekundarstufe II eines Bremer Oberstufenzentrums [Volmerg u. a. 1996]. [...] Ziel des Projektes war die Förderung von Schülerinnen in Informatik. Rekonstruiert werden sollte, »was sich im Informatikunterricht zwischen Schülerinnen und Schülern, Lehrerinnen und Lehrern in der Vermittlung des Fachs und im Umgang mit dem Computer abspielt«. [...]

Folgende Ergebnisse lassen sich aus dem Modellversuch festhalten:

- Die Mädchen des ersten Mädchenkurses verstanden sich als Pionierinnen und als aktive Gestalterinnen des Schulversuchs. Ihre Identifikation mit dem Mädchenkurs war groß.

- Die Mädchen der beiden folgenden Kurse nahmen dagegen ein schulisches Angebot wahr, ihre Basis war also keine kämpferische Mädchensolidarität. Insofern gab es bei Teilen von ihnen auch keine Identifikation mit dem Mädchenkurs, sondern Aussagen, daß sie lieber einen gemischten Kurs belegt hätten, was aber stundenplantechnisch nicht ging.

- Die Orientierung der Mädchen an den Jungen wurde im Mädchenkurs nicht aufgehoben. [...] »Die Eigengruppe der Mädchen stärkt sich durch die Schwächung der Fremdgruppe der Jungen. Damit rekrutiert sich das Selbstbild der Mädchen aus dem Fremdbild der Jungen« [Volmerg u. a. 1996, S. 138].

- Ein Transfer der Erfolge im Mädchenunterricht in den anschließenden koedukativen Unterricht gelang nicht. »Der Erfolg im Mädchenkurs hat es den Mädchen offenkundig nicht ermöglicht, ein souveränes positives Selbstbild aufzubauen« [Volmerg u. a. 1996, S. 141].

- Gestärkt wurde aber offensichtlich die Wahrnehmungsfähigkeit für mädchenbenachteiligende Formen des koedukativen Kurses. Die Mädchen registrierten die

Orientierung des Unterrichts an den Jungen und die größere Aufmerksamkeit, die diese erhielten, und übten hieran deutliche Kritik.

Als Fazit aus dem Schulversuch resümieren die Autorinnen:

Geschlechtergetrennter (Informatik-)Unterricht in der gymnasialen Oberstufe macht ... dann für Mädchen Sinn, wenn die Schülerinnen und ihre Lehrkräfte in der Lage sind, den Raum jenseits der Geschlechterrolle sinnvoll zu füllen [Volmerg u. a. 1996, S. 143].

Dies geht jedoch nicht allein und nicht primär im getrennten Unterricht, wenn die Geschlechterverhältnisse ansonsten an der Schule unverändert sind, d. h wenn vor allem Lehrer im mathematisch-naturwissenschaftlichen, vor allem Lehrerinnen im sprachlich-musischen Bereich unterrichten, wenn Männer im allgemeinen Vollzeit-, Frauen zu großen Teilen Teilzeitstellen haben, wenn die Leitung ausschließlich aus Männern besteht.

»Solange die Schulöffentlichkeit diesen heimlichen Lehrplan als alltägliche Realität nimmt, solange lernen Jungen und Mädchen die Nachrangigkeit des weiblichen Geschlechts in der gymnasialen Oberstufe. Und sie lernen ebenfalls polarisierte Geschlechtsrollenzuschreibungen.
All dies lernen auch Mädchen in Mädchenkursen«
[Volmerg u. a. 1996, S. 144].

Abiturientinnen mit Robotern und Informatik ins Studium AROBIKS

Die Ergebnisse von Projekten, wie das von MÜLLERBURG [Müllerburg, Monika (Hrsg.) 2001] durchgeführte AROBIKS widersprechen der häufig am Stammtisch vorgetragene Position »Frauen und Technik – ... «, wie in der Zusammenfassung der Projektergebnisse deutlich wird:

Ablauf und Ergebnisse des vom Bundesministerium für Bildung und Forschung geförderten Vorhabens AROBIKS-V werden dargestellt und bewertet. AROBIKS-V war als Vorphase eines anschließenden Hauptprojekts angelegt, das einen Kurs erarbeiten und für Lehrkräfte verfügbar machen soll, der auf interessante Weise in Technik und Informatik einführt und dabei speziell Mädchen und Frauen anspricht. Im Mittelpunkt des Kurses steht das Entwerfen, Konstruieren, Programmieren und Testen von Robotern.
In der Vorphase wurden wichtige Grundbedingungen für das vorgesehene Hauptprojekt geklärt. Die grundlegende Annahme, daß Roboter und Roboterkurse sehr gute Chancen bieten, Hemmschwellen und Skepsis bei Mädchen und Frauen abzubauen, sie für Technik und Informatik zu interessieren und entsprechendes Wissen zu vermitteln, wurde bestätigt. Ein Konzept zur Gestaltung der Kurse wurde erarbeitet. Die überaus positive Resonanz – nicht nur bei den unmittelbar Beteiligten – ermutigt, den Kurs entsprechend den in der Vorphase erarbeiteten und im Bericht dargestellten Empfehlungen aufzubauen und verfügbar zu machen.
[Müllerburg 2001, S. 3]

9.2.5   Empfehlungen

Aus einigen der vorliegenden Studien können konkrete Gestaltungshinweise für einen Informatikunterricht abgeleitet werden, der den Interessen der Frauen und Männer gleichermaßen gerecht werden soll:

1. Jungen und Mädchen sollten in den Kursen »gleichverteilt« sein

2. Orientierung am Nutzen von Anwendungen der Informatiksysteme

3. Betonung der »kommunikativen Kompetenzen«

4. Weniger spielerische Interaktion

5. Berücksichtigung von Themen aus dem Bereich der theoretischen Informatik

Diese Ergebnisse können durchaus bei der Gestaltung der Schulinformatik berücksichtigt werden. Punkt ① verweist auf eine Rahmenbedingung, die es notwendig erscheinen läßt zwei Konsequenzen ins Auge zu fassen: erstens kann auf der schulischen Ebene durch Beratung dafür Sorge getragen werden, dass möglichst viele Schülerinnen die Wahlangebote auch tatsächlich wahrnehmen (zur Überzeugung der Beratungslehrerinnen sollte die Informatiklehrerin die Studie [Kessels 2002] heranziehen, die deutlich macht, dass nur in den Kursen, in denen gleich viele Jungen und Mädchen sind, geschlechtsbezogene Rollenzuschreibungen[11] ausbleiben. Letztlich und flächendeckend kann diese Forderung allerdings nur eingelöst werden, wenn Informatik ein Pflichtfach wird, dann stellt sich – zumindest in koedukativen Schulen – das Problem nicht mehr. Der Punkt ② sollte – verknüpft mit den Berufswahlentscheidungen junger Frauen, für die Gestaltung des konkreten Unterrichts Folgen haben. Sowohl dem Gestaltungsaspekt als auch dem Nutzungsaspekt ist im Unterricht fundiert Rechnung zu tragen. Im Zusammenhang mit unseren Vorschlägen zur methodischen Gestaltung des Informatikunterrichts haben wir an anderer Stelle bereits deutlich gemacht, dass dem Punkt ③ – unabhängig von der Genderperspektive für die Gestaltung jeden Informatikunterrichts für zentral einschätzen. Mit Punkt ④ wird auf die praktisch orientierten Phasen im Unterricht verwiesen. Hier werden deutlich Unterschiede in der Arbeit von Frauen und Männern sichtbar, die diese Forderung erklären können. Eine Möglichkeit, um der Forderung Rechnung zu tragen besteht darin, dies im Informatikkurs zu thematisieren. Eine weitere Möglichkeit ist darin zu sehen, dass die Arbeit mit den konkreten Systemen erheblich zielgerichteter vorbereitet und kontrollierter durchgeführt wird.

Punkt ⑤ verdeutlicht (verbunden mit dem bereits detaillierten Punkt ②) eine Orientierung, die auf die grundlegenden Erkenntnisse des Schulfachs und der zugrunde liegenden Fachwissenschaft verweist. Jede Informatiklehrerin wird mit Freude zur Kenntnis nehmen, dass dieser Themenbereich insbesondere den Interessen der Frauen entgegenkommt.

---

11 über die jeweils nicht anwesende Mehrheit des anderen Geschlechts

9.3   Aufgaben – Lösungen

Aufgabe 9.1:   Was ist der Intelligenzquotient?

Definieren Sie den Begriff Intelligenzquotient.

1. Klären Sie die durch die Ermittlung des Faktors Intelligenzalter und folgend Intelligenzquotient unterstellte »Gesamtintelligenz« (zu Berechnungsverfahren vgl. `http://de.wikipedia.org/wiki/Intelligenzquotient`).

2. Diskutieren Sie die Ergebnisse der Intelligenzforschung für die Vorhersagbarkeit einer Karriere.

3. Welche besonderen Elemente zeichnen – Ihrer Einschätzung nach – informatische Intelligenz aus? Wie werden diese Elemente in den Dimensionen bestehender Intelligenztests berücksichtigt?

Aufgabe 9.2:   Was ist Begabung?

Definieren Sie den Begriff Begabung.

Aufgabe 9.3:   Gender

Die Ergebnisse der Genderforschung sind nicht ohne weiteres auf einen Nenner zu bringen. Dennoch wird von Ihnen eine Einschätzung und Positionierung verlangt.

1. Ziehen Sie die in Anhang G angegebenen Rollenkarten heran und führen Sie das Rollenspiel zu diesem Tagesordnungspunkt der Lehrerkonferenz durch.

2. Geben Sie konkrete Maßnahmen an, die es ermöglichen, den [vermuteten] Interessen der Mädchen/Frauen zu entsprechen. Diese Maßnahmen können sich sowohl auf organisatorische auf auch auf inhaltige Dimensionen Ihres Informatikunterrichts beziehen.

Aufgabe 9.4:   Login-Vorgang

Beurteilen Sie die Möglichkeiten zu Erweiterung (Ausprägung) der Aufgabenstellungen des Login-Vorgangs unter den Perspektiven:

1. Begabung[sförderung]

2. Gender

Lösung 9.4:   Login-Vorgang

zu 1:

Vergegenwärtigen wir uns die möglichen Dimensionen des Login-Vorgangs (vgl. Bild 7.9), so ist es – mit Unterstützung durch entsprechende Arbeitsmaterialien – naheliegend, Problembereiche zu identifizieren, die im konkreten Unterricht nur am Rande bearbeitet werden. Zu diesen Problembereichen sollte die Lehrerin den Schülerinnen Wahlaufgaben stellen, sie mit den entsprechenden Materialien ausstatten und dann selbstständig an den Fragen arbeiten lassen. Den Schülerinnen, die (möglichst in Kleingruppen) in der Lage sind, sich mit diesen Bereichen selbstständig auseinanderzusetzen, sollten weitere Angebote gemacht werden. Beispielhaft ist hier auf den Bundeswettbewerb Informatik hinzuweisen. Dort werden Jahr für

Jahr anspruchsvolle Aufgaben entwickelt, die für talentierte Schülerinnen eine Herausforderung darstellen.

zu 2: Wenn den Empfehlungen (vgl. Abschnitt 9.2.5) Beachtung geschenkt wird und darüber hinaus das Wahlverhalten von Frauen für informatiknahe, neue Ausbildungsberufe Berücksichtigung findet, so können damit ein Schwerpunktentscheidungen begründet werden:

1. Aspekte der Gestaltung (z. B. Fragen der Softwareergonomie)

2. Nützlichkeit (z. B. Fragen zur Kryptografie)

3. Elemente, die auf theoretische Grundlagen verweisen (z. B. automatentheoretische Fragestellungen)

Diese Überlegungen stellen für das konkrete Beispiel einige Dimensionen dar, die den in Abschnitt 9.2.5 ausgesprochenen Empfehlungen Rechnung tragen.

9.4   Hinweise zur vertiefenden Auseinandersetzung

Visualisierung – Mentale Bilder – Lernhilfen

Die Diskussion zum Aufbau und zur Nutzung mentaler Modelle/mentaler Bilder ist umfänglich. Interessant an dieser Diskussion ist aus Sicht der *Didaktik der Informatik* vor allem, dass die Untersuchungen einige Aussagen erlauben, die für den konkreten Unterricht bedeutsam sind.

Seit einigen Jahren wurden vermehrt Medien auf der Basis von Informatiksystemen zur Visualisierung dynamischer Prozesse entwickelt. In Abschnitt 7.2.2 wurde eine Arbeitsumgebung zur Erprobung des Ablaufs von Algorithmen auf Graphen in Form einer animierten Darstellung vorgestellt.

An anderen Stellen wurden Entwicklungen angestoßen und zum Teil umgesetzt, die Informatiksysteme als flexible Medien zur Vermittlung abstrakter Konzepte in Form von dynamischen, interaktiv beeinflussbaren, graphisch orientierten Darstellungen nutzen. Beispiele:

- LEO – [Alex u. a. 2002]
- PyNassi – [Linkweiler 2002]
- . . .

Es stellt sich die Frage der Nutzungskontexte für den konkreten Informatikunterricht. Dazu sollen einige Ergebnisse in besonderer Weise hervorgehoben werden:

- Visualisierung kann bei vorhandenem Vorwissen gegenüber textueller Darstellung negative Effekte provozieren – »Code rules«, d. h. selbst statische graphische Darstellungen können im Lernprozess hinderlich sein.
- Dynamische Visualisierungen führen bei der kooperativen Bearbeitung von Problemen zu signifikant schlechteren Ergebnisse, als statische Visualisierung verbunden mit kooperativem Lernen.

In dem Kapitel Repräsentationsformen als Medium der Informationsgewinnung und Problemlösung geht [Koerber 2000, S. 30–37] differenziert auf die Diskussion folgender Punkte ein

- Interaktive versus statische Visualisierungen
- Visualisierungen versus Text
- Einfluss des Vorwissens auf die Effizienz von Visualisierungen

Visualisierungen sollten so gestaltet sein, dass Aufnahme, Strukturierung und Klassifizierung der graphischen Komponenten möglichst gut unterstützt werden.

All diese Ergebnissen sollten Konsequenzen für die Gestaltung des Unterrichts haben.

Genderdiskussion

Mit [Oechtering 2001] liegt die sehr informative Broschüre »Frauen in der Geschichte der Informationstechnik« vor, die sich für den Einsatz im Informatikunterricht eignet.

Genderdiskussion – Modellierung

Bezogen auf konkrete Modellierungsüberlegungen wurde von CRUTZEN in [Crutzen 2001] eine genderbezogene Sichtweise auf den Modellierungsprozess gezeigt.

Genderdiskussion – Studienwahl

Zur Situation bezüglich der geschlechtsbezogenen Wahl naturwissenschaftlich und noch deutlicher ingenieurwissenschaftlich orientierter Studiengänge wurden mit [Zwick und Renn 2000] Ergebnisse einer fundierten Studie vorgestellt.

10   Zur Professionalisierung

What about the teachers? They, of course, range from enlightened human beings (who have a good model of themselves, what it is that they are trying to communicate, and what the child's current model of the situation is), to those well-intentioned people who would like to teach (but lack talent), to those who take it as a job, or worse, drifted into it because »ed« was the easiest way through their young charges.

[Kay 1972]

Informatiklehrerinnen sind (zumindest) »Dienerinnen zweier Herren«. Die Fachwissenschaft und die Pädagogik haben im Laufe der Zeit ein ethisch-moralisches Selbstverständnis ihrer jeweiligen Profession entwickelt. Die Entwicklung von Professionen wird seit einigen Jahrzehnten unter dem Stichwort »Professionalisierungsdebatte« wissenschaftlich untersucht. Ausgewählte Ergebnisse dieser Diskussion werden auf den Beruf der Informatiklehrerin bezogen, um in der Lehrerbildung Anforderungen berücksichtigen zu können. Auch wenn diese Diskussion nicht beendet ist, so lassen sich doch einige Elemente identifizieren, die bis hin zu handlungsleitenden Anforderungen verdichtet werden können.

Im Ergebnis soll eine begründete Positionierung des eigenen professionellen Selbstverständnisses ermöglicht werden.

10.1   Professionalisierungsdebatte

Nachdem in der Mitte des letzten Jahrhunderts in den Vereinigten Staaten von Amerika dem dortigen pädagogischen Berufsstand die Professionalität formal abgesprochen werden sollte, entstand eine breite Debatte um die Klärung des Verständnisses der Profession. Dieser Debatte kommt in diesem historischen Zusammenhang eine existenzielle Rolle für einen ganzen Berufsstand zu. Sie führt in den Konsequenzen zur Professionalisierungsdebatte, die bis heute anhält.

Definition 10.1: Kodex

Eine Sammlung von Normen und Regeln eines Sachbereichs, bzw. die ungeschriebenen Normen des Verhaltens, an denen sich eine gesellschaftliche Gruppe orientiert, wird als Kodex (Plural: Kodizes) bezeichnet.[1]

Zum Begriff (etymologisch)

codex (lat.) »Schreibtafel aus gespaltenem Holz«

---

1 Die Zieldimensionen werden in Bild 10.1 am Beispiel des wohl bekanntesten Kodex, dem »Eid des Hippokrates« verdeutlicht.

Zum Hippokratischen Eid

Ein Merkmal von historisch seit langer Zeit anerkannten Professionen besteht in einem (ggf. ausformulierten) Kodex. Traditionell soll für unseren Kulturkreis hier der Hippokratische Eid erwähnt werden. »Der Hippokratische Eid ist ein zeitgebundenes Dokument der Medizingeschichte, das etwa um 400 v. Chr. entstanden sein dürfte. HIPPOKRATES von Kós (460–377 v. Chr.) ist vermutlich nicht selbst der Autor des Eides, doch kommt sein Text der geistigen Haltung des berühmten Verfassers der authentischen Schriften [...] durchaus nahe. Der Eid bot normierende, rational und pragmatisch motivierte Leitlinien für die Medizinerausbildung, das Arzt-Patient-Verhältnis, den ärztlichen Beruf und dessen Handlungsstrategie an.«[2]

Bild 10.1: Zum Hippokratischen Eid

Beschäftigen wir uns mit den bisher vorliegenden Ergebnissen der Professionalisierungsdebatte, so finden wir zunächst Versuche, eine definitorische Grundlage für eine Profession zu finden. Wir fassen sie dennoch nicht als Definition, sondern in Form einer Erklärung, da sie eher deskriptiven Charakter aufweist, denn definitorisch ausgestaltet ist. Einige der Begriffe und Formulierungen sind zu unscharf, als dass sie für eine Definition herangezogen werden können.

Erklärung 10.1: Profession

Eine Profession stellt eine spezielle Ausprägung beruflichen Handelns dar. Diese kann durch die folgende Charakteristik – im Sinne von Merkmalen – beschrieben werden:

1. systematisches Wissen, das besonderer Formen der Aneignung bedarf (häufig in Form einer wissenschaftlichen Ausbildung)

2. gesellschaftliche Werte, die durch das Handeln unterstützt/eingelöst werden [Berufsethos]

3. ständische Werte, die in autonomer Weise die Festlegung von Standards für die Ausübung und die Ausbildung ermöglichen

Die Zusammenstellung in der Erklärung 10.1 beschreibt Elemente, die von professionell handelnden Individuen eingelöst und umgesetzt werden (sollen). Dabei sind zwei sich widersprechende Kennzeichen ausgewiesen (② und ③). Typischerweise ist die Interpretation von ③ (und dort vor allem der Unterpunkt Ausübung) auf das individuelle Handeln bezogen, so dass beispielsweise eine Informatikerin lernen muss, dass sie gelegentlich auch »Probleme dorthin verweist, wo sie gelöst werden können« [Brödner u. a. 2005, S. 81].

---

2 Quelle: http://www.uni-heidelberg.de/institute/fak5/igm/g47/bauerhip.htm
– geprüft: 28. Juli 2005

Die Zusammenstellung der drei Merkmale in Erklärung 10.1 stellt – so nützlich sie auch im Einzelfall ist – die Reduzierung der Bestimmungsgrößen für eine Profession dar. Es wird der Eindruck erweckt, eine Profession konstituiert sich aus sich selbst. Diese Sicht kann in modernen, stark ausdifferenzierten Gesellschaften allein deshalb nicht aufrecht erhalten werden (oder als vollständig gelten), da eine gesellschaftliche Auseinandersetzung um »Zuständigkeiten« kein Bestandteil der Erklärung 10.1 ist. Dies ist ein zentraler Ausgangspunkt der jüngeren Professionalisierungsdebatte, die Ende des letzten Jahrhunderts auch die Bundesrepublik Deutschland erreicht. Die folgenden Punkte werfen beispielhaft ein Schlaglicht auf die Vielgestaltigkeit der Diskussionen um die Professionalisierung:

- Durchsetzung einer Profession

- Änderung der Bereiche, für die eine Profession »zuständig« ist

- machttheoretische Dimensionen bei der Durchsetzung

- gesellschaftlich-ökonomische Aushandlungsprozesse

- genderorientierte Beschreibung der gesellschaftlichen Arbeitsteilung und ihrer Zuschreibung, -weisung

- Verhältnis zwischen Klientin und professionell Arbeitender

- etc.

Mit dem Ausweis dieser Dimensionen befinden wir uns mitten in der Professionalisierungsdebatte, die bis heute nicht abgeschlossen ist.

Warum sollte sich eine [zukünftige] Informatiklehrerin mit diesen Fragen beschäftigen?

Ein Merkmal der Profession stellt der spezifisch ausgeprägte Aneignungsvorgang systematischen Wissens dar. Dabei stellt die Berufsgruppe der Lehrerinnen – von außen betrachtet – eine Mischung mehrerer Professionen dar. Dies kann an der Gestaltung der – wissenschaftlichen Kriterien genügenden – ersten Phase der Lehrerbildung gezeigt werden.

Ketzerisch gefragt: Kann durch die Sammlung von Credit-Points aus verschiedenen Fakultäten, die je eigenen Qualitäts- und Professionsvorstellungen verpflichtet sind, ein Ergebnis entstehen, durch das sich eine neue Profession konstituiert? Um dieser Anforderung konstruktiv Rechnung zu tragen, finden sich in der Gestaltung einiger Studiengänge für das Lehramt Veranstaltungen, die speziell für diese Gruppe angeboten werden. Diese Form der Gestaltung wird vor allem für die Lehrämter angeboten, die für den Unterricht in den Jahrgangsstufen eins bis zehn qualifizieren. Allerdings findet sich diese Ausgestaltung eher in den Studiengängen, die von der Lehrerbildung »leben« – in den Informatikfakultäten stellt sie eher eine Ausnahme dar.

Damit gehört die Informatiklehrerin **drei** Berufsgruppen[3] an, die je einen eigenen – unterschiedlichen – Weg zur Professionalisierung hinter sich gebracht haben und verschiedene Anforderungen für besondere Aneignung des bereichsspezifischen Wissens pflegen. Damit bedarf es der »doppelten Vergewisserung« der Berechtigung, die Professionalität des Handelns als Informatiklehrerin in Anspruch zu nehmen.

Professionalität der Lehrerin?

Beginnen wir mit der Durchsetzung des Berufs der Lehrerin, so folgen auf dem Fuße Fragen, die bis heute nicht zufriedenstellend geklärt werden können:

- Wie läßt sich erklären, dass die Abbildung des klassischen Fächerkanons »der Griechen«[4] in der Schule bis heute Bestand hat, obwohl seit ca. 100 Jahren die faktische und ökonomisch wirksame Dominanz der Naturwissenschaften nachgewiesen werden kann?

- Wie kann erklärt werden, dass sich der Beruf der Lehrerin bis heute so vererbt, als ob der Satz aus dem Eid des Hippokrates:»Mit Unterricht, Vorlesungen und allen übrigen Aspekten der Ausbildung werde ich meine eigenen Söhne, die Söhne meines Lehrers und diejenigen Schüler versorgen, die nach ärztlichem Brauch den Vertrag unterschrieben und den Eid abgelegt haben, aber sonst niemanden«[5] auch nach der Aufklärung und der Freiheit der Berufswahl weiterhin Bestand hat.

- Können Erklärungsmuster für die Verwissenschaftlichung der Lehrerbildung gefunden werden?

Dies sind einige der Fragen, auf die in der Professionalisierungsdebatte Antworten gesucht werden. Im Folgenden wenden wir uns – trotz dieser spannenden Fragestellungen der Professionalisierungsdebatte – stärker Fragen zu, die konkret auf das Handeln in der jeweiligen Profession bezogen sind und darüber hinaus in der jeweiligen Berufsgruppe zu einer gewissen Verständigung geführt haben, worin die Spezifika der jeweiligen professionellen Ausübung des Berufes besteht. Damit kommen wir auf den Punkt ② der Erklärung 10.1 zurück und führen diesen in Abschnitt 10.2 weiter aus, indem wir Beispiele (und Belege) für die Kodifizierung angeben. Nach unserer Überzeugung ist die [Selbst-]Vergewisserung im Kontext professionell Handelnder die zentrale Voraussetzung für die permanent notwendige Rekonstruktion im Kontext der alltäglichen Handlungen.

---

3 Jede Informatiklehrerin wird auch in einem zweiten (das sich selbstverständlich als erstes Fach versteht) Fach qualifiziert. Diese Situation stellt ein Spezifikum der bundesdeutschen Lehrerbildung dar. Die Konsequenz liegt auf der Hand: Um die zukünftige Lehrerin in angemessener Zeit in zwei Fächern mit einer ausgewiesenen fachlichen Basis auszustatten, und darüber hinaus in jedem der beiden Fächer eine solide fachdidaktische Qualifikation anzubieten, fehlen die Ressourcen. So wird z. B. allzu häufig ein Teil der unabdingbaren Fachdidaktik zur Fortführung primär fachlich orientierter Fragestellungen zweckentfremdet.

4 Die sieben freien Künste: Grammatik, Dialektik, Rhetorik, Geometrie, Arithmetik, Astronomie/Astrologie und Musik dienten nicht primär dem Gelderwerb, während die praktischen Künste berufsorientierend gestaltet waren; darüber hinaus sowohl die Naturwissenschaften, aber auch die Technik umfassten.

5 Quelle vgl. Fußnote 2

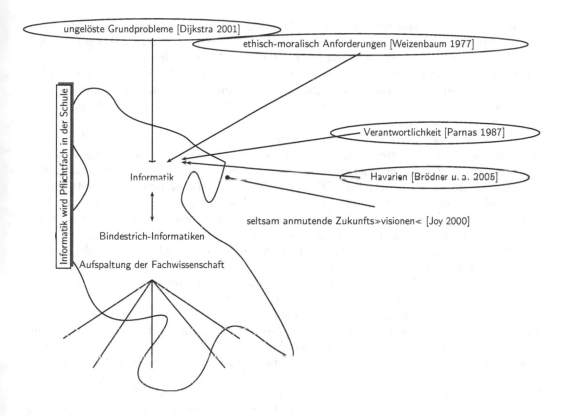

Bild 10.2: Dimensionen – Professionalisierungsdebatte der Informatik

Professionalität der Informatikerin?

Bereits die in Kapitel 2 rudimentär dargestellte Geschichte der Herausbildung der Fachwissenschaft zeigt deutlich, dass sich über zwei Generationen im gesellschaftlich-politisch-ökonomischen Widerstreit sehr unterschiedlicher Interessen die Wissenschaft Informatik konstituiert hat.

Heute befinden wir uns an einem Punkt, an dem möglicherweise eine Aufsplittung dieser Wissenschaft bevorsteht. Die Zahl der »Bindestrich«-Informatiken ist über die Maßen gewachsen. Keine der anderen Professionen glaubt heute, ohne eine »-Informatik« auskommen zu können. Keine Informatikerin überschaut mehr die Fachwissenschaft in ihren Ausprägungen, ihren Einsatzfeldern, ihren Erfolgen und Misserfolgen. Selbst Expertinnen mangelt es in gewissen Teilbereichen an der Fähigkeit, zukünftige Möglichkeiten der Informatik realistisch einzuschätzen. Auch wenn es inzwischen in der Öffentlichkeit um die Forschungen zur KI sehr ruhig geworden ist, finden immer mal wieder unglaublich klingende Aussagen ihren Weg in die Öffentlichkeit. So erschien beispielsweise im Juni 2000 ein Beitrag mit dem Titel »Warum die Zukunft uns nicht braucht. Die mächtigsten Technologien des 21. Jahrhunderts – Robotik, Gentechnik und Nanotechnologie

– machen den Menschen zur gefährdeten Art« [Joy 2000][6] in der honorigen FAZ.

Gleichzeitig sind zentrale Fragen der Fachwissenschaft nicht befriedigend geklärt, wie die auf Seite 19 zitierte Aussage von DIJKSTRA augenfällig verdeutlicht. In der Fachwissenschaft finden immer wieder Auseinandersetzungen um eine Bestimmung der ethischen Grundlagen und von Grenzen statt, wie sie eindrucksvoll von bekannten Informatikern (PARNAS – vgl. [Parnas 1986], [Parnas 1987] und WEIZENBAUM – vgl. [Haller 1990]) öffentlich dargestellt und vertreten werden.

Die damit ausgewiesenen Rahmenelemente sind in Bild 10.2 graphisch dargestellt. Die verschiedenen Pfeilarten in der Graphik sollen andeuten, dass die Einflüsse sowohl unterschiedliche Zieldimensionen aufweisen, aber auch verschiedene Elemente in der Professionalisierungsdebatte betreffen. Die Darstellung ist darüber hinaus bei weitem nicht vollständig; nicht zuletzt bemühen sich Berufsverbände um die Kodifizierung der Maßstäbe, die an das professionelle Handeln anzulegen sind. Hier können für den Bereich der Informatik einige Empfehlungen ausgewiesen werden (siehe Abschnitt 10.2.2).

Dennoch – und trotz des Fachgebiets Informatik und Gesellschaft – fehlt es offenbar an einer Habituierung und Internalisierung eines Kodex im Zusammenhang mit der Professionalisierung: kaum eine Informatikerin lehnt die Erledigung eines an sie herangetragenen Arbeitsauftrages mit Bezug auf einen Kodex ab.

Andererseits zeichnet sich – wie in Kapitel 4 verdeutlicht wird – ab, dass sich die Informatik als Schulfach auf dem Weg in die allgemeine Bildung begeben hat und durchaus einige Erfolge zu verzeichnen sind, die den Anspruch des Faches nicht nur als berechtigt sondern auch als durchsetzungsfähig erscheinen lassen. Vergleichen wir diese Situation mit der Durchsetzung der naturwissenschaftlichen Fächer als Bestandteil der allgemeinen Bildung, so wird deutlich, dass das Fach zwar inzwischen als Wissenschaft gesellschaftlich breit anerkannt ist, die Durchsetzung eines Pflichtfachs allerdings damit noch lange nicht gesichert erscheint.

Im folgenden Abschnitt wird die in der Informatik beginnende Professionalisierungsdebatte (vgl. [Nake u. a. 2005]) nicht weiter verfolgt. Wie oben für die Profession der Lehrerin als Ziel dargestellt – diskutieren wir ausgehend von Punkt ② der Erklärung 10.1 mit Hilfe existierender Kodizes, welche ethischen Anforderungen von Standesorganisationen formuliert und vorgeschlagen werden.

10.2 Berufsethos von Informatiklehrerinnen

Bei den Untersuchungen im Zusammenhang mit der Professionalisierungsdebatte stellt sich heraus, dass eines der Kennzeichen von Professionen ein (ggf. kodifizierter) Berufsethos ist (vgl. Punkt ② der Erklärung 10.1). Für Informatiklehrerinnen sind dabei zwei Dimensionen bedeutsam, die im Folgenden an Hand von existierenden Kodizes vorgestellt werden.

---

6 Der Text eignet sich, um in der Schule mit Schülerinnen über Thesen zur KI ins Gespräch zu kommen. Andererseits dokumentiert dieser Text eine Sicht auf die Entwicklungspotenziale der Informatik, die m. E. unrealistisch sind.

10.2.1   Der sokratische Eid für Lehrerinnen

Angelehnt an den hippokratischen Eid der Ärzte wurde mit [von Hentig 1992] der sokratische Eid für Lehrerinnen formuliert und veröffentlicht (vgl. Anhang A.2).

Das Dokument zeigt beispielhaft, dass Lehrerinnen sich zuvorderst jedem Kind als Individuum verpflichtet fühlen sollten. Von HENTIG weist einige Dimensionen aus, die diese Verpflichtung detaillieren. Neben der ausgesprochen humanistischen Grundhaltung, die das Dokument auszeichnet, wird eine pädagogische Grundhaltung deutlich, die durch die Bezeichnungen »Pädagogisches Verhältnis« und »Wachsenlassen als pädagogisches Prinzip«[7] und die immer modernen Begriffe »Fordern und Fördern« charakterisiert werden können. Weiterhin werden Zielvorstellungen der professionellen Arbeit deutlich, die mit den Begriffen Mündigkeit, Verantwortlichkeit, Zielorientiertheit und Wahrhaftigkeit bezeichnet werden (können). Unter dem Gesichtspunkt der Fachlichkeit und damit der inhaltlichen Verpflichtung der Lehrerin ist die implizite didaktische Grundhaltung von Bedeutung, die sich darin manifestiert, dass in dem Dokument Perspektiven und Entwicklungshorizonte für den Umgang »mit der Welt« und die »angestrebte Welt« deutlich werden. Diese finden wir in den Punkten:

- das Kind »auf die Welt einzulassen«

- »das gemeinte gute Leben«

- »Vision von der besseren Welt«

Die weitere Ausgestaltung für das Schulfach Informatik sollte m. E. unter einer fachdidaktischen Perspektive im Zusammenhang mit der Diskussion um Standards für die Informatische Bildung erfolgen. Ein erster Ansatz wurde in der Entwicklung der »Vision« von PUHLMANN (vgl. Abschnitt 4.4, Bild 4.6) vorgenommen. Diese anzustrebende Zielvorstellung sollte für die Lehrerbildung Informatik und für den konkreten Informatikunterricht weiter ausdifferenziert werden, um so als Grundlage für eine professionell arbeitende Informatiklehrerin gelten zu können.

10.2.2   Ethische Kodizes für Informatikerinnen

Wenn wir uns die Situation der berufsständischen Organisationen der Informatikerinnen ansehen, finden wir einige Verbände, die mit unterschiedlicher Tradition und Zielrichtung die Interessen der Informatikerinnen im Sinne von Standesorganisationen vertreten. Diese Organisationen sind auf nationalen und internationalen Ebenen wiederum zu Einheiten zusammengeschlossen, die ihrerseits Einfluss auf die Rahmenbedingungen nehmen, unter denen Informatikerinnen arbeiten (können, sollen, müssen).

GI

Von der GI wurden 1994 ethische Leitlinien veröffentlicht, die vorher den Mitgliedern zur Abstimmung vorgelegt wurden. In der Zwischenzeit wurden diese Leitlinien überarbeitet (vgl. [GI 2004]). Wir haben sie in Anhang A.3 dokumentiert.

---

7 Beide Begriffe wurden in der Reformpädagogik zu Beginn des letzten Jahrhunderts geprägt.

Die Leitlinien unterscheiden sich von dem »Sokratischen Eid« (vgl. Anhang A.2) derart, dass eine differenzierte Darstellung der Zielsetzung notwendig wird.

Einerseits ist es eine Bezugnahme auf berufsständisch organisierte Mitglieder, die auf dieser Basis ethisch verantwortlich handeln. Der Berufsstand zeichnet sich zwar – ähnlich dem Beruf der Lehrerin – durch große Inhomogenität aus, ist aber andererseits durch eine inhaltlich-fachliche Klammer verbunden, die in den Leitlinien ihre Berücksichtigung findet. So wird auf ein differenziertes Kompetenzmodell gesetzt, bei dem die einzelnen Kompetenzen nach der Art der beruflichen Position deutlich ausdifferenziert werden. Dazu werden die drei Gruppen

I »das [einfache] Mitglied«,

II »das Mitglied in einer Führungsposition« und

III »das Mitglied in Lehre und Forschung«

unterschieden. Jeder Gruppe werden – neben den allgemeinen Kompetenzen – differenziert Hinweise gegeben, worin ihre besondere Ausprägung der Professionalität besteht. In einem letzten Punkt (**IV**) wird herausgestellt, welche Rolle die Standesorganisation in dem Gesamtkontext übernimmt. Allerdings gibt es keine Aussage zu Sanktionsmöglichkeiten.

IFIP

Von der IFIP wird 1995 den nationalen Gesellschaften mit [IFIP Ethics Task Group 1995] ein Rahmen zur Orientierung empfohlen, der seither weiterentwickelt und -diskutiert wird.

Damit haben zwei wichtige [Standes-]Organisationen sich der Aufgabe gestellt und eine Diskussion eingeleitet, die allerdings darunter leidet, dass die Beteiligung der professionell Arbeitenden eher zurückhaltend genannt werden muss.

Neben den vorgestellten Beispielen haben sowohl das **F**orum **I**nformatikerInnen für **F**rieden und gesellschaftliche Verantwortung (FIfF) als auch ihre Schwesterorganisation in den Vereinigten Staaten von Amerika, die **C**omputer **P**rofessionals for **S**ocial **R**esponsibility (CPSR) bereits durch ihre explizierten Zielsetzungen – nachzulesen auf den Webseiten der Organisationen

- http://www.fiff.de/

- http://www.cpsr.org/

eine klare Ausrichtung auf den verantwortlichen Umgang mit Informatiksystemen. Beide Organisationen haben sich im Zusammenhang mit der Friedensbewegung konstituiert und sind vor allem mit Aussagen zum militärisch-industriellen Komplex und der Rolle der Informatik in diesem Zusammenhang bekannt geworden. Zunehmend beschäftigen sie sich mit gesellschaftlich orientierten Fragestellungen.

Weitere Kodizes

Auch in Feldern, die mit der Profession indirekt verknüpft sind, wurde der Versuch unternommen, das individuelle Handeln zu kodifizieren. Einige herausragende Beispiele sollen daher ebenfalls vorgestellt werden und sind darüber hinaus im Anhang dokumentiert, da sie zeigen, dass in Bereichen, die technisch strukturiert sind, an vielen Stellen verantwortliches Handeln in einer Form dargestellt werden kann, die Anlass bietet, eine eigene Position an diesen Handlungsmaßgaben zu entwickeln.

»Hackerethik«

Als erstes wird hier die so genannte »Hackerethik« [CCC 1998] (Chaos Computer Club e. V. (CCC) – vgl. Anhang A.5) genannt, da sie einen anderen Blick auf die Arbeit mit Informatiksystemen gestattet, als üblicherweise mit dem Begriff der »Häckse«[8] assoziiert wird.

Uns scheint bedeutsam, dass über die Zuschreibungen, die häufig genug öffentlich, unreflektiert und ohne Kenntnis der tatsächlichen Absichten vorgenommen werden, eine Mystifizierung erfolgt. Hier besteht Handlungsbedarf in Form der Aufklärung der Beweggründe, die dazu führen, dass »gehackt« wird. Schülerinnen kennen – ohne sich mit dem Thema explizit beschäftigt zu haben – diese Zuschreibungen, da sie in den Medien präsent sind. Das Thema eignet sich für einen schülerorientierten Zugang zu ethischen Fragen der Informatik.

Allerdings sind zum gegenwärtigen Zeitpunkt keine konkreten Unterrichtsmaterialien veröffentlicht.

Leitfaden des Deutsches Forschungsnetz e. V. (DFN)

Der »Leitfaden des DFN zur verantwortungsvollen Nutzung von Datennetzen« [ALWR und DFN 1993] zeigt wiederum eine spezielle Sicht – gerade bezogen auf die professionelle Arbeit mit Datennetzen, wie sie für unsere alltäglich zu erledigenden Aufgaben zunehmend wichtig geworden ist. Die damit dokumentierte Sicht eignet sich insbesondere, um Elemente der Nutzungsordnung der Schule zu erklären. In Abgrenzung zur Hackerethik wird so deutlich, worin die Verantwortlichkeit der Schule gegenüber den Schülerinnen einerseits und gegenüber den Zielen des Einsatzes von Informatiksystemen in der Schule und dem Träger besteht. Daher wurde das Dokument ebenfalls in den Anhang aufgenommen: vgl. Anhang A.4.

Zusammenfassung und Hinweise zur Umsetzung

Zugangsmöglichkeiten – Hochschule

Kodizes und die Auseinandersetzung um ihren Stellenwert (legal versus legitim) liefern an Hand praktischer Übungen, wie sie z. B. im Hackerpraktikum an der TU Darmstadt [Schumacher u. a. 2000] vermittelt werden, Hintergründe für scheinbar technisch bestimmte Regeln. Auf diese Weise wird ein handelnder Zugang zu ethischen Fragestellungen eröffnet. Gerade für Informatikerinnen scheint eine solche Zugangsmöglichkeit zu diesem Thema zielführend zu sein.

---

8 Weibliche Form für »Hacker« – vgl. http://www.haecksen.org/

Zugangsmöglichkeiten – Lehrerbildung und Schule
Auf der anderen Seite zeigen diverse Nutzungsordnungen von Schulen oder Studiensemi-naren (exemplarisch: die Nutzungsordnung für die Informatiksysteme in einem Studiense-minar: `http://semsek2.ham.nw.schule.de/Service/Ordnung_neu`) das dieser Bereich der Regelung für den konkreten Einsatz bedarf, damit die angebotenen Möglichkeiten in verantwortlicher Weise genutzt werden.

So läßt sich – auch in unterrichtlichen Kontexten – deutlich machen, dass ein Verständ-nis der Entwicklung von Regelungen nicht ohne grundlegende informatische Kompetenzen möglich ist. Einige Kodizes sind in den Anhängen A.3ff dokumentiert, um auf diese Wei-se zu ermöglichen, sie als Kopiervorlage direkt für den Einsatz im Unterricht nutzen zu können.

Weitere Entwicklung
Die Auseinandersetzung um die konkrete Ausgestaltung von Regeln, die von professio-nell arbeitenden Informatikerinnen entwickelt wurden, verdeutlicht die gesellschaftliche Dimension der Wissenschaft/eines Unterrichtsfachs. Diese Diskussion muss auf einer fach-lich ausgewiesenen Basis erfolgen. Schülerinnen müssen, um damit dem Ziel der Mündig-keit gerecht zu werden, die Konflikte erkennen, die vorgeschlagenen Lösungsmöglichkeiten abwägen und zu eigenen, begründeten Positionen in diesem Feld begleitet werden. Dies ist eine der ursächlichen Aufgaben des Informatikunterricht. Im Modulkonzept (vgl. [Hum-bert 2003]) ist dies Teil der Dimension »Informatiksysteme verstehen und verantwortlich nutzen«.

10.3 Zu den Kompetenzen von Informatiklehrerinnen

Überlegungen zu Profession beinhalten (vgl. Erklärung 10.1) Fragen nach der Ausbil-dung und Ausprägung der Professionalität. Werden diese auf eine konkrete Profession bezogen, so finden sich einerseits, wie im letzten Abschnitt deutlich wurde, Konkretionen im Sinne von Kodizes, d. h. Maßgaben für verantwortliches Handeln. Andererseits wird in den zurückliegenden Jahren verstärkt mit Kompetenzmodellen und der differenzier-ten Darstellung einzelner Kompetenzen beschrieben, welche Konkretion eine allgemein formulierte Anforderung erfahren muss, um handlungswirksam zu werden. Daher ist es unabdingbar, die Professionalität unter diesem Gesichtspunkt »kleinzuarbeiten«.

10.3.1 Lehrerkompetenz

In der aktuellen Diskussion wird der Kompetenzbegriff geradezu inflationär gebraucht und kaum je definiert. Wir haben in dem vorliegenden Buch den Begriff Kompetenz bereits an anderer Stelle erklärt (vgl. Erklärung 4.2). Um den allgemeinen Kompetenz-begriff auf eine konkrete Profession (den Beruf der Lehrerin) zu beziehen, wird er mit der Erklärung 10.2 konkretisiert, in dem die Elemente angegeben werden, die die Kompe-tenzen umfassen müssen. Für unseren Diskussionskontext wurde die Erklärung aus dem Abschlussbericht der von der KMK eingesetzten Kommission zu den »Perspektiven der Lehrerbildung in Deutschland« zu Grunde gelegt (vgl. [Terhart 2000a, S. 54]).

Erklärung 10.2: Lehrerkompetenz

Die Lehrerkompetenz besteht in dem Verfügen über Wissensbestände, Handlungsroutinen und Reflexionsformen, die aus der Sicht einschlägiger Profession und wissenschaftlicher Disziplinen zweck- und situationsangemessenes Handeln gestatten.

Wie werden die in dieser Erklärung geforderten Elemente erworben? In dem oben genannten Bericht werden in drei Dimensionen als Grundlagen der Lehrerkompetenz ausgewiesen (vgl. [Terhart 2000a, S. 55f]):

1. wissenschaftlich fundiertes *Wissen*

2. situativ flexibel anwendbare *Routinen*

3. ein besonderer *Berufsethos*

Es wird allerdings betont, dass kein wissenschaftlich erprobtes Regelsystem existiert, das direkt zu diesen Kompetenzen führt.

Kompetenzen und Professionalisierung

Die Erklärung 10.2 erinnert an die von uns (unabhängig von den Lehrerkompetenzen) zu Beginn des Kapitels dargestellten Beschreibung der Merkmale einer Profession (vgl. Erklärung 10.1) – der Unterschied betrifft einzig die Reihenfolge der Punkte ② und ③. Diese Ähnlichkeit verweist und auf die zentrale Problematik, die mit dem Begriff Kompetenz verbunden ist: wenn sie sich auf die Profession bezieht, handelt sie sich die oben im Abschnitt 10.1 zur Professionalisierungsdebatte dargestellten Schwierigkeiten der Bestimmung der Professionalität ein. Daher scheint zur Zeit die Strategie vorzuherrschen, durch definitorische »Bestimmungen« dem Problemfeld zu entgehen.

Dies kann so kaum gelingen. Es ist zu hoffen, dass zumindest unter Informatiklehrerinnen klar ist: die Diskussion um Kompetenzen des Berufs der Lehrerin muss auf eine breiter ausgewiesene und wissenschaftlich zu bearbeitende Basis gestellt und bezogen werden, da ihr andernfalls eine rein zuschreibende und nicht konstituierende Funktion zufällt.

Da kaum zu erwarten steht, dass diese Überlegungen bei der Formulierung von Normen berücksichtigt werden, steht zu hoffen, dass die tatsächlichen Profis sich mit der Profession und der aus ihrer Professionalität entstehenden Fragen in konstruktiver Weise auseinander setzen und somit eine berufliche Handlungskompetenz erlangen, die verantwortlich gestaltet und reflektiert werden kann.

10.3.2   Informatiklehrerkompetenz

Konkretisieren wir die oben dargestellten Ergebnisse für Informatiklehrerinnen, so geht es um eine Ausgestaltung der in den Dimensionen allgemein formulierten Anforderungen. Die Überlegungen zum Berufsethos haben wir bereits in Abschnitt 10.2 – bezogen auf die Informatiklehrerin – dargestellt.

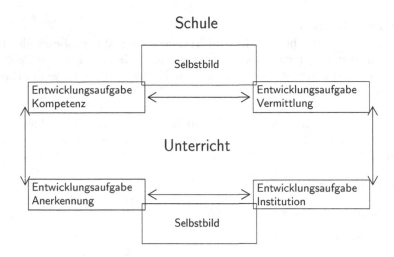

in Anlehnung an [Hericks 2003b, S. 16]

Bild 10.3: Unterricht als Kernkompetenz

Überlegungen zum wissenschaftlich fundierten Wissen ergeben sich aus den Anforderungen, die durch das Fach[9] und die begleitenden fachdidaktischen und pädagogischen Anforderungen bestimmt sind. In dem vorliegenden Buch wurde diese Ausgestaltung durch konkrete Elemente auf der fachdidaktischen Sicht in vielen Dimensionen entfaltet.

Darüber hinaus sind gerade für Informatiklehrerinnen einige Anforderungen in einer besonderen Ausprägung konstitutiv (d. h. sowohl im Sinne von Voraussetzungen, aber erst recht in den zu erwerbenden Routinen) dies betrifft den Rahmen, der die konkrete Kerntätigkeit des Unterrichtens der Lehrerin ausmacht, aber auch die über den konkreten Fachunterricht hinausgehenden Anforderungen. Einige Elemente, die diese Anforderungen konstituieren, wurden im Abschnitt 7.1.6 dargestellt. Den daraus erwachsenen Notwendigkeiten für die notwendige fachliche Kompetenz wurde bisher im Studium dadurch Rechnung getragen, dass die Fachdidaktik einen Teil ihrer Ressourcen für diese Qualifikation zur Verfügung stellte.

---

9 Kritische Stimmen zur Ausbildung von Informatikerinnen sollen hier nicht weiter vertiefend diskutiert werden. Allerdings soll nicht verabsäumt werden, auf einige der Positionen hinzuweisen:

- Zu der – nach seiner Meinung – mangelhaften Ausbildung von Informatikerinnen äußert sich PARNAS in [Parnas 1990].

- Was zeichnet eine professionelle Informatikerin aus? Dieser Frage widmet sich [Lethbridge 2000].

- Für eine Konferenz zur Theorie der Informatik im Jahr 2001 in Heppenheim legten REIFF, SCHINZEL und RUIZ BEN mit [Reiff u. a. 2001] ein Papier zur Professionalisierung vor.

10.4   Entwicklung situativ flexibel anwendbarer Routinen

Nach der Darstellung der Voraussetzungen zur Professionalisierung und der Konkretisierung in den beiden Dimensionen Berufsethos sowie Kompetenzen und dazu notwendige Rahmenbedingungen (vgl. Abschnitte 10.1–10.3) ist die Untersuchung des Erwerbs von Routinen im Umgang mit der Komplexität des beruflichen Handelns ein weiteres Element, dem wir uns in diesem Kapitel widmen.

Forschungslage
Zu diesem – für den Erwerb einer beruflichen Handlungsfähigkeit besonders wichtigen – Kennzeichen der Profession liegen kaum gesicherte Forschungsergebnisse vor. In der Belastungsstudie [Combe und Buchen 1996] wurde in eindrücklicher Weise die Situation in bundesdeutschen Lehrerzimmern und Schulen dokumentiert.

Bildungsgangdidaktik
Auf einen interessanten Forschungsansatz zu diesen Fragen stoßen wir im Zusammenhang mit der Bildungsgangdidaktik. In [Hericks 2003a] wird die Konzeption einer aktuellen, noch nicht abgeschlossenen Untersuchung zur Berufseingangsphase[10] von Lehrerinnen vorgestellt. Dabei wird, ausgehend vom didaktischen Dreieck (vgl. Bild 3.1), das Beziehungsgeflecht zwischen verschiedenen Dimensionen, die das eigene – professionelle – Handeln konstituieren, deutlich.

Bezugsdimensionen

- eigene Person (Lehrerin)

- Sach- und Fachvermittlung (Stoff)

- Adressaten und Institution (Schülerin und mehr ...)

Aus diesen Dimensionen werden – im Sinne der Bildungsgangdidaktik – Aufgaben für die Unterstützung der zunehmenden Routinierung abgeleitet:

berufliche Entwicklungsaufgaben

- Kompetenz   • Vermittlung   • Anerkennung   • Institution

In Bild 10.3 ist die Verzahnung der Dimensionen und der Entwicklungsaufgaben graphisch dargestellt. Dabei wird deutlich die Kernkompetenz Unterrichten in den Mittelpunkt gerückt. Allerdings zeigen die ersten Ergebnisse aus dem Forschungsprojekt (vgl. [Hericks 2003a, S. 8f]) differenzierte Sichten.

---

10 Damit bezeichnet HERICKS die ersten rund drei Jahre eigenverantwortlicher Berufstätigkeit.

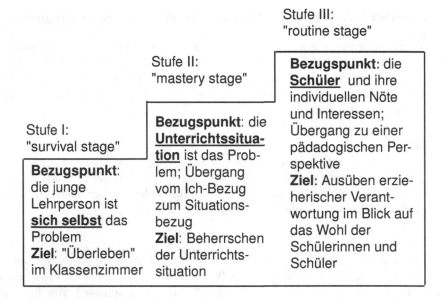

nach [Hericks 2003b, S. 8]

Bild 10.4: Dreistufiges Kompetenzentwicklungsmodell

Kompetenzentwicklungsmodell

Das dreistufige Modell des gelungenen Aufbaus professioneller Handlungskompetenz wird – als Idealmodell – in Bild 10.4 dokumentiert. Es macht deutlich, in welchen aufeinander folgenden Stufen der Aufbau von Handlungskompetenzen erfolgt.

1. Überleben im Klassenzimmer

2. Beherrschung bzw. Gestaltung von Unterricht als beruflichem Normal-Level

3. Eingehen auf die individuellen Probleme der Schüler und im Blick auf sie erzieherische Verantwortung ausüben

In der dritten Stufe wird die Kompetenz erreicht, die der Erwartung (der Gesellschaft) entspricht, die mit dem Lehrerinnenberuf verbunden sind. Allerdings wird die dritte Stufe innerhalb der zweiphasigen Ausbildung kaum erreicht.

Da es sich um die Darstellung der Situation für die allgemeine Lehrerbildung handelt, ist hier kein besonderer Fokus auf die Spezifika der Informatiklehrerin erkennbar. Es ist sicher eine fachdidaktisch hochinteressante Aufgabe, die mit der Bildungsgangdidaktik verbundene Untersuchungsmethodik konkret auf die Berufseingangsphase anzuwenden, um die Spezifik unserer Profession unter diesem Gesichtspunkt zu beleuchten.

10.5 Forschendes Lehren

Im Unterschied zur Unterrichtsform des forschenden Lernens (vgl. Abschnitt 3.3, S. 46 und Tabelle 3.6) besteht das Ziel des forschenden Lehrens darin, dass Lehrerinnen ihren Alltag mit wissenschaftlichen Methoden untersuchen.

Dies ist sinnvoll, weil nur mit wissenschaftlichen Methoden erzielte Ergebnisse einer Forschungsgemeinschaft Anlass geben, über weitere notwendige Entwicklungen zu reflektieren und diese in das Kalkül einzubeziehen. Durch den fehlenden Rückbezug der dritten Phase der Lehrerbildung auf die erste (und teilweise zweite) Phase klafft in vielen Fachdidaktiken eine Lücke zwischen Theorie und Praxis. Fachdidaktisch postulierte Ziele und Methoden finden in der alltäglichen Unterrichtspraxis keine Umsetzung, da der Forschung »Schulferne« und mangelnde Praxisnähe attestiert wird und von Seiten der Fachdidaktik den Lehrerinnen unterstellt wird, dass sie nur ein Interesse an Rezepten haben.

> Forschungsmethodisch ergibt sich ein Dilemma: da bei empirischen Untersuchungen möglichst viele Faktoren »eingefroren« werden müssen, um die für die Untersuchung relevanten Variablen hinsichtlich ihrer Auswirkungen variieren und damit untersuchen zu können, kommt die tatsächliche Unterrichtspraxis mit ihren vielfältigen Friktionen als Untersuchungsraum kaum vor – so gewonnene Ergebnisse sind aus forschungsmethodischer Sicht kaum mit vertretbarem Aufwand zu analysieren. Daher werden in der Forschung künstliche Szenarien aufgebaut und die Forschungsergebnisse scheinen in die Praxis kaum übertragbar zu sein, da Seiteneffekte des tatsächlich durchgeführten Unterrichts die im Forschungskontext gefundenen Einflussfaktoren ggf. konterkarieren.

Es ist sinnvoll, die eigene berufliche Routine wissenschaftlich valide zu reflektieren, da auf diese Weise ein Prozess in Gang gesetzt werden kann, der die Erfahrungen aus der Praxis für die fachdidaktische Theoriebildung zugänglich macht und umgekehrt ein Transfer von Ergebnissen aus der Theoriebildung stattfinden kann. Auf diese Weise sollte es möglich werden, dass sich in der Fachdidaktik Informatik ein wesentlicher Bezug zwischen diesen beiden Feldern herstellen und weiterentwickeln läßt.

10.6 Aufgaben – Lösungen

Aufgabe 10.1: Auflösung von Konflikten

Als Informatiklehrerin sind Sie zwei Professionen zuzuordnen: Pädagogik und Informatik. Beschreiben Sie daraus entstehende Konflikte an Hand von realen (oder fiktiven) praxisrelevanten problemhaltigen Situationen. Geben Sie an, wie der Konflikt aufgelöst werden könnte.

Aufgabe 10.2: Login-Vorgang

In einem schulischen Intranet stellen Sie – nachdem eine Kollegin Sie in Kenntnis gesetzt hat – mit Hilfe der Log-Dateien fest, dass sich einige Schülerinnen in Freistunden auf gewaltverherrlichenden Webseiten »umgesehen« haben. Geben Sie an, welche weiteren Angaben Sie über die Schülerinnen benötigen, um pädagogisch angemessen mit der Situation umgehen zu können. Erläutern und begründen Sie Ihr Vorgehen.

Lösung 10.1:   Auflösung von Konflikten

Informatiklehrerinnen werden – im Unterschied zu anderen Lehrerinnen – häufig um Rat bezüglich der Nutzung, Konfiguration etc. konkreter Informatiksysteme angefragt. Der damit verbundene Erwartungshaltung der fragenden Schülerinnen (oder Kolleginnen) auf schnelle Hilfe nachzukommen hat zur Konsequenz, dass bei der nächsten Problemsituation, in die die Fragestellerin gerät, wiederum um schnelle Hilfe gebeten wird. Dies widerspricht sowohl einem professionellen Umgang mit der Rolle als Pädagogin, aber ebenso dem Anspruch an eine professionell arbeitende Informatikerin. Eine Möglichkeit, dieser Rollenzuschreibung zu begegnen, besteht in konkreten Angeboten (schulinterne Fortbildungen für Kolleginnen, Arbeitsgemeinschaften für Schülerinnen) zu Themen, die häufig nachgefragt werden und so im Kontext eine Bearbeitung erfahren, die zu vertieften Kenntnissen auf einer informatischen Basis führen.

Rollenkonflikte entstehen häufig, wenn produktbezogene Fragen gestellt oder Anforderungen formuliert werden, soweit das Produkt den formulierten Anforderungen – aus informatischer Sicht – nicht genügt. Beispiele finden sich nicht nur für Informatiksysteme in der Ausbildung, sondern darüberhinaus bei Systemen, die zur Unterstützung schulischer Planungs- und Verwaltungsaufgaben eingesetzt werden.

Hier kann die Erstellung und Auseinandersetzung mit grundlegenden Fragen, wie sie im Zusammenhang mit der Diskussion um Informatiksysteme und ihrem Einsatz in Abschnitt 7.1 dargestellt wurde, eine langfristig zu schaffende Grundlage bieten, auf der konkrete Anforderungen Rechnung getragen wird.

Die Konkretisierung in Form von kollegiumsinternen Unterstützungssystemen, die jeder Kollegin die Möglichkeit bieten, sich berufsbegleitend für neue Anforderungen zu qualifizieren (und zwar in Form von verwertbaren Zertifikaten) ist eine Zielvorstellung, von der die Administration leider noch weit entfernt zu sein scheint.

Lösung 10.2:   Login-Vorgang

An dieser Stelle handelt es sich deutlich um eine Frage, die bezüglich der pädagogischen Dimension der Systemadministration bedeutsam ist. Daher ist zunächst klarzustellen, welche konkreten Aufgaben die Informatiklehrerin (als Systemadministratorin) erfüllen kann (vgl. Abschnitt 7.1.6). Fallen – wie häufig zu beobachten – die Aufgabenbereiche Informatiklehrerin und Systemadministration zusammen, so gilt es in der Tat konkret zu entscheiden – ggf. nach einem vorher entwickelten Plan (der den Kolleginnen auch bekanntgegeben wurde) was in welcher Reihenfolge in einem solchen Fall geschieht.

Gerade diese Offenlegung ermöglicht ein (und dies ist eine zentrale Anforderung in solchen Fällen) transparentes Umgehen, dass zuvorderst nicht auf die Person abhebt, sondern grundlegende Randbedingungen klärt.

Um diese Offenlegung in einer für die Schulgemeinde transparenten Weise – konkret für die Schülerinnen, die Lehrerinnen, die Eltern und die Schulleitung – verständlich zu dokumentieren, bietet sich unter Umständen eine »vertragliche« Gestaltung an. Es sollte für alle Beteiligten klar werden, dass mit der Nutzung der Informatiksysteme der Schule Pflichten und Rechte verbunden sind und klare Normen, die diesen Bereich möglichst unzweifelhaft regeln, sowie die Sanktionen benennen, die erfolgen, wenn die Regeln nicht eingehalten werden.

Darüber hinaus – und hier kommt die pädagogische Verantwortung zum Tragen – wird es in der Regel ein Gespräch unter Hinzuziehung der Klassenlehrerin, der Stufenleitung, der Erziehungsberechtigten, etc. geben müssen, wenn es die Situation aus pädagogischen Gründen erforderlich macht. In Wiederholungsfällen wird es möglicherweise zu Maßnahmen nach den geltenden Sanktionsmöglichkeiten der Schule kommen müssen.

Abgesehen davon können in solchen Fällen Situationen eintreten, in denen Außenstehende rechtliche Schritte einleiten.

10.7   Hinweise zur vertiefenden Auseinandersetzung

Professionalität von Informatikerinnen

Anlässlich der Diskussion um »Die Theorie der Informatik« wurde mit [Nake u. a. 2005] eine Dokumentation der Tagung vorgelegt, die 2003 stattgefunden hat. Eines der beiden Themen betraf die Professionalität von Informatikerinnen. In der Diskussion wurde mit dem Bezug auf die Beiträge [Oevermann 1996], [Oevermann 1983] der Versuch unternommen, sich der Profession der Informatikerin zu nähern.

Informatiklehrerin – zugleich Informatikerin und Pädagogin?

Bei der Diskussion um die Zuordnung zu der Profession Informatiklehrerin stellt sich die Frage, ob beide Teilprofessionen, also Informatikerin und Pädagogin überhaupt miteinander verträglich sein können.

Dazu ist ein Blick in Beiträge von Werner SESINK nützlich. Sein Beitrag zu der Hersfelder Tagung von 2003 schließt versöhnlich, indem er feststellt:

> Keineswegs also entmündigt Informationstechnik die Menschen. Jedenfalls nicht, wenn wir sie als Vermittlungssphäre und nicht als Modell verstehen, nach dem die Welt sich richten soll. Vielmehr fordert sie die Mündigkeit, die Selbstverantwortung, die eigene Sinngebung. Ganz nah also ist die Informatik plötzlich der Pädagogik. Beide sind sie: Kinder der Aufklärung.
> [Sesink 2005, S. 62]

Anhang

A   Ethische Leitlinien

A.1   »Didactica Magna« – Johann Amos COMENIUS

GROSS DIDAKTIK

die vollständige Kunst, alle Menschen alles zu lehren

oder

sichere und vorzügliche Art und Weise,

in allen Gemeinden, Städten und Dörfern eines jeden christlichen Landes

Schulen zu errichten, in denen die gesamte Jugend beiderlei Geschlechts

ohne jede Ausnahme

RASCH, ANGENEHM UND GRÜNDLICH

in den Wissenschaften gebildet, zu guten Sitten geführt, mit Frömmigkeit erfüllt

und auf diese Weise in den Jugendjahren zu allem, was für dieses

und das künftige Leben nötig ist, angeleitet werden kann;

worin von allem, wozu wir raten

die GRUNDLAGE in der Natur der Sache selbst gezeigt,

die WAHRHEIT durch Vergleichsbeispiele aus den

mechanischen Künsten dargetan,

die REIHENFOLGE nach Jahren, Monaten, Tagen und Stunden

festgelegt und schließlich

der WEG gewiesen wird, auf dem sich alles leicht

und mit Sicherheit erreichen lässt.

ERSTES UND LETZTES ZIEL UNSERER DIDAKTIK SOLL ES SEIN,

die Unterrichtsweise aufzuspüren und zu erkunden, bei welcher die Lehrer weniger

zu lehren brauchen, die Schüler dennoch mehr lernen; in den Schulen weniger

Lärm, Überdruss und unnütze Mühe herrsche, in der Christenheit weniger

Finsternis, Verwirrung und Streit, dafür mehr Licht, Ordnung, Friede und Ruhe.

. . . .

Der **Dinge** Spiegel ist der

Verstand

zu dem das Denken kommt

Der **Dinge** Nachahmer ist die		Der **Dinge** Dolmetscher
Hand	das	ist die
aus der die	**Ding**	**Sprache**
Tätigkeit		aus der die
kommt		**Rede**
		kommt

Die Dinge, durch den Spiegel des Verstandes aufgefasst, ergeben das Denken; das Denken, das mit äußeren Tönen das Ding dargestellt, ergibt die Rede. Denken und Rede gehen in Handeln über, so wird ...

Übersetzung aus [Alt 1960, S. 346]

Bild A.1: Titelblatt der »Didactica magna«

A.2   Der neue Eid – Hartmut von Hentig

Als Lehrer und Erzieher verpflichte ich mich,

die Eigenheit eines jeden Kindes zu achten und gegen jedermann zu verteidigen;

für seine körperliche und seelische Unversehrtheit einzustehen;

auf seine Regungen zu achten, ihm zuzuhören, es ernst zu nehmen;

zu allem, was ich seiner Person antue, seine Zustimmung zu suchen, wie ich es bei einem Erwachsenen täte;

das Gesetz seiner Entwicklung, soweit es erkennbar ist, zum Guten auszulegen und dem Kind zu ermöglichen, dieses Gesetz anzunehmen;

seine Anlagen herauszufordern und zu fördern;

seine Schwächen zu schützen, ihm bei der Überwindung von Angst und Schuld, Bosheit und Lüge, Zweifel und Misstrauen, Wehleidigkeit und Selbstsucht beizustehen, wo es das braucht;

seinen Willen nicht zu brechen – auch nicht, wo er unsinnig erscheint, ihm vielmehr dabei zu helfen, seinen Willen in die Herrschaft seiner Vernunft zu nehmen;

es also den mündigen Verstandesgebrauch zu lehren und die Kunst der Verständigung und des Verstehens;

es bereit zu machen, Verantwortung in der Gemeinschaft zu übernehmen und für diese;

es auf die Welt einzulassen, wie sie ist, ohne es der Welt zu unterwerfen, wie sie ist;

es erfahren zu lassen, was und wie das gemeinte gute Leben ist;

ihm eine Vision von der besseren Welt zu geben und Zuversicht, dass sie erreichbar ist;

es Wahrhaftigkeit zu lehren, nicht die Wahrheit, denn die ist bei Gott alleine.

Damit verpflichte ich mich,

so gut ich kann, selber vorzuleben, wie man mit den Schwierigkeiten, den Anfechtungen und Chancen unserer Welt und mit den eigenen immer begrenzten Gaben, mit der eigenen immer gegebenen Schuld zurechtkommt;

nach meinen Kräften dafür zu sorgen, dass die kommende Generation eine Welt vorfindet, in der es sich zu leben lohnt und in der die ererbten Lasten und Schwierigkeiten nicht deren Ideen, Hoffnungen und Kräfte erdrücken;

meine Überzeugungen und Taten öffentlich zu begründen, mich der Kritik – insbesondere der Betroffenen und Sachkundigen – auszusetzen, meine Urteile gewissenhaft zu prüfen;

mich dann jedoch allen Personen und Verhältnissen zu widersetzen – dem Druck der öffentlichen Meinung, den Verbandsinteressen, dem Beamtenstatus, der Dienstvorschrift –, wenn sie meine hier bekundeten Vorsätze behindern.

Ich bekräftige diese Verpflichtung durch die Bereitschaft, mich jederzeit an den in ihr enthaltener Maßstäben messen zu lassen.

[von Hentig 1992, S. 114]

Bild A.2: Hartmut VON HENTIG – Der sokratische Eid

A.3 Ethische Leitlinien der Gesellschaft für Informatik e. V.

I Das Mitglied

Art. 1 Fachkompetenz Vom Mitglied wird erwartet, dass es seine Fachkompetenz nach dem Stand von Wissenschaft und Technik ständig verbessert.

Art. 2 Sachkompetenz Vom Mitglied wird erwartet, dass es seine Fachkompetenz hin zu einer Sach- und kommunikativen Kompetenz erweitert, so dass es die seine Aufgaben betreffenden Anforderungen an die Datenverarbeitung und ihre fachlichen Zusammenhänge versteht sowie die Auswirkungen von Informatiksystemen im Anwendungsumfeld beurteilen und geeignete Lösungen vorschlagen kann. Dazu bedarf es der Bereitschaft, die Rechte und Interessen der verschiedenen Betroffenen zu verstehen und zu berücksichtigen. Dies setzt die Fähigkeit und Bereitschaft voraus, an interdisziplinären Diskussionen mitzuwirken und diese gegebenenfalls aktiv zu gestalten.

Art. 3 Juristische Kompetenz Vom Mitglied wird erwartet, dass es die einschlägigen rechtlichen Regelungen kennt, einhält und gegebenenfalls an ihrer Fortschreibung mitwirkt.

Art. 4 Urteilsfähigkeit Vom Mitglied wird erwartet, dass es seine Urteilsfähigkeit entwickelt, um als Informatikerin oder Informatiker an Gestaltungsprozessen in individueller und gemeinschaftlicher Verantwortung mitwirken zu können. Dies setzt die Bereitschaft voraus, das eigene und das gemeinschaftliche Handeln in Beziehung zu gesellschaftlichen Fragestellungen zu setzen und zu bewerten. Es wird erwartet, dass allgemeine moralische Forderungen beachtet werden und in Entscheidungen einfließen.

II Das Mitglied in einer Führungsposition

Art. 5 Arbeitsbedingungen Vom Mitglied in einer Führungsposition wird zusätzlich erwartet, dass es für Arbeitsbedingungen und Weiterbildungsmöglichkeiten Sorge trägt, die es Informatikerinnen und Informatikern erlauben, ihre Aufgaben nach dem Stand der Technik auszuführen und die Arbeitsergebnisse zu evaluieren.

Art. 6 Organisationsstrukturen Vom Mitglied in einer Führungsposition wird zusätzlich erwartet, aktiv für Organisationsstrukturen und Möglichkeiten zur Diskussion einzutreten, die die Übernahme individueller und gemeinschaftlicher Verantwortung ermöglichen.

Art. 7 Beteiligung Vom Mitglied in einer Führungsposition wird zusätzlich erwartet, dass es dazu beiträgt, die von der Einführung von Informatiksystemen Betroffenen an der Gestaltung der Systeme und ihrer Nutzungsbedingungen angemessen zu beteiligen. Von ihm wird insbesondere erwartet, dass es keine Kontroll- und Überwachungstechniken ohne Unterrichtung und Beteiligung der Betroffenen zulässt.

III Das Mitglied in Lehre und Forschung

Art. 8 Lehre Vom Mitglied, das Informatik lehrt, wird zusätzlich erwartet, dass es die Lernenden auf deren individuelle und gemeinschaftliche Verantwortung vorbereitet und selbst hierbei Vorbild ist.

Art. 9 Forschung Vom Mitglied, das auf dem Gebiet der Informatik forscht, wird zusätzlich erwartet, dass es im Forschungsprozess die allgemeinen Regeln des guten wissenschaftlichen Arbeitens einhält. Dazu gehören insbesondere Offenheit und Transparenz, Fähigkeit zur Äußerung und Akzeptanz von Kritik sowie die Bereitschaft, die Auswirkungen der eigenen wissenschaftlichen Arbeit im Forschungsprozess zu thematisieren.

IV Die Gesellschaft für Informatik

Art. 10 Zivilcourage Die GI ermutigt ihre Mitglieder in Situationen, in denen ihre Pflichten gegenüber ihrem Arbeitgeber oder Kundenorganisationen im Konflikt mit der Verantwortung gegenüber anderweitig Betroffenen stehen, mit Zivilcourage zu handeln.

Art. 11 Soziale Verantwortung Die GI unterstützt den Einsatz von Informatiksystemen zur Verbesserung der lokalen und globalen Lebensbedingungen. Informatikerinnen und Informatiker tragen Verantwortung für die sozialen und gesellschaftlichen Auswirkungen ihrer Arbeit; sie sollen durch ihren Einfluss auf die Positionierung, Vermarktung und Weiterentwicklung von Informatiksystemen zu ihrer sozial verträglichen Verwendung beitragen.

Art. 12 Mediation Die GI übernimmt Vermittlungsfunktionen, wenn Beteiligte in Konfliktsituationen diesen Wunsch an sie herantragen.

Art. 13 Interdisziplinäre Diskurse Die GI initiiert und fördert interdisziplinäre Diskurse zu ethischen und sozialen Problemen der Informatik; deren Ergebnisse werden veröffentlicht.

[GI 2004, Ausschnitt]

vgl. http://www.gi-ev.de/verein/struktur/ethische_leitlinien.shtml

Bild A.3: Ethische Leitlinien der Gesellschaft für Informatik

Von der notwendigen Erläuterung der Begriffe wird hier abgesehen. Dazu sei auf das Originaldokument [GI 2004] verwiesen.

A.4   Datennetze – Sieben Verhaltensregeln – DFN e. V.

Sieben Verhaltensregeln

1. Informieren Sie sich über Netzanschlüsse, Dienste, Regelungen und Zuständigkeiten und halten Sie sich auf dem laufenden.

2. Beachten Sie die lokalen Betriebs- und Verhaltensregeln; respektieren Sie die in anderen Teilen der Datennetze abweichenden Regelungen.

3. Bedenken Sie, daß Sie Teil einer Solidargemeinschaft sind und Ihr Tun der Gemeinschaft nicht schaden darf.

4. Melden Sie Defizite wie z. B. technische Mängel, unabsichtlich erhaltene Informationen oder erkannte Sicherheitslücken unverzüglich.

5. Sprechen Sie mit einem für das Netz Verantwortlichen, bevor Sie neue Netzdienste nutzen. Einerseits gilt: *Fehlverhalten ist kein Kavaliersdelikt!* Andererseits können innovationsfreudige Nutzer zur Weiterentwicklung der Netze beitragen.

6. Schützen Sie sich und Ihre Ressourcen durch Überwachung des Zugangs zu Ihrem Rechner, Verschlüsselung von vertraulichen Daten, sorgfältige Verwahrung Ihrer Authentifizierungsschlüssel sowie Kontrolle Ihrer Eintragungen in Directory- und Name-Servern.

7. Beachten Sie die Verhältnismässigkeit Ihres Tuns in Hinblick auf den zu erreichenden Zweck.

[ALWR und DFN 1993, Ausschnitt]
vgl. `http://www.ruhr-uni-bochum.de/rub-rechenzentrum/netz-faltblatt.htm`

Bild A.4: Ein Leitfaden zur verantwortungsvollen Nutzung von Datennetzen

A.5   Hackerethik – CCC e. V.

Was sind die ethischen Grundsätze des Hackens – Motivation und Grenzen

- Der Zugang zu Computern und allem, was einem zeigen kann, wie diese Welt funktioniert, sollte unbegrenzt und vollständig sein.

- Alle Informationen müssen frei sein.

- Mißtraue Autoritäten – fördere Dezentralisierung.

- Beurteile einen Hacker nach dem, was er tut und nicht nach üblichen Kriterien wie Aussehen, Alter, Rasse, Geschlecht oder gesellschaftlicher Stellung.

- Man kann mit einem Computer Kunst und Schönheit schaffen.

- Computer können dein Leben zum Besseren verändern

- Mülle nicht in den Daten anderer Leute

- Öffentliche Daten nützen, private Daten schützen

[CCC 1998, Ausschnitt]
vgl. http://www.ccc.de/hackerethics

Bild A.5: Hackerethik

B Standards zur Informatischen Bildung

Die folgenden Darstellungen stellen Elemente aus der Diskussion zu den Standards zur Informatischen Bildung dar. Sie sind nicht als abschließende Bestandsaufnahme, sondern als Blitzlicht zu verstehen. In der kommenden Zeit werden durch intensive Diskussion innerhalb der Lehrerschaft und der Fachdidaktik an vielen Stellen Änderungen erfolgen. Dennoch geht von diesen grundlegenden Überlegungen ein notwendiger Impuls zur weiteren Konsolidierung der Fachdidaktik aus. Die Ergebnisse wurden über eine längere Zeit (2003–200) von verschiedenen an der Entwicklung von Standards beteiligen Personen erstellt und sind daher nicht als »allein stehendes« Ergebnis des Autors dieses Lehrbuchs zu betrachten. Namentlich erwähnt seien hier Hermann PUHLMANN und Heiko JOCHUM, die einen erheblichen Anteil an den Formulierungen haben.

B.1 Kompetenzen bis zum mittleren Bildungsabschluss

Informatikunterricht sollte Schülerinnen und Schüler aller Jahrgangsstufen dazu befähigen, ...

(1) den Aufbau von Informatiksystemen zu verstehen;

(2) die Funktionsweise von Informatiksystemen zu untersuchen;

(3) Informatiksysteme zielgerichtet zu benutzen.

Bild B.1: Informatikstandards – Band Aufbau und Funktion von Informatiksystemen

---

Informatikunterricht sollte Schülerinnen und Schüler aller Jahrgangsstufen dazu befähigen, ...

(1) den Zusammenhang von Information und Daten sowie verschiedene Darstellungsformen für Daten zu verstehen;

(2) Operationen auf Daten zu verstehen und in Bezug auf die repräsentierte Information zu interpretieren;

(3) Operationen auf Daten, auch mit Hilfe von Informatiksystemen, sachgerecht durchzuführen.

Bild B.2: Informatikstandards – Band Information und Daten

B.2   Kompetenzen – Daten und Information – bis zum Ende des Jahrgangs 7

In den Jahrgangsstufen 5–7 sollten alle Schülerinnen und Schüler ...

- die Begriffe »Information« und »Daten« unterscheiden und richtig anwenden können;

- die Datentypen Zeichen, Text und Zahl und die Codierung von Zeichen, (ganzen) Zahlen und Grafiken kennen;

- Baumstrukturen und ihre unterschiedlichen Darstellungsweisen verstehen, ihre Anwendung bei Verzeichnisstrukturen kennen und die hierarchische Ordnung von Bäumen zum hierarchischen Ordnen von Information nutzen können;

- Strukturierungsprinzipien bei Texten und multimedialen Dokumenten kennen und zur Informationsdarstellung geeignet einsetzen können;

- Graphen als Darstellungsform von vernetzten Dokumenten und Strukturen verstehen und verwenden können;

- die Begriffe »Klasse«, »Objekt« und »Attribut« kennen und in den Anwendungen auf Dateien und ihre Eigenschaften sowie grafische Objekte nutzen können.

Bild B.3: Informatikstandards – Band Information und Daten (1) – Jahrgangsstufen 5–7

In den Jahrgangsstufen 5–7 sollten alle Schülerinnen und Schüler ...

- das Navigieren in und das Verändern von Baumstrukturen und Graphen verstehen, insbesondere bei Verzeichnisbäumen und Hypertextstrukturen;

- Operationen auf weiteren strukturierten Daten verstehen, insbesondere die Veränderung von Eigenschaften von Text- oder multimedialen Dokumenten und ihrer Bestandteile;

- bei wenigstens einem Anwendungsgebiet (z. B. Dateien, Grafikdokumente oder Textdokumente) Operationen als »Methoden« geeigneter Objekte verstehen und ausdrücken können.

Bild B.4: Informatikstandards – Band Information und Daten (2) – Jahrgangsstufen 5–7

In den Jahrgangsstufen 5–7 sollten alle Schülerinnen und Schüler ...

- Dokumente mit Hilfe von Anwendungsprogrammen in geeigneten Dateien speichern, aus Dateien lesen und drucken können und dabei ein hierarchisches Dateisystem sinnvoll verwenden können;

- Text-, Grafik-, multimediale und vernetzte Dokumente erstellen und dabei die Strukturierungsmöglichkeiten für die jeweilige Dokumentenart angemessen nutzen können.

Bild B.5: Informatikstandards – Band Information und Daten (3) – Jahrgangsstufen 5–7

An dieser Stelle kann nicht die beabsichtigte Fortschreibung des konkreten Diskussionsstandes zu der Weiterentwicklung der Standards erfolgen, da vereinbart wurde, keine Zwischenergebnisse vor der in 2007 in Siegen stattfindenden INFOS öffentlich zu verbreiten. Die Diskussion wird innerhalb der GI weitergeführt und Sie sind herzlich eingeladen, sich zu beteiligen. Nehmen Sie Kontakt zu den Kolleginnen des FA IBS auf: http://www.informatische-bildung.de/.

C   Pedagogical Pattern Map – Detaildarstellung

Die in Abschnitt 6.3.2 vorgestellte Planungshilfe für Seminare besteht aus fast fünfzig einzelnen Elementen. Damit die Zuordnung dieser Elemente angemessen reflektiert werden kann, sind die nicht in Bild 6.6 dargestellten hier dokumentiert. So wird es auch möglich, die in Tabelle 6.1 zur Lösung des Problems angegebenen Elemente zu identifizieren.

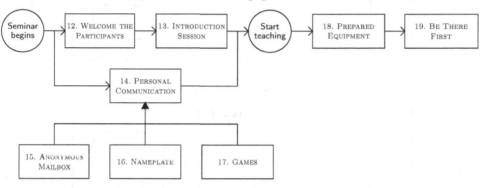

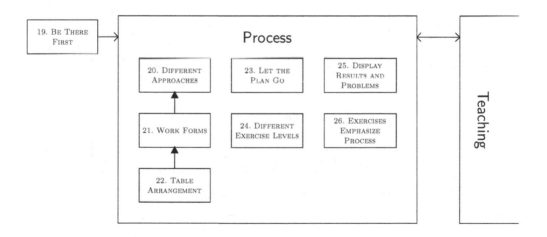

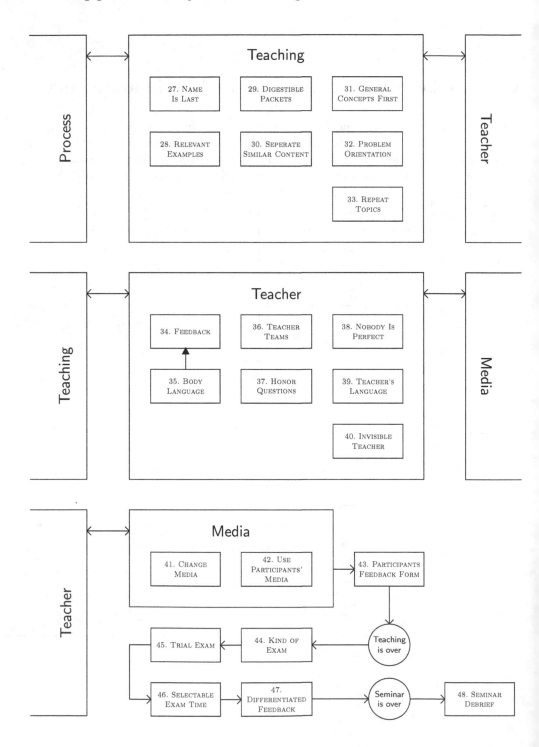

D Aufgaben- und Kompetenzbereiche – Informatikmittel in der Schule

Aufgabenbereich der Beauftragten für Informatikmittel (Schule)

Die Beauftragte nimmt den First-Level-Support und damit den folgenden Aufgabenbereich wahr:

- Planung der schulbezogenen Struktur der Informatikmittel

- Beratung der Schulleitung beim Einsatz und der Fortentwicklung der schulbezogenen Struktur der Informatikmittel

- Inbetriebnahme der betriebsbereiten schulbezogenen Struktur der Informatikmittel und Unterweisung des Kollegiums in deren Handhabung

- Beratung des Kollegiums in didaktischen und methodischen Fragen hinsichtlich des Einsatzes von Informatiksystemen in der Schule

- Wartung und Pflege der Informatiksysteme der Schule

  - In administrativer Sicht (softwareseitig)
    * Einrichtung neuer Anwender im Netzwerk
    * Pflege der Anwenderdatenbank
    * Organisation schulbezogener Fortbildungsmaßnahmen
    * Einrichtung von Netzwerkfreigaben und Rechtevergabe
    * Installation neuer Software mit Verteilungssystemen von zentraler Stelle aus
    * Pflege und Aktualisierung des Intranets
    * Überwachung der Internet-Verbindungen
    * Durchführung von weitgehend automatisierten Datensicherungsmassnahmen
    * *Disaster & Recovery-Maßnahmen in Kooperation mit den Mitarbeitern der Second-Level-Support-Ebene*
    * Konfigurationsanpassungen bei neuen Softwareprodukten

  - In technischer Sicht (hardwareseitig)
    * Einbindung neuer Informatiksysteme in das Netzwerk
    * Einbindung neuer externer Peripheriegeräte (z. B. Drucker, Scanner)
    * Lokalisierung von einfachen Hardware-Problemen und soweit möglich Austausch der fehlerhaften Komponenten
    * *Bei Problemen, die mit der Sachkompetenz des First-Level-Supports nicht gelöst werden können, kann der Second-Level-Support auf der Trägerebene, aber auch der Third-Level-Support in Anspruch genommen werden* 1

---

1 Die Bezeichnungen in dieser Auflistung unterscheiden sich von den im Text verwendeten. Sie folgen der dem Englischen entlehnten Sprechweise.

Verteilung der Aufgaben nach Kompetenzbereichen

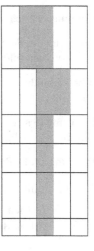

1. Beschaffung (in Zusammenarbeit mit dem Träger)

   → In Absprache mit dem Kollegium, den Ansprechpersonen und dem Träger Beschaffungskonzept erarbeiten
   (umfasst Bedarfsabklärung und Zeitplanung für Neuanschaf-
   fungen und Ersatz)

   → In Absprache mit dem Kollegium und dem Träger den
   Bedarf an externen Dienstleistungen bestimmen

   → Budgetierung für Beschaffungen und Dienstleistungen

   → Im Budgetrahmen Offerten einholen und evaluieren

   → Nach Genehmigung durch den Träger Ware bestellen,
   beziehungsweise Auftrag erteilen

   → Lieferung und Auftragsausführung kontrollieren

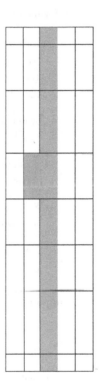

2. Verwaltung

→ Inventar führen für den Träger

→ Verwaltung der technischen Dokumentation wie Netzwerkplan

→ Ablage von Garantieschein, Lizenzdokument, Providervertrag, Wartungsvertrag usw.
(wenn kein Sekretariat vorhanden)

→ Umfragen der Behörden beantworten
(wenn kein Sekretariat vorhanden)

→ Post im Bereich Informatik erledigen
(wenn kein Sekretariat vorhanden)

→ Benutzungsordnung/Informatikreglement in Absprache mit der Aufsichtsbehörde erstellen

→ Benutzung der Informatikmittel koordinieren (Gerätebelegung, Sicherung gegen Beschädigung und Verlust, Ausleihe aus dem Gerätepool, Benutzerjournal usw.)

→ regelmässige Information der Aufsichtsbehörden

	Lehrerin	Ansprechperson	Informatikverantwortliche	Fachinformatikerin	Dipl.-Informatikerin

3. Information

→ Sich über die aktuellen Entwicklungen bezüglich Hardware, Software und Einsatz in der Schule informieren (eigene Weiterbildung: Internet, Fachliteratur, Fachveranstaltungen und Kurse)

→ Anschaffungen anregen, die in die Zuständigkeit Anderer fallen (Fachbücher, Lehrmittel, usw.)

→ Austausch und Zusammenarbeit mit anderen Informatikverantwortlichen; Synergien nutzen

→ Schulrelevante Information an Kollegium und Behörde weitergeben

→ Kollegium in die Bedienung neuer Hard- und Software einführen

4. Support

→ Lehrerinnen bei Funktionsstörungen im Zusammenhang mit den Informatikmitteln unterstützen

→ Benutzergeräte anschliessen

→ Drucker anschliessen

→ Multimediageräte anschliessen

→ Beheben von kleinen Gerätestörungen (z. B. Papierstau)

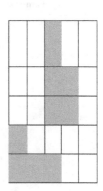

	Lehrerin	Ansprechperson	Informatikverantwortliche	Fachinformatikerin	Dipl.-Informatikerin

5. Wartung

Aufgabe	Lehrerin	Ansprechperson	Informatikverantwortliche	Fachinformatikerin	Dipl.-Informatikerin
→ Funktionstüchtigkeit der Informatikmittel sicherstellen				■	
→ Einfache Wartungsarbeiten ausführen (muss definiert werden)			■		
› Defekte Teile auswechseln (Periphcric): Kabel, Bildschirm, Maus und Tastatur			■		
→ Bildschirm, Maus und Tastatur reinigen	■				
→ Reparaturen veranlassen (im Auftrag des/mit dem Träger)		■			
→ Druckerpatronen ersetzen	■				
→ Verbrauchsmaterial verwalten (Druckerpatronen, Druckmedien, Disketten usw.)					
→ Neue Konfigurationen planen (siehe Punkt 7 »Masterkonfiguration«)				■	
→ Neue Konfigurationen verstehen / installieren			■		
→ Neue Software und Updates lokal installieren			■		
→ Backup einrichten auf Clients		■			
→ Virenschutz auf Clients einrichten		■			

	Lehrerin	Ansprechperson	Informatikverantwortliche	Fachinformatikerin	Dipl.-Informatikerin

6. Datensicherung, Datensicherheit

→ Backup überwachen

→ Virenschutz überwachen

	Lehrerin	Ansprechperson	Informatikverantwortliche	Fachinformatikerin	Dipl.-Informatikerin
Backup überwachen			■	■	
Virenschutz überwachen			■	■	

7. Installation konfigurieren, Geräte neu konfigurieren

→ Masterkonfiguration einrichten

→ Image erstellen und warten

→ Server aufsetzen (Benutzerrechte festlegen, Internetzugang einrichten usw.)

	Lehrerin	Ansprechperson	Informatikverantwortliche	Fachinformatikerin	Dipl.-Informatikerin
Masterkonfiguration einrichten				■	
Image erstellen und warten				■	
Server aufsetzen				■	

8. Erweiterte Wartung

→ Erweiterungen installieren (RAM, Erweiterungskarten)

→ Interne Bauteile ersetzen (Pufferbatterien, Laufwerke, Festplatten, ...)

	Lehrerin	Ansprechperson	Informatikverantwortliche	Fachinformatikerin	Dipl.-Informatikerin
Erweiterungen installieren				■	
Interne Bauteile ersetzen				■	

9. Schulung und Förderung

→ Lehrerinnen für externe Weiterbildung motivieren

→ Interne Weiterbildung der Lehrerinnen durchführen

→ Projekte initiieren (Präsenz der Schule im Internet usw.)

	Lehrerin	Ansprechperson	Informatikverantwortliche	Fachinformatikerin	Dipl.-Informatikerin
Lehrerinnen für externe Weiterbildung motivieren		■			
Interne Weiterbildung der Lehrerinnen durchführen		■			
Projekte initiieren	■				

	Lehrerin	Ansprechperson	Informatikverantwortliche	Fachinformatikerin	Dipl.-Informatikerin

10. Netzwerk / Server

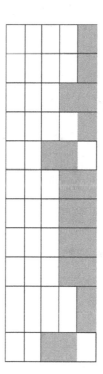

	Lehrerin	Ansprechperson	Informatikverantwortliche	Fachinformatikerin	Dipl.-Informatikerin
→ Netzwerkplanung, Sicherheitskonzept					■
→ Planung Serverkonfiguration					■
→ Serversoftware installieren und konfigurieren				■	■
→ Server verwalten (Netzwerkadministration)					■
→ Benutzer und Rechte verwalten			■		
→ gemeinsam benutzte Software auf dem Server installieren				■	■
→ Backup einrichten				■	■
→ Virenschutz einrichten				■	■
→ Schutz vor Datendiebstahl				■	■
→ Netzwerkkonfiguration: Router, Switch, etc.					■
→ FireWall, Anti-Spam einrichten			■		

E Schemata zum Problemlösen für den Einsatz im Unterricht

E.1 imperativ

Schema zum Problemlösen
___

Problemstellung erkannt?

1. Ist die Problemstellung verstanden bzw. wie lautet das eigentliche Problem?

   - Wenn die Problemstellung nicht verstanden ist, dann weitere Angaben zur Problemstellung einholen.

2. Hat das Problem bereits einen Namen?

   - Wenn nicht, dann dem Problem einen kurzen und treffenden Namen geben.

3. Was ist bekannt, bzw. was ist gegeben?

   - Zusammenstellen aller bekannten Eingabegrößen:
     jeder Eingabegröße einen Namen geben und seine Art bzw. seinen Typ beschreiben.

4. Was ist unbekannt, bzw. was ist gesucht?

   - Zusammenstellen aller bekannten Ausgabegrößen:
     jeder Ausgabegröße einen Namen geben und seine Art bzw. seinen Typ beschreiben.

5. Welche Bedingungen für Ein- und Ausgabegrößen müssen erfüllt sein oder werden gefordert?

   - Zusammenstellen dieser Bedingungen (z. B. formelmäßige Zusammenhänge).

Entwurf eines Lösungsplans

6. Ist dasselbe Problem oder ein ähnliches bzw. vergleichbares Problem bekannt?

   - Wenn ja, dann Kenntnisse über die Lösung dieses Problems beschaffen.

7. Ist ein allgemeineres Problem bekannt?

   - Wenn ja, dann Kenntnisse über die Lösung dieses Problems beschaffen. Es ist zu prüfen, ob das gegebene Problem als Sonderfall des allgemeinen Problems behandelt werden kann.
     - Wenn ja, dann kann zur Lösung die allgemeine Lösung angewendet werden.
     - Wenn sich das Problem verallgemeinern läßt, ohne daß die Lösung erheblich schwieriger wird, dann wird das allgemeinere Problem gelöst.

Lösung des Problems

8. Entwickle eine Problemlösung und verfeinere sie nach und nach.
___

Jeder der angegebenen Schritte ist schriftlich durchzuführen!

in Anlehnung an [Balzert 1976, Klappentext – innen]

Bild E.1: Schema zum Problemlösen – imperativ

E.2   objektorientiert

Schema zum Problemlösen – objektorientierte Analyse

Problemstellung erkannt?

1. Ist die Problemstellung verstanden bzw. wie lautet das eigentliche Problem?

   - Wenn die Problemstellung nicht verstanden ist, dann weitere Angaben zur Problemstellung einholen.
   - Formuliere die Problemstellung mit eigenen Worten (schriftlich).

2. Kandidaten für Klassen

   - Aus der originalen und der eigenen Problemformulierung sind alle Substantive herauszufiltern (schriftlich) und vermutete Kandidaten für Klassen zu kennzeichnen.

CRC-Karten

3. Beziehungen zwischen vermuteten Klassen

   - Es für jede vermutete Klasse wird eine Karteikarte angelegt.
     - Auf jeder Karteikarte ist der Name der Klasse, ihre Aufgabe(n) und mögliche Partner(klassen) zu vermerken.

Klassenstruktur und -beziehungen

4. Ordnung der beschrifteten Karteikarten

   a) Hierarchische Strukturierung:
      die Karteikarte einer abgeleiteten Klasse wird auf die Karteikarte der konkreten Klasse gelegt.
   b) Beziehungen zwischen Klassen (**hat**, **kennt**) werden durch Anordnen der Karteikarten auf dem Tisch sichtbar und können durch Probieren leicht verändert werden.

Ausgestaltung der Klassen

5. Attribute von Klassen

   - Isolierung der in der Problemstellung auftretende **Adjektive**. Sie deuten auf Attribute von Klassen.

6. Finden von Kandidaten für Methoden

   - Die **Verben** aus den Problemformulierungen geben Hinweise auf mögliche Methoden.

7. Ordne die vermuteten Methoden den Klassen zu.

   - Prüfe, ob übriggebliebene Substantive zu Klassen gehören.
     - Wenn ja, dann handelt es sich ggf. um Attribute von Klassen.

UML-Diagramm

8. Zusammenstellen der Analyseergebnisse

   - Die Ergebnisse werden in einem Klassendiagramm zusammenfassend dargestellt.
   - Die Grundstruktur des zugehörigen Programmcodes ergibt sich durch die entsprechende Übersetzungsschablone.

9. Methoden der Klassen schrittweise ausgestalten.

   - Werden in dieser Phase Änderungen an vorherigen vorgenommen, so ist die Analyse an dem zugehörigen Punkt wieder aufzunehmen.

©Ludger Humbert; begonnen: Dezember 1994   letzte Änderungen: Oktober 2001

Bild E.2: Schema zum Problemlösen – objektorientiert

E.3   wissensbasiert

Aus der Problemstellung sind die

- Konstanten, **Fakten**, Tatsachen

- Aussagen, **Regeln**, Prädikate

zu ermitteln.

Diese Elemente werden als Fakten und Regeln modelliert.

Um Lösungen für das Problem zu ermitteln, werden Anfragen an die so erstellte virtuelle Maschine gestellt.

Bild E.3: Schema zum Problemlösen – wissensbasiert

E.4   funktional

Systematischer Entwurf von Daten und Programm (in der Reihenfolge)
    to quote Matthias FELLEISEN (aus einer persönlichen E-Mail vom 9. Juni 2003 15:21 Uhr):

- man muss sich genau überlegen, was die Funktion machen soll (purpose statement),

- man muss sich das mit Beispielen zu recht legen (examples),

- und dann muss man ein Template entwerfen (rekursive Struktur!).

- Danach fällt das Programm sofort raus.

Schema

Phase	Ziel
Problemanalyse & Datendefinition	Formulieren einer Datenstruktur
Contract, Purpose & Effect Statements, Header	Benennen der Funktionen, Spezifizieren der Klassen der Ein- und Ausgaben, Beschreibung der beabsichtigten Funktionsweise, Formulieren der Header
Examples	Charakterisieren der Ein- und Ausgabebeziehung durch Beispiele
Body	Definieren der Funktionen
Test	Fehler entdecken

nach [Felleisen u. a. 2001]
siehe http://www.htdp.org/2002-09-22/Book/curriculum-Z-H-2.html

Bild E.4: Schema zum Problemlösen – funktional

F Material – Dokumentation

F.1 Ponto – Arbeitsmaterial für Schülerinnen

Willy-Brandt-Gesamtschule Bergkamen
Fachgruppe Informatik

Dr. L. Humbert   25. Juni 2005

Informatik – 6. Jahrgang – 1. Informationsblatt – *ponto*

Interaktive Arbeitsumgebung

Um mit *ponto* arbeiten zu können, öffnest du – nach Anmeldung am Arbeitsplatz – das Terminal. Im Terminal startest du die interaktive Arbeitsumgebung.

```
./startP( '
```

Mit Hilfe von *ponto* soll ein *OpenOffice.org* Dokument »programmiert« werden. Dazu musst du einen Namen vergeben.
Beispiele für Namen:

- meineGeburtstagseinladung

- meinBriefAnOma

- …

Namen in Programmiersprachen dürfen keine Leerzeichen (und andere Sonderzeichen) enthalten. Um mitzuteilen, dass von dem Werkzeug *ponto* der Bauplan zur Erstellung von Dokumenten benutzt werden soll, muss dieser Bauplan angefordert werden.

```
from ponto import DOKUMENT←
```

Damit ist der Bauplan DOKUMENT bekannt. Um ein neues Dokument zu erstellen, muss es nach dem Bauplan erzeugt werden.

Dokument meinGedicht erstellen

```
meinGedicht=DOKUMENT()←
```

Was kann ich nun machen?

```
meinGedicht.⇆⇆
```

Nach dem Punkt zweimal die Tabulatortaste drücken.
Dann werden alle Möglichkeiten aufgelistet, mit denen meinGedicht »etwas anfangen« kann.

Strukturierung von Dokumenten durch Absätze.

Wie bei dem ganzen Dokument, muss auch den Absätzen ein Name gegeben werden.

- ```
  ueberschrift=meinGedicht.erzeugeAbsatz("Leises Rauschen")←
  ```

erzeugt in dem Dokument meinGedicht einen ersten Absatz (der auch einen Namen hat). In gleicher Weise werden nun weitere Absätze erzeugt, die unmittelbar in dem offenen Dokument angezeigt werden.

Interaktive Hilfe

- ```
  dir()←
  ```
  zeigt alle Elemente an, die »bekannt« sind

Ludger Humbert, mailto:humbert@willy-brandt.un.nw.schule.de

Bild F.1: Informationsblatt – ponto

Willy-Brandt-Gesamtschule Bergkamen
Fachgruppe Informatik

Dr. L. Humbert   10. Juni 2005

Informatik – 6. Jahrgang – Arbeitsblatt – Absätze ausrichten

1. Aufgabe:

Zickzack

a) Der folgende Text enthält viele Angaben über mich. Was fällt dir an dem Text auf?

> Ich heiße Ludger Humbert.
>
>   Ich bin xx Jahre alt.
>
> Mein Geburtstag ist der xx. yyyyyy zzzz.
>
>   Ich wohne in Hagen.
>
> Zur Zeit arbeite ich als Informatiklehrer.

b) Erstelle einen ähnlichen Text über dich mit *ponto* in *OpenOffice*. Erzeuge dazu zunächst alle Absätze und setze dann die Werte für das Attribut Ausrichtung[1] abwechselnd auf `Linksbuendig` und `Rechtsbuendig`.[2]

2. Aufgabe:

Gedicht

a) Das unten stehende Gedicht heißt »Die Trichter« und wurde von Christian MORGENSTERN geschrieben. Lies es zunächst durch und schau es dir genau an. Was fällt dir auf?

b) Aus wie vielen Absätzen besteht das Gedicht?

c) Stelle das Gedicht dann mit Hilfe von *ponto* in *OpenOffice* so dar, wie es unten aussieht. Dazu ist es notwendig, zuerst alle Absätze zu erzeugen.

> Zwei Trichter wandeln durch die Nacht.
> Durch ihres Rumpfs verengten Schacht
> fließt weißes Mondlicht
> still und heiter
> auf ihren
> Waldweg
> u. s.
> w.

---

[1] Die Methode dazu heißt `....setzeAusrichtung(...)`
[2] Dazu müssen die Attributwerte `Linksbuendig` und `Rechtsbuendig` aus *ponto* importiert werden.

Bild F.2: Arbeitsblatt – ponto

F.2   Eingangsbefragung – Informatikunterricht Oberstufe

Dokumentation eines Fragebogens, der zur Eingangsbefragung von Schülerinnen des 11. Jahrgangs der gymnasialen Oberstufe eingesetzt wird.

Vorbemerkungen:

Dieser Fragebogen dient in erster Linie dazu, dem Lehrer einen Überblick über die Lerngruppe zu verschaffen. Dieses hilft dem Lehrer seinen Unterricht so zu planen, dass die gestellten Anforderungen an den Vorkenntnissen der Schülerinnen und Schüler orientiert sind. Außerdem kann der Lehrer mit Hilfe des Fragebogens falsche Vorstellungen bzgl. des Schulfaches Informatik frühzeitig erkennen und angemessen darauf reagieren.
Die Daten dieses Fragebogens werden anonymisiert erfasst und gespeichert. Die personenbezogenen Angaben dienen lediglich der Zuordnung bei evtuellen zukünftigen Fragebögen. Da dieser Fragebogen zeitgleich an mehreren Schulen eingesetzt werden soll, besteht die Möglichkeit, dass die Ergebnisse im Rahmen der Fachseminararbeit zusammengeführt und ausgewertet werden.

1. Allgemeine Angaben:

Geschlecht: w: ☐ m: ☐

Index: ☐☐☐☐ [1]

2. Warum haben Sie sich für das Fach Informatik entschieden?

---

[1] Geben Sie hier bitte in folgender Reihenfolge ein:
(a) Erster Buchstabe des Vornamens der Mutter
(b) Letzter Buchstabe des Vornamens der Mutter
(c) Erster Buchstabe des Vornamens des Vaters
(d) Letzter Buchstabe des Vornamens des Vaters

3. Hatten Sie bereits in den Jahrgangsstufen 9 und/oder 10 im Wahlpflichtbereich Informatik?

ja: ☐ nein: ☐ (bei „nein" bitte sofort weiter zu Frage 4.)

wenn ja: [2]

    (a) Welche Inhalte wurden behandelt?

    (b) Welche von diesen Inhalten haben Ihnen besonders zugesagt?

    (c) Entsprachen die Inhalte Ihren Erwartungen?

Halb-jahr	Inhalte	Bewertung	Erwartungen
9.1			
9.2			
10.1			
10.2			

4. Inhalte

    (a) Welche Inhalte erwarten Sie im Fach Informatik?

    (b) Welche informatischen Inhalte, Methoden oder Werkzeuge sind Ihnen bereits bekannt und wozu haben Sie diese eingesetzt?

---

[2]Zur Beantwortung dieser Frage nutzen Sie bitte die nachfolgende Tabelle.
Zur Beantwortung der Unterpunkte b) und c) vergeben Sie bitte Schulnoten bezogen auf die einzelnen Inhalte!

5. Beschreiben Sie Ihre eigenen Vorstellungen hinsichtlich folgender Fragen!

   (a) In welchen Bereichen des täglichen Lebens begegnet man Gegenständen der Informatik? Welche Gegenstände sind dies?

   (b) Welche Vorstellungen haben Sie von dem Beruf des Informatikers bzw. der Informatikerin?

6. Haben Sie außerhalb der Schule Zugang zu einem Computer mit Internetanschluss?

   ja: ☐ nein: ☐

7. Nennen Sie fünf Begriffe oder Abkürzungen, die Ihnen im Zusammenhang mit der Informatik einfallen und beschreiben Sie in Stichworten, was Sie darunter verstehen!
   Nennen Sie außerdem fünf Begriffe oder Abkürzungen, die Sie zwar schon einmal gehört haben, deren Bedeutung Sie aber nicht kennen.

   (a) Fünf Begriffe bzw. Abkürzungen die Sie kennen und deren Bedeutung:

   i. :

   ii. :

   iii. :

   iv. :

   v. :

   (b) Fünf Begriffe bzw. Abkürzungen deren Bedeutung Sie nicht kennen:

   i. :

   ii. :

   iii. :

   iv. :

   v. :

F.3   Informatik Grundkurs – Arbeitsmaterial für Schülerinnen

  Willy-Brandt-Gesamtschule, Bergkamen
Fachgruppe Informatik

StD Dipl.-Inform. Dr. L. Humbert   12. September 2004

Informatikgrundkurs 11. Jhg. – Arbeitsblatt 1

Die Bearbeitung der Aufgaben hat schriftlich zu erfolgen.

1. **Aufgabe:**

   a) Geben Sie Ihre Definition für Informatik an.

   b) Ordnen Sie konkrete Handlungsroutinen im Kontext der Arbeit mit der schulischen Informatikinfrastruktur den drei großen »A« zu. Erstellen Sie dazu eine Tabelle, aus der die Zuordnung abgelesen werden kann.

2. **Aufgabe:**

   Authentifizierung – Login

   An mehreren Stellen der Arbeit mit den schulischen Informatikmitteln müssen Sie sich authentifizieren.

   a) *Skizzieren* Sie die dazu für die Darstellung (View) verwendeten Elemente aus der Benutzungsoberfläche auf ein Blatt Papier in Form einer groben Übersicht.

   b) Die Darstellung aus Aufgabe 2a enthält eine Reihe verschiedener Elemente. Klassifizieren Sie die Elemente nach ihrer Art (nicht nach ihrer Funktion). Geben Sie jedem Element einen Namen gemäß den Angaben auf dem Informationsblatt zur Namensvergabe.

   c) *Zeichnen* Sie einen minimalen Login-Rahmen mit dem Lineal auf kariertes Papier. Bezeichnen Sie die einzelnen Elemente gemäß Aufgabe 2b. Für das Layout des Bildschirms (und des Rahmens) hat der Punkt links oben die Koordinaten (0;0). Die Maße werden in Pixeln angegeben (gebräuchlich: maximale Breite 640 und Höhe 480 Pixel). Zur Orientierung verwenden Sie die nebenstehende Darstellung.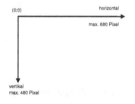

Als Nachbereitung des Unterrichts sind die Ergebnisse in elektronischer Form aufzubereiten. Nutzen Sie dazu das Offene Angebot in den Mittagspausen. Die Ergebnisse werden von Ihnen in den kollaborativen Arbeitsbereich `http://www.ham.nw.schule.de/bscw/bscw.cgi/` (zu dem Sie per Mail des Kurslehrers eingeladen werden) eingestellt.

Eine Abgabe in einem proprietären Format (wie *.doc) wird **nicht** akzeptiert.

[2004_09_12_IF_GK_11_Arbeitsblatt_1]

Dr. L. Humbert, mailto:humbert@willy-brandt.un.nw.schule.de?Subject Fragenzu2 4_ _12_IF_ K_11_Arbeitsblatt_1

Bild F.3: Arbeitsblatt – Informatik Grundkurs, 11. Jahrgang

Willy-Brandt-Gesamtschule, Bergkamen
Fachgruppe Informatik

StD Dipl.-Inform. Dr. L. Humbert

Name:

Informatikgrundkurs 11. Jhg. – Lernzielkontrolle 1 – Gruppe B

1. Aufgabe (12 Punkte)

Objektorientierung – Klassen – Objekte – Methoden

Identifizieren Sie in dem nebenstehenden Python-Quellcode die auftretenden Klassen und Objekte und ordnen Sie die in dem Quellcode benutzten Methoden den Objekten/Klassen zu, die diese Methoden »anbieten«. Geben Sie bitte ausschliesslich die Klassen, Objekte und Methoden an, die tatsächlich verwendet werden. Wenn Sie für auftauchende Klassen im Quellcode kein Objekt finden, so ist das nicht als problematisch anzusehen.

Tragen Sie Ihre Ergebnisse in die untenstehende Tabelle ein.

```
⟨sumKernTest.py * 1⟩≡
  from sumkern import Bildschirm
  from sumkern import Stift
  from sumkern import Maus
  from sumkern import Tastatur
  meinBildschirm= Bildschirm()
  meinStift= Stift()
  meineMaus= Maus()
  meinStift.bewegeBis(
           maus.hPosition(),maus.vPosition())
  stift.zeichneKreis(8)
```

Fehlerhafte Einträge führen zu Punktabzug.

Klasse	Objekt(e)	Methode(n)

2. Aufgabe (9 Punkte)

Informatik – Datenschutz – Objektorientierung

a) Geben Sie **Ihre** Definition für Informatik an.

b) Was bedeutet »informationelle Selbstbestimmung«?

c) Grenzen Sie die Begriffe **Klasse** und **Objekt** voneinander ab.

Dr. L. Humbert, mailto:humbert@willy-brandt.un.nw.schule.de?Subject=Fragenzu2004_11_17_IF_GK_11_LZK_1_B

[2004_11_17_IF_GK_11_LZK_1_B]

Bild F.4: Lernzielkontrolle – Informatik Grundkurs, 11. Jahrgang

F.4   Informatik Grundkurs – Klausur 11. Jahrgang

 Willy-Brandt-Gesamtschule, Bergkamen
Fachgruppe Informatik

StD Dipl.-Inform. Dr. L. Humbert   14. Januar 2005

Informatik 11. Jhg. – 1. Halbjahr – Klausur

1. Charakterisieren Sie den bisherigen Informatikunterricht anhand von zehn zentralen Begriffen. Geben Sie ein Kriterium an, nach dem diese Begriffe geordnet werden können und ordnen Sie die Begriffe nach diesem Kriterium.

2. Anne hat ihr erstes Auto gekauft und ordnungsgemäß angemeldet. Daraufhin erhält sie jede Menge Werbepost an ihre Privatadresse. Bewerten Sie den Fall unter datenschutzrechtlichen Kriterien. Was soll Anne tun?

3. Modellieren Sie ein Einlogfenster, in das die Benutzerin Account und Passwort eingeben kann. Zeichnen Sie zuerst das Fenster mit sämtlichen relevanten Koordinaten auf Papier und geben Sie dann eine Sequenz von Anweisungen in Python an, die dieses Fenster erzeugt. Vergessen Sie nicht, die einzelnen Elemente so zu beschriften, dass die Benutzerin die Funktion erkennt.

Hinweise zu Aufgabe 3

   `Rahmen(links, oben, breite, hoehe)`   ⟸   erzeugt ein Objekt der Klasse Rahmen

   Methoden, die ein Objekt der Klasse Rahmen ausführen kann

   - `erzeugeTextfeld(links, oben, breite, hoehe)`
   - `erzeugeKennwortfeld(links, oben, breite, hoehe)`
   - `erzeugeEtikett(links, oben, breite, hoehe)`
   - `erzeugeKnopf(links, oben, breite, hoehe)`

4. Wahlaufgabe – Wählen Sie **eine** der beiden folgenden Teilaufgaben und bearbeiten Sie diese

   a) Erklären Sie mit eigenen Worten die Funktionsweise des Programms, das durch folgendes Struktogramm gegeben ist (der Stift ist zu Beginn nach rechts ausgerichtet):

   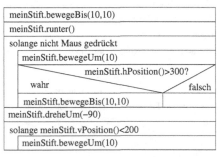

   b) Ein Rahmen hat zwei Textfelder und zwei Knöpfe. Immer dann, wenn der Testknopf gedrückt wird, soll ausgegeben werden, ob in beiden Textfeldern der selbe Inhalt steht. Das Programm soll abbrechen, sobald der Endeknopf gedrückt wird. Entwickeln Sie ein Struktogramm, das dieses Programm modelliert

[2005_01_14_IF_Klausur_11_1]

Bild F.5: Klausur – Informatik Grundkurs, 11. Jahrgang

F.5   Bewertungsbogen für Facharbeiten

Zur Vereinheitlichung der Bewertung von Facharbeiten entwickelter Bewertungsbogen.
Die Schülerinnen erhalten vor der Arbeit die Kriterien und nach Durchsicht (von zwei
Lehrerinnen) den ausgefüllten Bewertungsbogen.

Bewertungskriterien		Punkte						Bemerkungen
		5	4	3	2	1	0	
äußere Merkmale	Gesamteindruck							
	Vorschriften zur äußeren Form eingehalten							
	Literaturverzeichnis vorschriftsmäßig							
	Struktur der Gliederung							
	Lesbarkeit							
	Anschaulichkeit und Sorgfalt der Ausführungen							
	Pünktliche Abgabe der Arbeit							
Art der Darstellung	Grammatik, Orthografie und Zeichensetzung							
	Fachtermini und stilistische Mittel sachgemäß gebrauchen							
	Abbildungen zweckmäßig einsetzen							
	Fachspezifische Darstellungsformen anwenden							
	Originalität der Darstellungen anstreben							
	eigene Gedanken und Lösungen darlegen und diskutieren							
	Standpunkte anderer Quellen argumentativ verknüpfen							
	Fachübergreifende Aspekte darstellen							
	Kreativität nachweisen							
Inhalt	Fachliche Richtigkeit							
	Schlüssige Beweisführung und schgemäß Auswertung							
	Logische Verknüpfung der Gedankengänge nachvollziehbar machen							
	Sachverhalte begründet wichten							
	Angemessenes Abstraktions- und Reflexionsniveau							
	Stellungnahmen und Beurteilungen begründen							
	Einzelbeiträge aus der Gruppe zu einer komplexen Arbeit zusammenfügen							
	Schlussfolgerungen ziehen							
	Summe der Punkte:							
	Notenpunkte:	**Note:**						

Bild F.6: Bewertungsbogen für Facharbeiten

G Lehrerkonferenz zum Thema Informatik und Gender Mainstreaming

Auf den folgenden Seiten werden die Rollenkarten zu dem Rollenspiel »Lehrerkonferenz zum Thema **Informatik und Gender Mainstreaming**« wiedergegeben. Die Idee zu diesem Rollenspiel wurde von NAROSKA und HUMBERT entwickelt und für die Weiterbildungsveranstaltung **Mädchen und Computer – Erkenntnisse und pädagogische Konsequenzen** am 21. und 22. April 1989 umgesetzt.[1]

Rollenkarten zur Lehrerkonferenz über Informatik und Gender Mainstreaming

---

Mann 1

- Spät 68er

- Mitglied der Schulleitung, im Kollegium akzeptiert

- starker Befürworter der Koedukation

- sieht die Koedukation als wichtiges, fortschrittliches Bildungsziel

- sieht sich als erfolgreicher Pädagoge (auch) für die Mädchen

- setzt sich bei der Debatte evtl. für eine Quotierung in Kursen ein

Frau 5

- Probieren geht über Studieren, d. h. verschiedenste Ansätze müssen praktisch erprobt werden.

Frau 8

- Quotierung von Studienplätzen für Lehrerinnen und zwar fachbezogen ist die Voraussetzung für neue Ansätze in der Schule

---

1 **Organisation:** Gewerkschaft **E**rziehung und **W**issenschaft (GEW)
  Ort: Bildungszentrum Oer-Erkenschwick

Frau 1

- vertritt radikal die Position, geschlechtliche Trennung in allen Fächern sei notwendig, um Mädchen speziell zu emanzipieren/fördern

- Frauen müssen konkurrenzlose Freiräume zur Entwicklung bekommen

- dass Frauen auf dem Gebiet der Informatik die notwendigen intellektuellen Möglichkeiten haben, zeigt sich u. a. daran, dass eine Frau die erste Programmiererin war (ca. 1860 – Ada Lovelace)

- vertritt ihre Meinung heftig und kompromisslos

- hat im Kollegium Kritiker

Frau 2

- vertritt eine gemäßigte Aufweichung der Koedukation, wobei Jungen und Mädchen in naturwissenschaftlichen Fächern und Informatik getrennt unterrichtet werden sollten, weil Mädchen der Jungenkonkurrenz in diesen Lernbereichen nicht gewachsen sind. Mädchen benötigen hier Freiräume, um sich entwickeln zu können

- wirkt integrativ im Kollegium

führt das Protokoll der Sitzung

Frau 6

- moderate Position, kompromissbereit, offen nach allen Seiten

- Schulleiterin

Eröffnet und leitet die Sitzung

Frau 3

- sucht grösstmögliche Harmonie für sich

- will keine Konflikte und hält Konfliktfreiheit für eine wichtige Voraussetzung für die Schularbeit von Schülerinnen und Lehrerinnen

  - hält die Schule dann/so für erfolgreich und appelliert daran, sich zu einigen

- sie ist gern' gesehen, ist im Lehrerrat, organisiert Lehrerfeste

Mann 2

- Mädchen sollten Informatik wählen dürfen, wenn sie wollen, aber müssen nicht in die Richtung gedrängt werden

  - Beispiel: es gibt glückliche Kolleginnen hier, die sich in diesem Gebiet auch nicht auskennen

- Randfigur im Kollegium

Frau 4

- man kann nicht früh genug mit Informatik beginnen

- Schwerpunkt: Berufswahlvorbereitung

Frau 7

- Wir brauchen keine Mädchenförderung, sondern Jungenförderung

- Sozialverhalten vs. Unsozialverhalten

Frau 9

- Immer alle Wahlkurse quotiert besetzen – je nach Fach eher mehr Schülerinnen vor allem in naturwissenschaftlichen Fächern (bei den sprachlich orientierten Fächern umgekehrt)

Mann 3

- Schülerinnen dürfen vor der neunten Jahrgangsstufe keinen Informatikunterricht wählen, weil sie die Hintergründe noch nicht verstehen – die »neue« Qualität der Informatik ist vorher nicht erfassbar

Abbildungsverzeichnis

Tabellenverzeichnis

Abkürzungsverzeichnis

AAA	Authentication, Authorization, Accounting	**CUU**	Computerunterstützter Unterricht
ACM	Association for Computing Machinery	**DD**	Data Dictionary
ADV	Automatische Datenverarbeitung	**DFD**	Datenflussdiagramm
		DFN	Deutsches Forschungsnetz e. V.
ADT	Abstrakter Datentyp		
ALGOL	ALGOrithmic Language	**DFS**	Depth-First-Search
AROBIKS	Abiturientinnen mit Robotern und Informatik ins Studium	**ECDL**	European Computer Driving Licence
		EDK	Eidgenössische Erziehungsdirektorenkonferenz
BFS	Breadth-First-Search		
bit	basic indissoluble information unit	**EIS**	Enaktiv-Ikonisch-Symbolisch
Bit	Binary digit		
BLK	Bund-Länder-Kommission für Bildungsplanung und Forschungsförderung	**EPA**	Einheitliche Prüfungsanforderungen in der Abiturprüfung
BNF	Backus-Naur-Form	**EQ**	Emotional Quotient
BSCW	Basic System Cooperative Workspace	**ER**	Entity-Relationship
CCC	Chaos Computer Club e. V.	**ETH**	Eidgenössische Technische Hochschule
CCC	Cross-Curricular Competencies	**FA IBS**	Fachausschuss Informatische Bildung in Schulen
CPSR	Computer Professionals for Social Responsibility		
		FIfF	Forum InformatikerInnen für Frieden und gesellschaftliche Verantwortung
CRC	Class-Responsibility-Collaboration		

FoeBud	Verein zur Förderung des öffentlichen bewegten und unbewegten Datenverkehrs	**MUE**	Multimediale Evaluation in der Informatiklehrerausbildung
		MVC	Model View Control
GEW	Gewerkschaft Erziehung und Wissenschaft	**NCTM**	National Council of Teachers of Mathematics
GI	Gesellschaft für Informatik e. V.	**NW**	Nordrhein-Westfalen
		OHP	Overhead-Projektor
GPL	GNU General Public License	**OOA**	Object Oriented Analysis
HTML	Hypertext Markup Language	**OOM**	Objektorientierte Modellierung
IFIP	International Federation for Information Processing	**OOP**	Objektorientierte Programmierung
INFOS	Informatik und Schule	**OPTIMANU**	Optimization of VCR manuals - BMFT-Projekt
IMAP	Internet Message Access Protocol	**PAP**	Programmablaufplan
		PC	Personal Computer
IQ	Intelligenzquotient	**PDA**	Personal Digital Agent
ITG	Informationstechnischen Grundbildung	**PISA**	Programme for International Student Assessment
IT	Information Technology		
IT	Informatics Technology	**POP**	Post Office Protocol
IT	Informationstechnologie	**RFID**	Radio Frequency IDentification
JSP	Jackson Structured Programing	**RFC**	Request for comment
KI	Künstliche Intelligenz	**SCORM**	Sharable Content Object Reference Model
KMK	Kultusministerkonferenz	**SMTP**	Simple Mail Transfer Protocol
life³	Lernwerkzeuge für den Informatikunterricht: Einsetzen, Evaluieren und (Weiter)Entwickeln	**SMS**	short message service
		SQL	Structured Query Language
LOM	Learning Object Metadata	**TCO**	Total Cost of Ownership

TIMSS	Third International Mathematics and Science Study		Language
TSP	Travelling Salesman Problem	**UNESCO**	United Nations Educational, Scientific and Cultural Organization
UML	Unified Modelling	**XML**	eXtensible Markup Language

Literaturverzeichnis

Unter `http://humbert.in.hagen.de/DdI/literaturliste.bib.bz2` steht das Literaturverzeichnis als gepackte BibTEX-Datei zur Verfügung.

[Abbott 1983] ABBOTT, Russell J.: *Program Design by Informal English Descriptions.* In: *Comm. ACM* 26 (1983), November, Nr. 11, S. 882–894

[Aboba und Wood 2003] ABOBA, Bernard ; WOOD, Jonathan. *RFC 3539 – Authentication, Authorization and Accounting (AAA) Transport Profile.* `http://www.faqs.org/rfcs/rfc3539.html`. June 2003

[ACM 1997] ACM: *Model High School Computer Science Curriculum.* November 1997. – `http://www.acm.org/education/hscur/index.html`

[Adam 1971] ADAM, Adolf: *Informatik. Probleme der Mit- und Umwelt.* Opladen : Westdeutscher Verlag, 1971. – ISBN 3–531–11108–6

[Afemann 2003] AFEMANN, Uwe: »E-velopment« – Entwicklung durch Internet? In: EBERSBACH, Anja (Hrsg.) ; HEIGL, Richard (Hrsg.) ; SCHNAKENBERG, Thomas (Hrsg.): *Missing Link. Fragen an die Informationsgesellschaft.* Regensburg : Universitätsverlag, 2003 (Schriftenreihe der Universität Regensburg (hrsg. von Alf Zimmer) Band 28). – ISBN 3–930480–45–X, S. 35–73

[AG GEW NRW 1989] AG GEW NRW: Informationstechnische Grundbildung – aber wie? In: *FIfF-Kommunikation* 6. (1989), Nr. 1, S. 28–31. – Arbeitsgruppe Neue Medien im Referat Erziehungswissenschaften der GEW Nordrhein-Westfalen – Originalbeitrag im Heft 17/1988 Neue Deutsche Schule. – ISSN 0938–3476

[Alex u. a. 2002] ALEX, Markus ; AZEM, Ahmad ; FRICKE, Tobias ; ISCAN, Hülya ; ROHR, Oliver ; ROSSKOPF, Michael ; SÖCHTIG, Gunnar ; STACHNIK, Adam ; VUKUSIC, Ivana ; WERNER, Thomas ; WOJCIECHOWSKI, Alexander ; BRINDA, Torsten (Hrsg.) , HUMBERT, Ludger (Hrsg.) ; SIROCIC, Birgit (Hrsg.): *Endbericht der Projektgruppe Nr. 403 des Fachbereichs Informatik der Universität Dortmund – Lernumgebung für objektorientiertes Modellieren im Informatikunterricht (LEO).* Dortmund : Fachbereich Informatik, August 2002. – `http://www.ham.nw.schule.de/pub/bscw.cgi/d29298/Uni_Do_Abschlussbericht_PG_LEO.pdf` – geprüft: 9. Januar 2006

[Alexander u. a. 1977] ALEXANDER, Christopher ; ISHIKAWA, Sara ; SILVERSTEIN, Murray ; JACOBSON, Max ; FIKSDAHL-KING, Ingrid ; ANGEL, Shlomo: *A Pattern Language: Towns, Buildings, Construction.* New York : Oxford University Press, 1977

[Alt 1960] ALT, Robert: *Bilderatlas zur Schul- und Erziehungsgeschichte.* Berlin : VEB Volk und Wissen, 1960. – zweibändig

[Altermann-Köster u. a. 1990] ALTERMANN-KÖSTER, Marita ; HOLTAPPELS, Heinz G. ; KANDERS, Michael ; PFEIFFER, Hermann ; DE WITT, Claudia: *Bildung über Computer?* Weinheim : Juventa Verlag, 1990. – ISBN 3–7799–0818–2

[Altrichter u. a. 1996] ALTRICHTER, Herbert ; POSCH, Peter ; WELTE, Heike: *Unterrichtsmethoden.* CD-ROM der Pädagogik Schneider Verlag, Hohengehren. 1996. – `http://plaz.uni-paderborn.de/lehrerbildung/plan/plan.php?id=sw0007` – geprüft: 13. Juli 2005

[ALWR und DFN 1993] ALWR (Hrsg.) ; DFN (Hrsg.): *Datennetze. Ein Leitfaden zur verantwortungsvollen Nutzung von Datennetzen für Mitglieder von Institutionen in Bildung und Wissenschaft.* Dortmund : Hochschulrechenzentrum Universität, April 1993. – ALWR – Arbeitskreis der Leiter wissenschaftlicher Rechenzentren, DFN – Verein zur Förderung des Deutschen Forschungsnetzes e. V., http: //www.ruhr-uni-bochum.de/rub-rechenzentrum/netz-faltblatt.htm – geprüft: 21. Juli 2003

[Anderes u. a. 1999] ANDERES, Michael ; GOORHUIS, Henk ; NIEDERER, Ruedi ; HUGELSHOFER, René (Hrsg.): *Informatik. Anwendungen – Algorithmen – Computer – Gesellschaft.* 5. Aufl. Aarau, Frankfurt a. M., Salzburg : Sauerländer, 1999 (Bildung). – 1. Aufl. 1988 – Materialien zu dem Lehrbuch: http://www.bildung-sauerlaender.ch/download/hugelshofer/index.html – geprüft: 13. Oktober 2002. – ISBN 3–7941–4614–X

[Anderson 2001] ANDERSON, John R.: *Kognitive Psychologie.* 3. Aufl. Heidelberg, Berlin : Spektrum Akademischer Verlag, Januar 2001. – Originaltitel: Cognitive Psychology and its Implications, W. H. Freeman and Company, New York, 2002, 5th Edtion, übersetzt und herausgegeben von Ralf Graf und Joachim Grabowski. – ISBN 3–8274–1024–X

[Appelt und Busbach 1996] APPELT, Wolfgang ; BUSBACH, Uwe: The BSCW System: A WWW based Application to Support Cooperation of Distributed Groups. In: *Proc. of WET ICE 96: Collaborating on the Internet: The World-Wide Web and Beyond.* Los Alamitos : IEEE Computer Society Press, June 1996, S. 304–310

[Arlt und Haefner 1984] ARLT, Wolfgang (Hrsg.) ; HAEFNER, Klaus (Hrsg.): *Informatik als Herausforderung an Schule und Ausbildung.* Berlin, Heidelberg : Springer, Oktober 1984 (Informatik-Fachberichte 90). – ISBN 3–540–13869–2

[Arlt und Koerber 1980] ARLT, Wolfgang ; KOERBER, Bernhard: Der Berliner Modellversuch zur Integration eines anwendungsorientierten Informatikunterrichts in der Sekundarstufe I. In: SCHAUER, Helmut (Hrsg.) ; TAUBER, Michael J. (Hrsg.): *Informatik in der Schule: Ergebnisse der Passauer Tagung* Bd. 7. München : Oldenbourg Verlag, 1980. – ISBN 3–486–24411–6, S. 82–109

[Backus 1959] BACKUS, John W.: *The Syntax and Semantics of the Proposed International Algebraic Language of the Zuerich ACM-GRAMM conference. ICIP Paris.* Paris : UNESCO, June 1959

[Backus u. a. 1963] BACKUS, John W. ; BAUER, Friedrich L. ; GREEN, Julien ; KATZ, C. ; MCCARTHY, John ; NAUR, Peter ; PERLIS, Alan J. ; RUTISHAUSER, Heinz ; SAMUELSON, Klaus ; VAUQUOIS, Bernhard ; WEGSTEIN, Joseph H. ; WIJNGAARDEN, Adriaan van ; WOODGER, Michael ; NAUR, Peter (Hrsg.): *Revised Report on the Algorithmic Language Algol 60.* diverse Zeitschriften, 1963. – CACM, Vol. 6, pp 1–17; The Computer Journal, Vol. 9, p. 349; Numerische Mathematik, Vol. 4, p. 420. http://www.masswerk.at/algol60/report.htm – geprüft: 14. Juli 2002

[Baldinger 2005] BALDINGER, R.: *Pflichtenheft ICT-Verantwortliche Version4 / 04.04.2005.* April 2005. – http://aula.bias.ch/service/verantwortliche/pflichten/ pflichtenheft.htm – geprüft: 15. Mai 2005

[Balzert 1999] BALZERT, Heide: *Lehrbuch der Objektmodellierung: Analyse und Entwurf.*
Heidelberg : Spektrum Akademischer Verlag, 1999 (Lehrbücher der Informatik). –
ISBN 3–8274–0285–9

[Balzert 1976] BALZERT, Helmut: *Informatik: 1. Vom Problem zum Programm – Hauptband.*
1. Aufl. München : Hueber-Holzmann Verlag, 1976

[Balzert 1977] BALZERT, Helmut: *Informatik: 1. Vom Problem zum Programm – Lösungsband
mit methodisch–didaktischer Einführung.* München : Hueber-Holzmann Verlag, 1977

[Balzert 1996] BALZERT, Helmut: *Lehrbuch der Software-Technik: Software-Entwicklung.*
Heidelberg : Spektrum Akademischer Verlag, 1996 (Lehrbücher der Informatik). –
ISBN 3–8274–0042–2

[Barth 2003] BARTH, Thomas: Na endlich: Informatik wird Allgemeinbildung. In: *Telepolis*
(2003), November. – `http://www.heise.de/tp/deutsch/inhalt/te/16082/1.html` –
geprüft: 10. November 2003

[Bauer 1974] BAUER, Friedrich L.: Was heißt und was ist Informatik? Merkmale zur
Orientierung über eine neue wissenschaftlichen Disziplin. In: *IBM Nachrichten* 24
(1974), Nr. 223, S. 333–337

[Baumert 2001] BAUMERT, Jürgen: *Deutschland im internationalen Bildungsvergleich.*
*Vortrag anlässlich des dritten Werkstattgespräches der Initiative McKinsey bildet, am
30. Oktober 2001 im Museum für ostasiatische Kunst, Köln.* Berlin . mpib, Oktober
2001. – `http://www.mpib-berlin.mpg.de/de/aktuelles/bildungsvergleich.pdf` –
geprüft: 23. Februar 2004

[Baumert 2002] BAUMERT, Jürgen: Deutschland im internationalen Bildungsvergleich. In:
KILLIUS, Nelson (Hrsg.) ; KLUGE, Jürgen (Hrsg.) ; REISCH, Linda (Hrsg.): *Die Zukunft
der Bildung.* Frankfurt a. M. : Suhrkamp, Juni 2002. – vgl. [Baumert 2001]. – ISBN
3–518–12289–4, S. 100–150

[Baumgartner und Payr 1999] BAUMGARTNER, Peter ; PAYR, Sabine: *Lernen mit Software.*
2. Aufl. Innsbruck : StudienVerlag, 1999. – erste Auflage 1994. – ISBN 3–901160–38–8

[Beckmann 1998] BECKMANN, Renate: *Speicher-Synthese für allgemeine Multiprozessor-
Systeme mit Constraint-Logikprogrammierung.* Düsseldorf : VDI-Verlag, 1998
(Fortschritt-Berichte VDI Reihe 20: Rechnerunterstütze Verfahren Nr. 285)

[Berger 1997] BERGER, Peter: Das 'Computer-Weltbild' von Lehrern. In: **[Hoppe und
Luther 1997]**, S. 27–39. – ISBN 3–540–63432–0

[Berger 2003] BERGER, Stefan: *Design mit UML: Aggregation.* Februar 2003. –
`http://www.swisseduc.ch/informatik/material/aggregation/` – geprüft:
11. Juni 2003

[Bergin 2000] BERGIN, Joseph: *The Object Game. An Exercise for Studying Objects.* June
2000. – `http://www.wol.pace.edu/~bergin/patterns/objectgame.html` – geprüft:
20. Juli 2005

[Bergin 2002] BERGIN, Joseph: *Fourteen Pedagogical Patterns.* April 2002. – `http:
//www.wol.pace.edu/~bergin/PedPat1.3.html` – geprüft: 21. Juli 2005

[Bernfeld 1981] BERNFELD, Siegfried ; BAECKER, Dirk (Hrsg.): *Sisyphos oder die Grenzen der Erziehung.* 4. Aufl. Frankfurt a. M. : Suhrkamp Verlag, 1981 (suhrkamp taschenbuch wissenschaft 37). – Erstmals 1925 erschienen im Internationalen Psychoanalytischen Verlag, Leipzig, Wien, Zürich

[Bil 1996] *Verordnung über Sicherheit und Gesundheitsschutz bei der Arbeit an Bildschirmgeräten (Bildschirmarbeitsverordnung – BildscharbV).* BGBl. I S. 1841. Dezember 1996. – BGBl – Bundesgesetzblatt http://www.gesundheit-foerdern.de/a80000.htm – geprüft: 16. Juli 2005

[BLK 1984] BLK: Rahmenkonzept Informationstechnische Bildung in Schule und Ausbildung. In: BUNDESZENTRALE FÜR POLITISCHE BILDUNG (Hrsg.): *Computer in der Schule – Pädagogische Konzepte und Projekte – Empfehlungen und Dokumente* Bd. 246. Bonn : Franz Spiegel Buch, 1984. – BLK – Bund-Länder-Kommission für Bildungsplanung und Forschungsförderung, S. 287–293

[BMBF 2005] BMBF: *Berufsbildungsbericht.* April 2005. – Bundesministerium für Bildung und Forschung (BMBF), http://www.bmbf.de/pub/bbb_2005.pdf – geprüft: 28. Juli 2005

[Borchel u. a. 2005] BORCHEL, Christiane ; HUMBERT, Ludger ; REINERTZ, Martin: Design of an Informatics System to Bridge the Gap Between Using and Understanding in Informatics. In: MICHEUZ, Peter (Hrsg.) ; ANTONITSCH, Peter (Hrsg.) ; MITTERMEIR, Roland (Hrsg.): *Innovative Concepts for Teaching Informatics. Informatics in Secondary Schools: Evolution and Perspectives – Klagenfurt, 30th March to 1st April 2005.* Wien : Ueberreuter Verlag, 2005. – ISBN 3–8000–5167–2, S. 53–63

[Bork 1985] BORK, Alfred M.: *Personal computers for education.* New York : Harper & Row, 1985. – ISBN 0–06–040866–9

[Bortz und Döring 1995] BORTZ, Jürgen ; DÖRING, Nicola: *Forschungsmethoden und Evaluation für Sozialwissenschaftler.* 2. Aufl. Berlin : Springer, 1995. – ISBN 3–540–59375–6

[Bovet und Huwendiek 1994] BOVET, Gislinde (Hrsg.) ; HUWENDIEK, Volker (Hrsg.): *Leitfaden Schulpraxis – Pädagogik und Psychologie für den Lehrberuf.* 1. Aufl. Berlin : Cornelsen, 1994. – ISBN 3–464–49116–1

[Brandt u. a. 1991] BRANDT, Friedemann ; HEINZERLING, Harald (Koordination) ; KEMPNY, Günther: *Jugend im Datennetz. Ein Planspiel.* Wiesbaden : HIBS, 1991 (Materialien zum Unterricht, Sekundarstufe I Heft 105 Informations- und kommunikationstechnische Grundbildung 8). – HIBS–Hessisches Institut für Bildungsplanung und Schulentwicklung – vgl. [Hammer und Prodesch 1987]

[Brauer und Brauer 1992] BRAUER, Wilfried ; BRAUER, Ute: Wissenschaftliche Herausforderungen für die Informatik: Änderung von Forschungszielen und Denkgewohnheiten. In: LANGENHEDER, Werner (Hrsg.) ; MÜLLER, Günter (Hrsg.) ; SCHINZEL, Britta (Hrsg.): *Informatik cui bono?* Berlin : Springer, 1992 (Informatik aktuell Bd. 15), S. 11–19

[Brauer u. a. 1976] BRAUER, Wilfried ; CLAUS, Volker ; DEUSSEN, Peter ; JÜRGEN EICKEL (FEDERFÜHREND) ; HAACKE, Wolfhart ; HOSSEUS, Winfried ; KOSTER, Cornelis H. A. ; OLLESKY, Dieter ; WEINHART, Karl ; GESELLSCHAFT FÜR INFORMATIK E. V.:

Zielsetzungen und Inhalte des Informatikunterrichts. In: *ZDM* 8 (1976), Nr. 1, S. 35–43. – ZDM – Zentralblatt für Didaktik der Mathematik. – ISSN 0044–4103

[Brauer u. a. 1980] BRAUER, Wilfried ; HAACKE, Wolfhart ; MÜNCH, Siegfried ; GESELLSCHAFT FÜR MATHEMATIK UND DATENVERARBEITUNG MBH (Hrsg.): *Studien- und Forschungsführer Informatik.* Sankt Augustin/Bonn : GMD, 1980 (4. Ausgabe)

[Brauer und Münch 1996] BRAUER, Wilfried ; MÜNCH, Siegfried: *Studien- und Forschungsführer Informatik.* 3. völlig neu bearbeitete Aufl. Berlin, Heidelberg : Springer, 1996

[Brichzin u. a. 2004] BRICHZIN, Peter ; FREIBERGER, Ulrich ; REINOLD, Klaus ; WIEDEMANN, Albert: *Ikarus – Natur und Technik. Schwerpunkt: Informatik 6/7.* 1. Aufl. München, Düsseldorf, Stuttgart : Oldenbourg, 2004. – ISBN 3–486–88286–4

[van Briel (federführend) u. a. 2005] BRIEL (FEDERFÜHREND), Wolfgang van ; DINGEMANN (FEDERFÜHREND), Klaus ; LINK, Dietmar ; WÜSTHOFF, Hans-Jürgen ; HAHLWEG, Ebbo ; ESCHEN, Focke ; LOMEN, Franz ; KLEMISCH, Ingo ; PSARSKI, Klaus ; MALTE, Reuter ; STIRBA, Norbert ; PÖRSCHKE, Wolfgang: *Vorgaben zu den unterrichtlichen Voraussetzungen für die schriftlichen Prüfungen im Abitur in der gymnasialen Oberstufe im Jahr 2007. Vorgaben für das Fach Informatik.* Februar 2005. – http://www.learn-line.nrw.de/angebote/abitur/download/if-k-vorgaben.pdf – geprüft: 5. Dezember 2005

[Brinda 2004] BRINDA, Torsten: *Didaktisches System für objektorientiertes Modellieren im Informatikunterricht der Sekundarstufe II*, Universität Siegen, Didaktik der Informatik und E-Learning, Dissertation, März 2004. – http://www.ub.uni-siegen.de/pub/diss/fb12/2004/brinda/brinda.pdf – geprüft: 19. Oktober 2004

[Brödner u. a. 2005] BRÖDNER, Peter ; SEIM, Kai ; WOHLAND, Gerhard: Arbeitsgruppe »Theorie der Anwendungen in Wertschöpfungsprozessen«. In: **[Nake u. a. 2005]**, S. 81–83. – http://www.agis.informatik.uni-bremen.de/ARCHIV/Publikationen/hersfeldbericht03.pdf – geprüft: 23. April 2006. – ISSN 0722–8996

[Bruelhart u. a. 2006] BRUELHART, Stephan ; DÖBELI HONEGGER, Beat ; SCHWAB, Stanley: *ICT-Kompass.* 2006. – http://www.ict-kompass.ch/ – geprüft: 14. April 2006

[Bruhn u. a. 1988] BRUHN, Jörn ; BURKERT, Jürgen ; HOLLAND, Gerhard ; MAGENHEIM, Johann ; THIEMANN, Ullrich ; ZIMMERMANN, Rolf ; BURKERT, Jürgen (Hrsg.) ; GRIESEL, Heinz (Hrsg.) ; POSTEL, Helmut (Hrsg.): *Informatik heute.* Bd. 2: *Algorithmen und Datenstrukturen.* Hannover : Schroedel Schulbuchverlag, 1988

[Bruhn u. a. 1990] BRUHN, Jörn ; BURKERT, Jürgen ; HOLLAND, Gerhard ; MAGENHEIM, Johann ; THIEMANN, Ullrich ; ZIMMERMANN, Rolf ; BURKERT, Jürgen (Hrsg.) ; GRIESEL, Heinz (Hrsg.) ; POSTEL, Helmut (Hrsg.): *Informatik heute.* Bd. 2: *Lösungen und didaktisch-methodischer Kommentar – Algorithmen und Datenstrukturen.* Hannover : Schroedel Schulbuchverlag, 1990

[Bruner 1974] BRUNER, Jerome S.: *Entwurf einer Unterrichtstheorie.* Düsseldorf : Pädagogischer Verlag Schwann, 1974

[Capurro 1990] CAPURRO, Rafael: Ethik und Informatik. In: *Informatik Spektrum* 13 (1990), Dezember, Nr. 6, S. 311–320. – http://www.capurro.de/antritt.htm – geprüft: 13. April 2002. – ISSN 0170–6012

[CCC 1998] CCC: *Hackerethik. Was sind die ethischen Grundsätze des Hackens – Motivation und Grenzen.* 1998. – CCC – Chaos Computer Club e. V., http: //www.ccc.de/hackerethics – geprüft: 21. Juli 2003

[CEN – Comité Européen de Normalisation 1995] CEN – COMITÉ EUROPÉEN DE NORMA-LISATION. *Ergonomische Anforderungen für Bürotätigkeiten mit Bildschirmgeräten Teil 10: Grundsätze der Dialoggestaltung.* Februar 1995

[Childers 2003] CHILDERS, Scott: Computer Literacy: Necessity or Buzzword? In: *Information Technology and Libraries* 22 (2003), September, Nr. 3. – http: //www.ala.org/ala/lita/litapublications/ital/2203childers.htm – geprüft: 10. April 2005. – ISSN 0730–9295

[Chou 2001] CHOU, Pai H.: *Algorithm Education in Python.* December 2001. – http: //www.ece.uci.edu/~chou/py02/python.html – geprüft: 29. Juli 2005

[Christopher 2002] CHRISTOPHER, Thomas W.: *Python Programming Patterns.* Upper Saddle River : Prentice Hall PTR, 2002. – – Chapter 4: Objects and Classes: http: //vig.pearsoned.com/samplechapter/0130409561.pdf – geprüft 17. November 2002. – ISBN 0–13–040956–1

[Claus 1975] CLAUS, Volker: *Einführung in die Informatik.* Stuttgart : Teubner, 1975

[Claus 1977] CLAUS, Volker: Informatik an der Schule: Begründungen und allgemeinbildender Kern. In: BAUERSFELD, H. (Hrsg.) ; OTTE, M. (Hrsg.) ; STEINER, Hans G. (Hrsg.): *Informatik im Unterricht der Sekundarstufe II: Grundfragen, Probleme und Tendenzen mit Bezug auf allgemeinbildende und berufsqualifizierende Ausbildungsgänge.* Bielefeld : Universität Bielefeld, 1977 (Schriftenreihe des IDM (Institut für Didakitk der Mathematik) Nr 15 (Band I) und 16 (Band II)). – Band I, S. 19–33

[Claus und Schwill 2006] CLAUS, Volker ; SCHWILL, Andreas ; MEYERS LEXIKONREDAKTION (Hrsg.): *Duden Informatik A–Z. Fachlexikon für Studium und Praxis.* 4., über-arb. u. aktualis. Aufl. Mannheim, Leipzig, Wien, Zürich : Bibliographisches Institut, Februar 2006. – ISBN 3–411–05234–1

[Combe und Buchen 1996] COMBE, Arno ; BUCHEN, Sylvia: *Belastung von Lehrerinnen und Lehrern: Fallstudien zur Bedeutung alltäglicher Handlungsabläufe an unterschiedlichen Schulformen.* 1. Aufl. Weinheim, München : Juventa Verlag, 1996 (Veröffentlichungen der Max-Traeger-Stiftung Bd. 25)

[Comenius 1657] COMENIUS, Johann A.: *Didactica magna.* Amsterdam, 1657

[Coy 1992] COY, Wolfgang: Einleitung: Informatik – Eine Disziplin im Umbruch? In: **[Coy u. a. 1992]**, S. 1–9. – ISBN 3–528–05263–5

[Coy u. a. 1992] COY, Wolfgang (Hrsg.) ; NAKE, Frieder (Hrsg.) ; PFLÜGER, Jörg-Martin (Hrsg.) ; ROLF, Arno (Hrsg.) ; SEETZEN, Jürgen (Hrsg.) ; SIEFKES, Dirk (Hrsg.) ; STRANSFELD, Reinhard (Hrsg.): *Sichtweisen der Informatik.* Braunschweig : Vieweg Verlag, 1992 (Theorie der Informatik). – ISBN 3–528–05263–5

[Crispin 2003] CRISPIN, Mark R. *RFC 3501 – Internet Message Access Protocol, Version 4 rev 1 (IMAP4 rev 1).* http://www.faqs.org/rfcs/rfc3501.html. March 2003

[Crutzen 2001] CRUTZEN, Cecile K. M.: Dekonstruktion, Konstruktion und Inspriation. In: *FIfF-Kommunikation* 18 (2001), September, Nr. 3, S. 47–52. – ISSN 0938–3476

[Czischke u. a. 1999] CZISCHKE, Jürgen ; DICK, Georg ; HILDEBRECHT, Horst ; HUMBERT, Ludger ; UEDING, Werner ; WALLOS, Klaus ; LANDESINSTITUT FÜR SCHULE UND WEITERBILDUNG (Hrsg.): *Von Stiften und Mäusen.* 1. Aufl. Bönen : DruckVerlag Kettler GmbH, 1999. – ISBN 3–8165–4165–8

[Danenberg 2001] DANENBERG, Anne: Who s Lagging Now? Gender Differences in Secondary Course Enrollments. In: *California Counts Public Policy Institute of California* 2 (2001), February, Nr. 3, S. 1–15. – http://www.ppic.org/content/pubs/CC_201ADCC.pdf – geprüft: 18. April 2003

[Denning 1999] DENNING, Peter J.: Editor's introductory essay: Computers and Human Aspiration. In: DENNING, Peter J. (Hrsg.): *Talking back to the Machine: Computers and Human Aspiration.* New York : Copernicus Books (Springer), May 1999. – http://cne.gmu.edu/pjd/PUBS/thennow99.pdf – geprüft: 14. Juli 2002. – ISBN 0–387–98413–5, S. xi–xviii

[Diederich 1988] DIEDERICH, Jürgen. *Didaktisches Denken – eine Einführung in Anspruch und Aufgabe, Möglichkeiten und Grenzen der allgemeinen Didaktik.* Weinheim : Juventa, 1988 (Grundlagentexte Pädagogik). – ISBN 3–7799–0341–5

[Dijkstra 1969] DIJKSTRA, Edsger W.: *Structured programming.* August 1969. – circulated privately – http://www.cs.utexas.edu/users/EWD/ewd02xx/EWD268.PDF – geprüft: 10. April 2006

[Dijkstra 2001] DIJKSTRA, Edsger W.: The End of Computing Science? In: *Comm. ACM* 44 (2001), March, Nr. 3, S. 92. – Transkript verfügbar unter http://www.cs.utexas.edu/users/EWD/transcriptions/EWD13xx/EWD1304.html – geprüft: 14. September 2003

[DIN 1991] *Regeln für die alphabetische Ordnung (ABC-Regeln).* April 1991. – Norm DIN 5 007 – Überarbeitung 2004

[Dißmann 2003] DISSMANN, Stefan: Handlungsorientiertes Erlernen von Programmkonstruktionen anhand von Rollenspielen. In: **[Hubwieser 2003]**, S. 249–260. – ISBN 3–88579–361–X

[Downey u. a. 2002] DOWNEY, Allen B. ; ELKNER, Jeffrey ; MEYERS, Chris: *How to Think Like a Computer Scientist: Learning with Python.* Wellesley, Massachusetts : Green Tea Press, April 2002. – LATEX-Quellen: http://www.ibiblio.org/obp/thinkCSpy/dist/thinkCSpy.tex.tgz – http://www.ibiblio.org/obp/thinkCSpy/ – geprüft: 31. Juli 2005. – ISBN 0–9716775–0–6

[Dreyfus und Dreyfus 1987] DREYFUS, Hubert L. ; DREYFUS, Stuart E. ; MOOS, Ludwig (Hrsg.) ; WAFFENDER, Manfred (Hrsg.): *Künstiche Intelligenz – Von den Grenzen der Denkmaschine und dem Wert der Intuition.* Taschenbuchausgabe. Reinbek : Rowohlt, April 1987 (rororo computer 8144).   Aus dem Amerikanischen von Michael Mutz, Originaltitel: Mind over Machine, 1986, The Free Press, New York

[Eberle 1996] EBERLE, Franz ; WETTSTEIN, Emil (Hrsg.) ; WEIBEL, Walter (Hrsg.) ; GONON, Philipp (Hrsg.): *Didaktik der Informatik bzw. einer informations- und kommunikationstechnologischen Bildung auf der Sekundarstufe II – Ziele und Inhalte, Bezug zu anderen Fächern sowie unterrichspraktische Handlungsempfehlungen*. 1. Aufl. Aarau : Verlag Sauerländer, 1996 (Pädagogik bei Sauerländer: Dokumentation und Materialien 24). – ISBN 3–7941–4157–1

[Eckerdal und Thuné 2005] ECKERDAL, Anna ; THUNÉ, Michael: Novice Java Programmers' Conceptions of »Object« and »Class«, and Variation Theory. In: *Proceedings ITiCSE'05, June 27–29, Monte de Caparica, Portugal* ACM, 2005. – ITiCSE – Innovation and Technology in Computer Science Education, S. 89–93

[Eckstein u. a. 2003] ECKSTEIN, Jutta ; MANNS, Mary-Lynn ; VÖLTER, Markus: *Pedagogical Patterns: Capturing Best Practices in Teaching Object Technology*. Januar 2003. – http://jeckstein.com/papers/softwarefocus.pdf – geprüft: 10. April 2006

[Eickhoff u. a. 2005] EICKHOFF, Patrick ; FIGGEN, Bernd ; HAMMERSEN, Thomas ; HUMBERT, Ludger ; POMMERENKE, Dirk ; RICHTER, Detlef ; STRIEWE, Jörg: Informatik – innovative Konzepte zur Gestaltung einer offenen Anfangssequenz mit vielfältigen Erweiterungen. In: **[Friedrich 2005]**, S. 263–274. – Abstract: http://is11009.inf.tu-dresden.de/tagungsprogramm/#d86 – geprüft: 5. Juni 2005. – ISBN 3–88579–389–X

[Eijkhout 2004] EIJKHOUT, Victor: *The Computer Science of TₑX and LATₑX; Computer science course 594, Fall. Draft Lecture Notes*. december 2004. – http://www.cs.utk.edu/~eijkhout/594-LaTeX/handouts/TeX LaTeX course.pdf – last visited at 3rd June 2005

[van Elsuwe und Schmedding 2003] ELSUWE, Heiko van ; SCHMEDDING, Doris: Metriken für UML-Modelle. In: *Informatik – Forschung und Entwicklung* 18 (2003), S. 22–31. – ISSN 0178–3564

[Engbring 1995] ENGBRING, Dieter: Kultur- und technikgeschichtlich begründete Bildungswerte der Informatik. In: **[Schubert 1995]**, S. 68–77

[Engbring 2004] ENGBRING, Dieter: *Informatik im Herstellungs- und Nutzungskontext. Ein technikbezogener Zugang zur fachübergreifenden Lehre*, Universität Paderborn – Fakultät für Elektrotechnik, Informatik und Mathematik – Arbeitsgruppe Informatik und Gesellschaft, Dissertation, November 2004. – http://ubdata.uni-paderborn.de/ediss/17/2004/engbring/disserta.pdf – geprüft: 9. Dezember 2005

[Fakultätentag Informatik 1976] FAKULTÄTENTAG INFORMATIK: *Fächerkatalog Informatik – beschlossen am 30.* April 1976. – abgedruckt in [Brauer u. a. 1980, S. 67]

[Faulstich-Wieland und Nyssen 1998] FAULSTICH-WIELAND, Hannelore ; NYSSEN, Elke: Geschlechterverhältnisse im Bildungssystem – Eine Zwischenbilanz. In: ROLFF, Hans-Günter (Hrsg.) ; BAUER, K.-O. (Hrsg.) ; KLEMM, Klaus (Hrsg.) ; PFEIFFER, Hermann (Hrsg.): *Jahrbuch der Schulentwicklung*. Weinheim : Juventa, 1998. – http://www.erzwiss.uni-hamburg.de:80/Personal/Liesner/Lehre/SoSe02/FaulstichWieland-Nyssen.doc – geprüft: 2. Dezember 2002, S. 163–199

[Felleisen u. a. 2001] FELLEISEN, Matthias ; FINDLER, Robert B. ; FLATT, Matthew ;
KRISHNAMURTHI, Shriram: *How to Design Programs. An Introduction to Computing
and Programming.* Cambridge, Massachusetts London, England : The MIT Press, 2001.
– MIT – Massachusetts Institute of Technology – Online-Version der dritten Auflage
vom 22. September 2002: `http://www.htdp.org/2002-09-22/Book/curriculum.html` –
geprüft: 10. Juni 2003

[Fend 1974] FEND, Helmut: *Gesellschaftliche Bedingungen schulischer Sozialisation.*
Weinheim : Beltz, 1974. – ISBN 3–407–51071–3

[Fine und Arnoth 2003] FINE, Jonathan ; ARNOTH, Eric I.: *PyTeX – Python plus TEX.*
March 2003. – `http://www.pytex.org/` – geprüft: 13. Juli 2005

[Floyd 1992] FLOYD, Christiane: Human Questions in Computer Science. In: FLOYD,
Christiane (Hrsg.) ; ZÜLLIGHOVEN, Heinz (Hrsg.) ; BUDDE, Reinhard (Hrsg.) ;
KEIL-SLAWIK, Reinhard (Hrsg.): *Software Development and Reality Construction.*
Berlin : Springer, 1992. – ISBN 3–540–54349–X, S. 15–27

[Floyd 1997] FLOYD, Christiane: Autooperationale Form und situiertes Handeln. In: HUBIG,
C. (Hrsg.): *Cognitio Humana – XVII. Deutscher Kongreß für Philosophie (Sept. 1996),*
Akademie Verlag, 1997, S. 237–252

[Floyd 2001] FLOYD, Christiane: *Informatik – Mensch – Gesellschaft 1. Prüfungsunterlagen.*
Universität Hamburg – Fachbereich Informatik, Oktober 2001. – zugl. Informatik
– eine Standortbestimmung Hamburg, September 1998 von C. Floyd und R.
Klischewski

[Floyd und Klischewski 1998] FLOYD, Christiane ; KLISCHEWSKI, Ralf: Modellierung
– ein Handgriff zur Wirklichkeit. Zur sozialen Konstruktion und Wirksamkeit
von Informatik-Modellen. In: POHL, Klaus (Hrsg.) ; SCHÜRR, Andy (Hrsg.) ;
VOSSEN, Gottfried (Hrsg.): *Modellierung '98 – Proceedings.* Universität Münster :
Institut für angewandte Mathematik und Informatik, März 1998 (Bericht 6/98-I).
– `http://SunSITE.Informatik.RWTH-Aachen.DE/Publications/CEUR-WS/Vol-9/` –
geprüft: 26. Mai 2006. – ISSN 1613–0073, S. 21–26

[Frank und Meyer 1972] FRANK, Helmar ; MEYER, Ingeborg: *Rechnerkunde. Elemente
einer digitalen Nachrichtenverarbeitung und ihrer Fachdidaktik.* Stuttgart, Köln :
Kohlhammer, 1972 (Urban-Taschenbücher Bd. 151)

[Freudenthal 1983] FREUDENTHAL, Hans: *Mathematics Education Library.* Bd. 1: *Didactical
phenomenology of mathematical structures.* Dordrecht : D. Reidel Publishing Company,
August 1983. – ISBN 90–277–1535–1

[Fricke und Völter 2000] FRICKE, Astrid ; VÖLTER, Markus: *SEMINARS – A Pedagogical
Pattern Language about teaching seminars effectively.* July 2000. – `http:
//www.voelter.de/data/pub/tp/tp.pdf http://www.voelter.de/data/pub/tp/html/`
– geprüft: 5. Juli 2003

[Friedrich 2003] FRIEDRICH, Steffen: Informatik und PISA – vom Wehe zum Wohl der
Schulinformatik. In: **[Hubwieser 2003]**, S. 133–144. – `http://bscw.schule.de/pub/
nj_bscw.cgi/S444a5148/d182017/Informatik_und_PISA_Friedrich_INFOS03.pdf` –
geprüft: 22. April 2006. – ISBN 3–88579–361–X

[Friedrich 2005] FRIEDRICH, Steffen (Hrsg.): *Informatik und Schule – Informatikunterricht – Konzepte und Realisierung – INFOS 2005 – 11. GI-Fachtagung 28.-30. September 2005, Dresden.* Bonn : Gesellschaft für Informatik, Köllen Druck + Verlag GmbH, September 2005 (GI-Edition – Lecture Notes in Informatics – Proceedings P 60). – ISBN 3–88579–389–X

[Fuhr 2000] FUHR, Norbert. *Informationssysteme – Stammvorlesung im WS 99/00 (IR-Teil).* http://ls6-www.informatik.uni-dortmund.de/ir/teaching/lectures/is_ws99-00/folien/irskall.ps.gz – geprüft: 25. September 2002. Januar 2000

[Fuhr 2004] FUHR, Norbert: *Information Retrieval. Skriptum zur Vorlesung im Sommersemester 2004.* Juni 2004. – http://www.is.informatik.uni-duisburg.de/teaching/lectures/ir_ss04/folien/irskall.pdf – geprüft: 13. Juni 2005

[Funke 2001] FUNKE, Joachim: Neue Verfahren zur Erfassung intelligenten Umgangs mit komplexen und dynamischen Anforderungen. In: STERN, Elsbeth (Hrsg.) ; GUTHKE, Jürgen (Hrsg.): *Perspektiven der Intelligenzforschung. Ein Lehrbuch für Fortgeschrittene.* Lengerich : Pabst, 2001. – http://www.psychologie.uni-heidelberg.de/ae/allg/mitarb/jf/Funke_2001_Neue_Verfahren.pdf – geprüft: 12. Juni 2004. – ISBN 3–935357–69–9, S. 89–107

[Funken u. a. 1996] FUNKEN, Christiane ; HAMMERICH, Kurt ; SCHINZEL, Britta: *Geschlecht, Informatik und Schule oder: Wie Ungleichheit der Geschlechter durch Koedukation neu organisiert wird.* 1. Aufl. Sankt Augustin : Academia Verlag, 1996. – ISBN 3–88345–735–3

[Gallin und Ruf 1990] GALLIN, Peter ; RUF, Urs: *Sprache und Mathematik in der Schule. Auf eigenen Wegen zur Fachkompetenz. Illustriert mit sechzehn Szenen aus der Biographie von Lernenden.* Zürich : Verlag Lehrerinnen und Lehrer, 1990. – ISBN 3–85809–071–9

[Gallin und Ruf 1998] GALLIN, Peter ; RUF, Urs: *Sprache und Mathematik in der Schule. Auf eigenen Wegen zur Fachkompetenz – Illustriert mit sechzehn Szenen aus der Biographie von Lernenden.* Seelze : Kallmeyer, 1998. – Originalausgabe [Gallin und Ruf 1990]. – ISBN 3–7800–2008–4

[Gardner 1983] GARDNER, Howard: *Frames of mind: The theory of multiple intelligences.* New York : Basic Books, 1983

[Genrich 1975] GENRICH, Hartmann J.: Belästigung des Menschen durch Computer. In: MÜHLBACHER, Jörg (Hrsg.): *GI – 5. Jahrestagung, Dortmund, 8.-10. Oktober 1975.* Heidelberg : Springer, Oktober 1975 (Lecture Notes in Computer Science 34). – ISBN 3–540–07410–4, S. 94–105

[GI 2000] GI: Empfehlung der Gesellschaft für Informatik e.V. für ein Gesamtkonzept zur informatischen Bildung an allgemein bildenden Schulen. In: *Informatik Spektrum* 23 (2000), Dezember, Nr. 6, S. 378–382. – http://www.gi-ev.de/fileadmin/redaktion/empfehlungen/gesamtkonzept_26_9_2000.pdf – geprüft: 6. Dezember 2005 auch veröffentlicht als Beilage in LOG IN 20 (2000) Heft 2, S. I-VII. – ISSN 0170–6012

[GI 2003] GI: *Empfehlungen der GI für Informatik-Studium, -Ausbildung, -Fortbildung und -Weiterbildung ab 1975.* Februar 2003. – GI – Gesellschaft für Informatik e.V. http://www.gi-ev.de/informatik/publikationen/empfehlungen.shtml – geprüft: 11. Mai 2003

[GI 2004] GI: *Ethische Leitlinien der Gesellschaft für Informatik.* Janaur 2004. – GI
– Gesellschaft für Informatik e. V. – ausgearbeitet vom Arbeitskreis »Informatik
und Verantwortung« der GI: – Peter Bittner, Rafael Capurro, Wolfgang Coy, Eva
Hornecker, Constanze Kurz, Karl-Heinz Rödiger (Sprecher), Britta Schinzel, Ute
Twisselmann, Roland Vollmar, Karsten Weber, Alfred Winter, Cornelia Winter
`http://www.gi-ev.de/verein/struktur/ethische_leitlinien.shtml` und
`http://www.gi-ev.de/verein/struktur/EthischeLeitlinien.pdf` – geprüft:
16. Juni 2005

[von Glasersfeld 1989] GLASERSFELD, Ernst von: Kognition, Konstruktion des Wissens
und Unterricht. In: *Wege des Wissens. Konstruktivistische Erkundungen durch unser
Denken.* Heidelberg : Carl-Auer-Systeme Verlag, 1989. – überarbeiteter Fassung des
Beitrages »Cognition, Construction of Knowledge, and Teaching.« In: Synthese 1989,
80(1), pp. 121–140.. – ISBN 3–89670–004–9, S. 172–197

[Goleman 1997] GOLEMAN, Daniel: *Emotionale Intelligenz.* München : DTV, 1997. – ISBN
3–423–36020–8

[Görlich und Humbert 2005] GÖRLICH, Christian F. ; HUMBERT, Ludger: Open Source –
die Rückkehr der Utopie? In: BÄRWOLFF, Matthias (Hrsg.) ; GEHRING, Robert A.
(Hrsg.) ; LUTTERBECK, Bernd (Hrsg.): *Open Source Jahrbuch 2005. Zwischen
Softwareentwicklung und Gesellschaftsmodell.* Berlin : Lehmanns Media, 2005.
– `http://www.opensourcejahrbuch.de/2005/` – geprüft: 6. April 2006. – ISBN
3–86541–050–6, S. 311–327

[Grepper und Döbeli 2001] GREPPER, Yvan ; DÖBELI, Beat: *Empfehlungen zu Beschaffung
und Betrieb von Informatikmitteln an allgemeinbildenden Schulen (Leitfaden).*
Dokument auf dem Server der ETH Zürich – 3. Auflage. Juni 2001. – `http:
//www.swisseduc.ch/informatik/berichte/wartung/docs/wartung.pdf` – geprüft:
10. April 2006

[Groffmann und Michel 1983] GROFFMANN, Karl-Josef (Hrsg.) ; MICHEL, Lothar (Hrsg.):
Enzyklopädie der Psychologie: Themenbereich B, Methodologie und Methoden.
Bd. *Band 2: Intelligenz- und Leistungsdiagnostik.* Göttingen : Hogrefe, 1983
(Psychologische Diagnostik 2). – ISBN 3–8017–0503–X

[Grunwald und Wolf 2004] GRUNWALD, Lukas ; WOLF, Boris: RFID--Facts and Myths, Risks
and Security. In: *Wireless Security Perspectives* 6 (2004), October, Nr. 9, S. 1. –
ISSN 1492–806X

[Gudjons 2001] GUDJONS, Herbert: *Handlungsorientiert lehren und lernen. Schüleraktivie-
rung – Selbsttätigkeit – Projektarbeit.* 6. überarb. und erw. Aufl. Bad Heilbrunn :
Klinkhardt, 2001 (Erziehen und Unterrichten in der Schule). – ISBN 3–7815–1131–6

[Guilford 1967] GUILFORD, Joy P.: *The nature of human intelligence.* New York : McGraw
Hill, 1967

[Haller 1990] HALLER, M. (Hrsg.): *Weizenbaum contra Haefner – Sind Computer die besseren
Menschen?* Zürich : Pendo, 1990

[Hammer und Prodesch 1987] HAMMER, Volker ; PRODESCH, Ulrich: *Planspiel Datenschutz
in vernetzten Informationssystemen.* Verlag Die Schulpraxis. Mai 1987. –

http://www.medienzentrum-kassel.de/fortbildung/downloads/planspiel_ds.zip –
geprüft: 1. Oktober 2004

[Håndlykken und Nygaard 1981] HÅNDLYKKEN, P. ; NYGAARD, Kristen: The DELTA System
Description Language – Motivation, Main Concepts and Experience from Use. In:
HÜNKE, H. (Hrsg.): *Software Engineering Environments Proceedings of the Symposium
held in Lahnstein, Germany, June 16-20, 1980.* Amsterdam : North-Holland, 1981

[Hartmann 2003] HARTMANN, Werner: *Informatik – Puzzles.* April 2003. – http:
//www.swisseduc.ch/informatik/puzzles/ – geprüft: 10. April 2006

[Heimann u. a. 1970] HEIMANN, Paul ; OTTO, Gunter ; SCHULZ, Wolfgang: *Auswahl Reihe B.*
Bd. 1/2: *Unterricht: Analyse und Planung.* 5. Aufl. Hannover : Schroedel-Verlag, 1970

[von Hentig 1992] HENTIG, Hartmut von: Der sokratische Eid. In: PETER FAUSER U. A.
(Hrsg.): *Jahresheft 10.* Velber : Friedrich Verlag, 1992, S. 114–115

[von Hentig 1993] HENTIG, Hartmut von: *Schule neu denken.* München : Carl Hanser Verlag,
1993

[Hericks 2003a] HERICKS, Uwe: *Den Anfang gestalten – Begründungen, Forschungen und
Konzepte für eine begleitete Berufseingangsphase von Lehrerinnen und Lehrern.
Eröffnungsreferat für die Expertentagung zur Berufseingangsphase in Darmstadt.*
Oktobe 2003a. – http://www2.erzwiss.uni-hamburg.de/personal/hericks/
vortrag1.pdf – geprüft: 31. Juli 2005

[Hericks 2003b] HERICKS, Uwe: *Unterricht als Kernkompetenz – Erste Ergebnisse eines
Forschungsprojektes zum Lernen in der Berufseingangsphase.* April 2003b. – Beitrag
für die Tagungsdokumentation – »Die Zukunft der Lehrerbildung« vom 14.–16. März
2003 der Evangelischen Akademie Loccum – Manuskript – nicht öffentlich

[Hinck u. a. 2001] HINCK, Daniela ; KÖHLER, Michael ; LANGER, Roman ; MOLDT, Daniel ;
RÖLKE, Heiko: *Organisation etablierter Machtzentren: Modellierungen und Reanalysen
zu Norbert Elias.* Hamburg : Fachbereich Informatik und Institut für Soziologie der
Universität, September 2001 (Arbeitsberichte des Forschungsprogramms Agieren in
sozialen Kontexten FBI-HH-306/01). –
http://www.informatik.uni-hamburg.de/TGI/forschung/projekte/sozionik/publ/
elias.ps – geprüft: 28. Mai 2003

[Hoppe und Luther 1997] HOPPE, Heinz U. (Hrsg.) ; LUTHER, Wolfram (Hrsg.): *Informatik
und Lernen in der Informationsgesellschaft.* Berlin, Heidelberg : Springer, September
1997 (Informatik aktuell). – ISBN 3–540–63432–0

[Huber 2004] HUBER, Anne A. (Hrsg.): *Kooperatives Lernen - kein Problem. Effektive
Methoden der Partner- und Gruppenarbeit (für Schule und Erwachsenenbildung).*
Leipzig : Klett-Verlag, 2004. – ISBN 3–12–924438–7

[Hubwieser 2003] HUBWIESER, Peter (Hrsg.): *Informatik und Schule – Informatische
Fachkonzepte im Unterricht – INFOS 2003 – 10. GI-Fachtagung 17.–19. Septem-
ber 2003, München.* Bonn : Gesellschaft für Informatik, Köllen Druck + Verlag GmbH,
September 2003 (GI-Edition – Lecture Notes in Informatics – Proceedings P 32). –
ISBN 3–88579–361–X

[Hubwieser und Broy 1997] HUBWIESER, Peter ; BROY, Manfred: Grundlegende Konzepte von Informations- und Kommunikationssystemen für den Informatikunterricht. In: [Hoppe und Luther 1997], S. 40–50. – ISBN 3–540–63432–0

[Humbert 1999a] HUMBERT, Ludger: Grundkonzepte der Informatik und ihre Umsetzung im Informatikunterricht. In: [Schwill 1999], S. 175–189. – ISBN 3–540–66300–2

[Humbert 1999b] HUMBERT, Ludger: Kollaboratives Lernen – Gruppenarbeit im Informatikunterricht. In: LOG IN 19 (1999), Nr. 3/4, S. 54–59. – http://didaktik-der-informatik.de/ddi_bib/login/99-3_4/Humbert_Login99_Kollaboratives_Lernen.pdf. – ISSN 0720–8642

[Humbert 2000] HUMBERT, Ludger: Ein System zur Unterstützung kollaborativen Lernens – Computerunterstützte Gruppenarbeit in der Sekundarstufe II. In: Computer und Unterricht 10 (2000), August, Nr. 39, S. 28–31

[Humbert 2003] HUMBERT, Ludger: Zur wissenschaftlichen Fundierung der Schulinformatik. Witten : pad-Verlag, März 2003. – zugl. Dissertation an der Universität Siegen http://www.ham.nw.schule.de/pub/bscw.cgi/d38820/ – geprüft: 13. August 2003. – ISBN 3–88515–214–2

[Humbert 2006] HUMBERT, Ludger: Informatische Bildung – Fehlvorstellungen und Standards. In: THOMAS, Marco (Hrsg.): MWS – Münsteraner Workshop zur Schulinformatik 2006, 2006. – http://www.ham.nw.schule.de/pub/bscw.cgi/d291985/2006-05-05_MWS-Fehlvorstellung-Standards.pdf – geprüft: 17. April 2006, S. 37–46

[Humbert u. a. 2000] HUMBERT, Ludger ; MAGENHEIM, Johannes ; SCHUBERT, Sigrid: Projekt MUE: Multimediale Evaluation in der Informatiklehrerausbildung. http://didaktik.cs.uni-potsdam.de/HyFISCH/WorkshopLehrerbildung2000/Papers/Schubert.pdf.zip. Juli 2000. – Beitrag zum Workshop zur Lehrerausbildung, GI-Jahrestagung 2000, Berlin, 19. September 2000

[Humbert und Pasternak 2005] HUMBERT, Ludger ; PASTERNAK, Arno: Informatikkompetenzen. Zur Entwicklung von Standards für die allgemeine Bildung im Schulfach Informatik. In: LOG IN 25 (2005), September, Nr. 135, S. 22–26. – ISSN 0720–8642

[Humbert und Puhlmann 2004] HUMBERT, Ludger ; PUHLMANN, Hermann: Essential Ingredients of Literacy in Informatics. In: MAGENHEIM, Johannes (Hrsg.) ; SCHUBERT, Sigrid (Hrsg.): Informatics and Student Assessment. Concepts of Empirical Research and Standardisation of Measurement in the Area of Didactics of Informatics Bd. 1. Bonn : Köllen Druck+Verlag GmbH, September 2004. – ISBN 3–88579–435–7, S. 65–76

[Humbert und Puhlmann 2005] HUMBERT, Ludger ; PUHLMANN, Hermann: Essential Ingredients of Literacy in Informatic. In: 8th IFIP World Conference on Computers in Education, 4–7th July 2005, University of Stellenbosch. Cape Town, South Africa : Document Transformation Technologies cc, July 2005. – Documents/445.pdf. – ISBN 1–920–01711–9

[Hurrelmann 1975] HURRELMANN, Klaus: Erziehungssystem und Gesellschaft. Reinbek : Rowohlt, 1975. – ISBN 3–499–21070–3

[Hütter 2001] HÜTTER, Bernd O.: Natürliche Intelligenz: Konzepte, Entwicklung und
  Messung. In: CHRISTALLER, Thomas (Hrsg.) ; DECKER, Michael (Hrsg.): *Robotik.*
  Perspektiven für menschliches Handeln in der zukünftigen Gesellschaft. Materialienband.
  Bad Neuenahr-Ahrweiler : Europäische Akademie zur Erforschung von Folgen
  wissenschaftlich-technischer Entwicklungen, November 2001 (Graue Reihe 29). – http:
  //www.europaeische-akademie-aw.de/pages/publikationen/graue_reihe/29.pdf –
  geprüft: 12. Juni 2004. – ISSN 1435–487–X, S. 74–121

[IFIP Ethics Task Group 1995] IFIP ETHICS TASK GROUP: *Recommendations to the*
  International Federation for Information Processing (IFIP) – Regarding Codes of
  Conduct for Computer Societies. August 1995. – http://courses.cs.vt.edu/
  ~cs3604/lib/WorldCodes/IFIP.Recommendation.html – geprüft: 31. Juli 2005

[Ingenkamp 1995] INGENKAMP, Karlheinz (Hrsg.): *Die Fragwürdigkeit der Zensurengebung.*
  9. Aufl. Weinheim : Beltz, 1995. – ISBN 3–407–25118–1

[Jank und Meyer 2002] JANK, Werner ; MEYER, Hilbert: *Didaktische Modelle.* 5., völlig
  überarb. Aufl. Berlin : Cornelsen Scriptor, 2002. – erste Aufl. 1991. – ISBN
  3–589–21566–6

[Jelitto 2003] JELITTO, Marc: *Linksammlung. Links zu »Gender« (erstellt im Rahmen des*
  BMBF-geförderten Projektes MMISS). Juli 2003. – BMBF – Bundesministerium
  für Bildung und Forschung, MMiSS – MultiMedia Instruction in Safe Systems
  http://www.evaluieren.de/infos/links/gender.htm – geprüft: 1. Juli 2003

[Johlen 2006] JOHLEN, Dietmar: *RFID-Systeme in Geschäftsprozesse integrieren.* April
  2006. – http://platon.upb.de/gitagnrw2006/?ac=unterlagen#track2.9 – geprüft:
  14. April 2006

[Johnson u. a. 1983] JOHNSON, W. L. ; SOLOWAY, Elliot ; CUTLER, B. ; DRAPER, S.W.:
  Bug Catalogue: I / Yale University Department of Computer Science. 1983. –
  Forschungsbericht

[Joy 2000] JOY, Bill: Warum die Zukunft uns nicht braucht. Die mächtigsten Technologien
  des 21. Jahrhunderts – Robotik, Gentechnik und Nanotechnologie – machen den
  Menschen zur gefährdeten Art. In: *Frankfurter Allgemeine Zeitung* (2000), 6. Juni, Nr.
  130, S. 49. – http://www.geocities.com/CapitolHill/Lobby/2554/billjoy.html
  gekürzte Übersetzung des Artikels: Why the future doesn't need us – erschienen im
  April 2000 in Wired http://www.wired.com/wired/archive/8.04/joy_pr.html –
  geprüft 30. Juli 2005

[Kahl 2004] KAHL, Reinhard: Der Fehler ist das Salz des Lernens. In: *Seminar –*
  Lehrerbildung und Schule (2004), Nr. 1, S. 108–111. – ISSN 1431–2859

[Kanders u. a. 1997] KANDERS, Michael ; RÖSNER, Ernst ; ROLFF, Hans-Günter ;
  BUNDESMINISTERIUM FÜR BILDUNG, WISSENSCHAFT, FORSCHUNG UND TECHNOLOGIE
  (Hrsg.): *Das Bild der Schule aus der Sicht von Schülern und Lehrern.* Bonn : BMBF,
  Juli 1997

[Kay 1972] KAY, Alan: A Personal Computer for Children of All Ages. In: ACM
  (Hrsg.): *Proceedings of the ACM National Conference, Boston* ACM, 1972. –
  http://www.mprove.de/diplom/gui/Kay72a.pdf – geprüft: 10. Dezember 2003

[Keil-Slawik u. a. 2004] KEIL-SLAWIK, Reinhard ; GEISSLER a ; NAWRATIL, Petra ; BERTELT, Klaus: *BMBF-Verbundprojekt SIMBA – Teilprojekt KErmie: Kommunikationsergonomie*. Januar 2004. – http://conrod.upb.de/simba/ – geprüft: 10. April 2006

[Keil-Slawik und Magenheim 2001] KEIL-SLAWIK, Reinhard (Hrsg.) ; MAGENHEIM, Johannes (Hrsg.): *Informatik und Schule – Informatikunterricht und Medienbildung INFOS 2001 – 9. GI-Fachtagung 17.–20. September 2001, Paderborn*. Bonn : Gesellschaft für Informatik, Köllen Druck + Verlag GmbH, September 2001 (GI-Edition – Lecture Notes in Informatics – Proceedings P-8). – ISBN 3–88579–334–2

[Kessels 2002] KESSELS, Ursula: *Undoing Gender in der Schule. Eine empirische Studie über Koedukation und Geschlechtsidentität im Physikunterricht*. Weinheim, München : Juventa, 2002 (Materialien). – »›Undoing Gender‹ durch Geschlechtertrennung. Auswirkung der Geschlechterkonstellation von Lerngruppen auf situationale Identität, fachspezifisches Selbstkonzept und Motivation« – Dissertation am Fachbereich Erziehungswissenschaft und Psychologie der Freien Universität Berlin. – ISBN 3–7799–1439–5

[Klaeren und Sperber 2001] KLAEREN, Herbert ; SPERBER, Michael: *Vom Problem zum Programm*. 3. Aufl. Teubner, 2001. – ISBN 3–519–22242–6

[Klafki 1985a] KLAFKI, Wolfgang: Konturen eines neuen Allgemeinbildungskonzepts. In: *Neue Studien zur Bildungstheorie und Didaktik: Beiträge zur kritisch-konstruktiven Didaktik* **[Klafki 1985b]**, S. 12–30. – ISBN 3–407–54148–1

[Klafki 1985b] KLAFKI, Wolfgang: *Neue Studien zur Bildungstheorie und Didaktik: Beiträge zur kritisch-konstruktiven Didaktik*. Weinheim, Basel : Beltz Verlag, 1985b. – ISBN 3–407–54148–1

[Klafki 1985c] KLAFKI, Wolfgang: Sinn und Unsinn des Leistungsprinzips in der Erziehung. In: *Neue Studien zur Bildungstheorie und Didaktik: Beiträge zur kritisch-konstruktiven Didaktik* **[Klafki 1985b]**, S. 155–180. – ISBN 3–407–54148–1

[Klafki 1985d] KLAFKI, Wolfgang: Zur Unterrrichtsplanung im Sinne kritisch-konstruktiver Didaktik. In: *Neue Studien zur Bildungstheorie und Didaktik: Beiträge zur kritisch-konstruktiven Didaktik* **[Klafki 1985b]**, S. 194–227. – ISBN 3–407–54148–1

[KMK 1999] KMK: *Vereinbarung zur Gestaltung der gymnasialen Oberstufe in der Sekundarstufe II*. http://www.kmk.org/. Oktober 1999. – KMK – Ständige Konferenz der Kultusminister der Länder in der Bundesrepublik Deutschland, Beschluss der KMK vom 7. Juli 1972 i. d. F. vom 22. Oktober 1999

[KMK 2004] KMK (Hrsg.): *Einheitliche Prüfungsanforderungen in der Abiturprüfung »Informatik"*. Bonn : KMK, 2004. – KMK – Ständige Konferenz der Kultusminister der Länder in der Bundesrepublik Deutschland http://www.kmk.org/doc/beschl/ EPA-Informatik.pdf – geprüft: 31. Mai 2006

[KMNW 1987] KMNW (Hrsg.): *Maßnahmen zur Umsetzung des Rahmenkonzepts – Neue Informations- und Kommunikationstechnologien in der Schule – Stand April 1987*. Frechen : Sonderdruck des Kultusministers, Ritterbach, April 1987. – Sonderdruck des Kultusministers – Übersicht über laufende und geplante Aktivitäten. KMNW – Der Kultusminister des Landes Nordrhein-Westfalen

[Knoll 1999] KNOLL, Michael: *Die Rezeption der ‹Projektidee‹ in der schulpädagogischen Literatur*. Februar 1999. – Erweiterte Fassung eines Vortrages, gehalten auf dem Professionspolitischen Kongreß der Deutschen Gesellschaft für Erziehungswissenschaft (DGfE) `http://www.fb12.uni-dortmund.de/dgfeDyn/Beitrag.po?ID=317` – geprüft: 4. September 2002

[Koerber und Witten 2005] KOERBER, Bernhard ; WITTEN, Helmut: Grundsätze eines guten Informatikunterrichts. In: *LOG IN* 25 (2005), September, Nr. 135, S. 14–23. – `http://bscw.schule.de/pub/nj_bscw.cgi/S444a5148/d320378/Grundsaetze_guten_Informatikunterrichts.pdf` – geprüft: 22. April 2006. – ISSN 0720–8642

[Koerber 2000] KOERBER, Susanne: *Der Einfluss externer Repräsentationsformen auf proportionales Denken im Grundschulalter*. Berlin, Fachbereich Maschinenbau und Produktionstechnik – Technische Universität, Dissertation, Dezember 2000. – `http://edocs.tu-berlin.de/diss/2000/koerber_susanne.pdf` – geprüft: 26. Juli 2005

[Köhler und Stahl 1984] KÖHLER, Hans ; STAHL, L.-G.: Aktuelle Situation und historisch-kultureller Hintergrund der Computer-Literacy und der Schulinformatik in Schweden – der Computer als Werkzeug. In: **[Arlt und Haefner 1984]**, S. 317–322. – ISBN 3–540–13869–2

[Krämer 1997] KRÄMER, Sybille: Werkzeug – Denkzeug – Spielzeug. Zehn Thesen über unseren Umgang mit Computern. In: **[Hoppe und Luther 1997]**, S. 7–13. – ISBN 3–540–63432–0

[Kuhn 1962] KUHN, Thomas S.: *The Structure of Scientific Revolutions*. Chicago : University, 1962

[Kuhn 1969] KUHN, Thomas S.: *Die Struktur wissenschaftlicher Revolutionen*. 15. Aufl. Reinbek : Rowohlt, 1969. – Originalausgabe [Kuhn 1962]

[Kunter u. a. 2002] KUNTER, Mareike ; SCHÜMER, Gundel ; ARTELT, Cordula ; BAUMERT, Jürgen ; KLIEME, Eckhard ; NEUBRAND, Michael ; PRENZEL, Manfred ; SCHIEFELE, Ulrich ; SCHNEIDER, Wolfgang ; STANAT, Petra ; TILMANN, Klaus-Jürgen ; WEISS, Manfred: . Berlin : Max-Planck-Initiut für Bildungsforschung, März 2002. – `http://edoc.mpg.de/get.epl?fid=3501&did=14414&ver=0` – geprüft: 21. April 2006. – ISBN 3–87985–086–0

[Künzli 1981] KÜNZLI, Rudolf: Differenzierung und Integration im System der Schulfächer bei der Einführung von Informatik. In: *LOG IN* 1 (1981), Nr. 1, S. S. 13–17

[Lethbridge 2000] LETHBRIDGE, Timothy C.: What Knowledge Is Important to a Software Professional? In: *IEEE Computer* 33 (2000), Nr. 5, S. 44–50

[Lindemann 2006] LINDEMANN, Holger: *Konstruktivismus und Pädagogik. Grundlagen, Modelle, Wege zur Praxis*. München : Reinhardt, März 2006. – ISBN 3–497–01843–0

[Linkweiler 2002] LINKWEILER, Ingo: *Eignet sich die Skriptsprache Python für schnelle Entwicklungen im Softwareentwicklungsprozess? – Eine Untersuchung der Programmiersprache Python im softwaretechnischen und fachdidaktischen Kontext*. Dortmund, Universität, Fachbereich Informatik, Fachgebiet Didaktik der Informatik, Diplomarbeit, November 2002. – `http://www.ingo-linkweiler.de/diplom/Diplomarbeit.pdf` – geprüft: 3. Dezember 2002

[Luft 1992] LUFT, Alfred L.: Grundlagen einer Theorie der Informatik: «Wissen» und «Information» bei einer Sichtweise der Informatik als Wissenstechnik. In: [Coy u. a. 1992], S. 49–70. – ISBN 3–528–05263–5

[Magenheim u. a. 1999] MAGENHEIM, Johannes ; SCHULTE, Carsten ; HAMPEL, Thorsten: Dekonstruktion von Informatiksystemen als Unterrichtsmethode – Zugang zu objektorientierten Sichtweisen im Informatikunterricht. In: [Schwill 1999], S. 149–164. – ISBN 3–540–66300–2

[Metz-Göckel und Roloff 2002] METZ-GÖCKEL, Sigrid ; ROLOFF, Christine: Genderkompetenz als Schlüsselqualifikation. April 2002. – http://itgl.informatik.uni-bremen.de/ Gender/metz_goeckel_roloff.PDF – geprüft: 25. Juli 2003

[Meyer 1988] MEYER, Hilbert: Unterrichtsmethoden. Bd. I: Theorieband. 2. Aufl. Frankfurt a. M. : Scriptor Verlag, 1988

[Meyer 1989] MEYER, Hilbert: Unterrichtsmethoden. Bd. II: Praxisband. 2. durchges. Aufl. Frankfurt a. M. : Scriptor Verlag, 1989

[Meyer 2004] MEYER, Hilbert: Materialien hilbert.meyer/download/. April 2004. – enthält u. a. Gruppenpuzzle.pdf http://www.member.uni-oldenburg.de/hilbert.meyer/ download/ – geprüft: 30. Juli 2005

[Moll u. a. 2004] MOLL, Karl-Rudolf ; BROY, Manfred ; PIZKA, Markus ; SEIFERT, Tilman ; BERGNER, Klaus ; RAUSCH, Andreas: Erfolgreiches Management von Software-Projekten. In: Informatik-Spektrum 27 (2004), Oktober, Nr. 5, S. 419–432. – ISSN 0170–6012

[Mössenböck 1992] MÖSSENBÖCK, Hans-Peter: Objektorientierte Programmierung in Oberon-2. 1. Aufl. Berlin : Springer, 1992. – ISBN 3–540–55690–7

[MSW 2005] MSW: Verordnung über den Bildungsgang und die Abiturprüfung in der gymnasialen Oberstufe – APO-GOSt (neu). März 2005. – MSW – Ministerium für Schule und Weiterbildung NRW Bereinigte Fassung (Änderungsverordnung vom 11. Dezember 2004 eingearbeitet) http://www.bildungsportal.nrw.de/BP/Schule/ System/Recht/Vorschriften/APOen/APOGOSt/APOGOSt_neu.pdf – geprüft: 25. Juli 2005

[MSWWF 1999] MSWWF (Hrsg.): Richtlinien und Lehrpläne für die Sekundarstufe II – Gymnasium/Gesamtschule in Nordrhein-Westfalen – Informatik. 1. Aufl. Frechen : Ritterbach Verlag, Juni 1999 (Schriftenreihe Schule in NRW 4725). – MSWWF (Ministerium für Schule und Weiterbildung, Wissenschaft und Forschung des Landes Nordrhein-Westfalen)

[Mulder und van Weert 2000] MULDER, Fred ; WEERT, Tom J.: IFIP/UNESCO Informatics Curriculum Framework 2000 – Building effective higher Education Informatics Curricula in a Situation of Change. Paris : UNESCO, 2000. – IFIP/WG3.2, ICF–2000 http://poe.netlab.csc.villanova.edu/ifip32/ICF2000.htm – geprüft: 8. Oktober 2002

[Müllerburg 2001] MÜLLERBURG, Monika: Abschlußbericht des Projekts AROBIKS-V (Abiturientinnen mit Robotern und Informatik ins Studium – Vorphase) / GMD – Forschungszentrum Informationstechnik. Sankt Augustin, Juli 2001

(REP-AiS-2001-144). – GMD Report. AiS – Autonome intelligente Systeme
`http://www.gmd.de/publications/report/0144/Text.pdf` – geprüft: 2. Juli 2003
(Dateidatum: 19. März 2002)

[Müllerburg, Monika (Hrsg.) 2001] MÜLLERBURG, MONIKA (HRSG.): Abiturientinnen
mit Robotern und Informatik ins Studium. AROBIKS Workshop, Sankt Augustin,
Schloß Birlinghoven, 14.–15. Dezember 2000 / GMD – Forschungszentrum
Informationstechnik. Sankt Augustin, März 2001 (REP-AiS-2001-128). – GMD
Report. AiS – Autonome intelligente Systeme `http://www.gmd.de/publications/`
`report/0128/Text.pdf` – geprüft: 12. April 2006 (Dateidatum: 17. Juli 2001)

[Nake 2001] NAKE, Frieder: AG Semiotische Aufregung: Denn eben wo Begriffe
fehlen .... In: [Nake u. a. 2001], S. 10–14. – `http://tal.cs.tu-berlin.de:`
`80/siefkes/Heppenheim/Heppenheimbericht.pdf` – geprüft: 28. Mai 2003

[Nake u. a. 2001] NAKE, Frieder (Hrsg.) ; ROLF, Arno (Hrsg.) ; SIEFKES, Dirk (Hrsg.):
Informatik: Aufregung zu einer Disziplin. Arbeitstagung mit ungewissem Ausgang.
Berlin : Technische Universität, Dezember 2001 . – `http://tal.cs.tu-berlin.de:`
`80/siefkes/Heppenheim/Heppenheimbericht.pdf` – geprüft: 28. Mai 2003

[Nake u. a. 2005] NAKE, Frieder (Hrsg.) ; ROLF, Arno (Hrsg.) ; SIEFKES, Dirk (Hrsg.)
; Universität (Veranst.): *Informatik zwischen Konstruktion und Verwertung –*
Materialien der 3. Arbeitstagung »Theorie der Informatik« Bad Hersfeld 3. bis
5. 4. 2003. Bremen : Fachbereich Mathematik & Informatik, Juli 2005 (Technische
Berichte 1/04). – `http://www.agis.informatik.uni-bremen.de/ARCHIV/`
`Publikationen/hersfeldbericht03.pdf` – geprüft: 23. April 2006. – ISSN 0722–8996

[Naumann und Richter 2001] NAUMANN, Johannes ; RICHTER, Tobias: Diagnose von
Computer Literacy: Computerwissen, Computereinstellungen und Selbeteinschätzungen
im multivariaten Kontext. In: FRINDTE, Wolfgang (Hrsg.) ; KÖHLER, Thomas (Hrsg.) ;
MARQUET, Pasqual (Hrsg.) ; NISSEN, Elke (Hrsg.): *Internet-based teaching and learning*
(IN-TELE) 99. Proceedings of IN-TELE 99 / IN-TELE 99 Konferenzbericht Bd. 3.
Frankfurt/M. : Lang, 2001. – ISBN 3–631–37540–9, S. 295–302

[Nettelnstroth 2003] NETTELNSTROTH, Wim: *Intelligenz im Rahmen der beruflichen*
Tätigkeit. Zum Einfluss von Intelligenzfacetten, Personenmerkmalen und Organisa-
tionsstrukturen. Berlin, Fachbereich Erziehungswissenschaft und Psychologie, Freie
Universität, Dissertation, Februar 2003. – `http://www.diss.fu-berlin.de/2003/49/` –
geprüft: 11. Juni 2004

[von Neumann 1945] NEUMANN, John von: First Draft of a Report on the EDVAC. In:
University of Pennsylvania (1945), June. – `http://qss.stanford.edu/~godfrey/`
`vonNeumann/vnedvac.pdf` – geprüft: 6. Janar 2004

[Nievergelt 1991] NIEVERGELT, Jürg: *Was ist Informatik-Didaktik?* Oldenburg : Universität,
1991. – Sonderdruck 4. Fachtagung »Informatik und Schule«, Oldenburg, 7. bis
9. Oktober 1991

[Nievergelt 1995] NIEVERGELT, Jürg: Welchen Wert haben theoretische Grundlagen für
die Berufspraxis? Gedanken zum Fundament des Informatik-Turms. In: *Informatik*
Spektrum 18 (1995), Dezember, Nr. 6, S. 342–344. – ISSN 0170–6012

[Norris u. a. 2002] NORRIS, Cathleen ; SOLOWAY, Elliot ; SULLIVAN, Terry: Examining 25 years of technology in U.S. education. In: *Comm. ACM* 45 (2002), August, Nr. 8, S. 15–18. – Column: Log on education

[Nygaard 1986] NYGAARD, Kristen: Program Development as a Social Activity. In: KUGLER, H.-J. (Hrsg.): *Information Processing 86*. North-Holland : Elsevier Science Publishers B.V., September 1986 (Proceedings from the IFIP 10th World Computer Congress, Dublin, Ireland, September 1-5, 1986). – http: //www.ifi.uio.no/~kristen/PDF_MAPPE/F_PDF_MAPPE/F_IFIP_86.pdf – geprüft: 14. Juli 2002, S. 189–198

[Oechtering 2001] OECHTERING, Veronika: *Frauen in der Geschichte der Informationstechnik*. Bremen : Universität – Fachbereich 3 – Mathematik und Informatik, Dezember 2001. – unter Mitarbeit von Ingrid Rügge, Karin Diegelmann, Friederike Riemann, Kirsten Steppat, Gunhild Tuschen und Tanja Voigt – http://www.frauen-informatik-geschichte.de/ – geprüft: 21. Juli 2003

[Oevermann 1983] OEVERMANN, Ulrich: Hermeneutische Sinnrekonstruktion: Als Therapie und Pädagogik mißverstanden, oder: das notorische strukturtheoretische Defizit pädagogischer Wissenschaft. In: GARZ, Detlev (Hrsg.) ; KRAIMER, Klaus (Hrsg.): *Brauchen wir andere Forschungsmethoden?* Frankfurt a.M. : Scriptor, 1983. – ISBN 3–589–20816–3, S. 113–155

[Oevermann 1996] OEVERMANN, Ulrich: Theoretische Skizze einer revidierten Theorie professionalisierten Handelns. In: COMBE, Arno (Hrsg.) ; HELSPER, Werner (Hrsg.): *Pädagogische Professionalität. Untersuchungen zum Typus pädagogischen Handeln.* Frankfurt a.M. : Suhrkamp, 1996 (stw 1230). – ISBN 3–518–28830–X, S. 70–182

[Padawitz 2000] PADAWITZ, Peter: *Einführung ins funktionale Programmieren – Vorlesungsskriptum Sommersemester 1999*. Dortmund : Universität, 2000. – LV Grundlagen und Methoden funktionaler Programmierung http://ls5-www.cs. uni-dortmund.de/padawitz.html

[Parnas 1986] PARNAS, David L.: Software Wars. Offener Brief an Mr. H. Offut, Ministerium für Verteidigung, Washington. In: *Kursbuch 83, Rotbuch Verlag, Berlin* (1986), März, S. 49–69. – Aus dem Amerikanischen von Philip Bacon

[Parnas 1987] PARNAS, David L.: Warum ich an SDI nicht mitarbeite: Eine Auffassung beruflicher Verantwortung. In: *Informatik-Spektrum* 10 (1987), Februar, Nr. 1, S. 3–10

[Parnas 1990] PARNAS, David L.: Education for Computing Professionals. In: *IEEE Computer* 23 (1990), Nr. 1, S. 17–22

[Pawlowski 2002] PAWLOWSKI, Jan M.: Modellierung didaktischer Konzepte. In: SCHUBERT, Sigrid (Hrsg.) ; REUSCH, Bernd (Hrsg.) ; JESSE, Norbert (Hrsg.): *Informatik bewegt – Informatik 2002, 32. Jahrestagung der GI 30. Sept. – 3. Okt. 2002 in Dortmund.* Bonn : Köllen Druck + Verlag GmbH, Oktober 2002 (GI-Edition – Lecture Notes in Informatics – Proceedings P-19). – http://www.rz.uni-frankfurt.de/neue_medien/ standardisierung/pawlowski_text.pdf – geprüft: 12. Oktober 2002, S. 369–374

[Pennington 1987] PENNINGTON, Nancy: Comprehension strategies in programming. In: *Empirical studies of programmers: second workshop*. Norwood, NJ, USA : Ablex Publishing Corp., 1987. – ISBN 0–89391–461–4, S. 100–113

[Perrochon 1996] PERROCHON, Louis: *School goes Internet: das Buch für mutige Lehrerinnen und Lehrer.* 1. Aufl. Heidelberg : dpunkt, 1996. – 2. Auflage: http://www.perrochon.com/SchoolGoesInternet/sgi.pdf – geprüft: 19. Juli 2005. – ISBN 3–932588–47–9

[Peschke 1989] PESCHKE, Rudolf: Die Krise des Informatikunterrichts in den neunziger Jahren. In: STETTER, Franz (Hrsg.) ; BRAUER, Wilfried (Hrsg.): *Informatik und Schule 1989: Zukunftsperspektiven der Informatik für Schule und Ausbildung.* Berlin, Heidelberg : Springer, 1989 (Informatik-Fachberichte 220). – ISBN 3–540–51801–0, S. 89–98

[Petri 1983] PETRI, Carl A.: Zur 'Vermenschlichung' des Computers. In: *Der GMD-Spiegel* (1983), Nr. 3/4, S. 42–44. – ISSN 0724–4339

[Pólya 1967] PÓLYA, George: *Vom Lösen mathematischer Aufgaben.* Bd. 1 und 2. Basel : Birkhäuser, 1966, 1967

[Postel 1982] POSTEL, Jonathan B. *RFC 821 – Simple Mail Transfer Protocol.* http://www.faqs.org/rfcs/rfc821.html. August 1982

[Puhlmann 2003] PUHLMANN, Hermann: Informatische Literalität nach dem PISA-Muster. In: **[Hubwieser 2003]**, S. 145–154. – http://bscw.schule.de/pub/nj_bscw.cgi/S444a5148/d182025/Informatische_Literalitaet_PISA_Puhlmann_INFOS03.pdf – geprüft: 22. April 2006. – ISBN 3–88579–361–X

[Puhlmann 2004] PUHLMANN, Hermann: Informatische Literalität nach dem PISA-Muster und ihre Operationalisierung durch Test-Items. In: *informatica didactica* (2004), August, Nr. 6. – http://ddi.cs.uni-potsdam.de/InformaticaDidactica/Puhlmann2004.pdf – http://didaktik.cs.uni-potsdam.de/InformaticaDidactica/Issue6 Ausgewählte Beiträge der Tagung »INFOS2003 – 10. GI-Fachtagung Informatik und Schule, München«. – ISSN 1615–1771

[Puhlmann 2005a] PUHLMANN, Hermann: Bildungsstandards Informatik – zwischen Vision und Leistungstests. In: **[Friedrich 2005]**, S. 79–89. – ISBN 3–88579–389–X

[Puhlmann 2005b] PUHLMANN, Hermann: Standards für die Schulinformatik. In: *LOG IN* 25 (2005), September, Nr. 135, S. 10–13. – ISSN 0720–8642

[Puhlmann 2005c] PUHLMANN, Hermann: Standards-orientierte Aufgaben. In: *LOG IN* 25 (2005), September, Nr. 135, S. 29–31. – ISSN 0720–8642

[Reiff u. a. 2001] REIFF, Isabelle ; SCHINZEL, Britta ; BEN, Ester R.: Die Professionalisierung der Informatik in Deutschland. In: **[Nake u. a. 2001]**, S. 67–68. – http://tal.cs.tu-berlin.de:80/siefkes/Heppenheim/Heppenheimbericht.pdf – geprüft: 28. Mai 2003

[Reiser und Wirth 1994] REISER, Martin ; WIRTH, Niklaus: *Programmieren in Oberon: Das neue Pascal.* New York : ACM Press, 1994

[Reynolds 2001] REYNOLDS, Alastair: *Unendlichkeit.* München : Heyne, Dezember 2001. – Titel der englischen Originalausgabe: Relevation Space, Orion Books Ltd., London – übersetzt von Irene Holicki. – ISBN 3–453–18787–3

[Rieback u. a. 2006] RIEBACK, Melanie R. ; CRISPO, Bruno ; TANENBAUM, Andrew S.:
Is Your Cat Infected with a Computer Virus? In: *PerCom– Fourth Annual
IEEE International Conference on Pervasive Computing and Communications,
Pisa - Italy, 13–17 March 2006* IEEE, IEEE CS press, march 2006. – http:
//www.rfidvirus.org/papers/percom.06.pdf – geprüft: 14. April 2006

[Robson 1981] ROBSON, David: Object-Oriented Software Systems. In: *Byte* 6 (1981),
August, Nr. 8, S. 74–86

[Rojas u. a. 2000] ROJAS, Raúl ; GÖKTEKIN, Cüneyt ; FRIEDLAND, Gerald ; KRÜGER,
Mike ; SCHARF, Ludmila ; KUNISS, Denis ; LANGMACK, Olaf: Konrad Zuses
Plankalkül – Seine Genese und eine moderne Implementierung / Freie Universität
Berlin – Institut für Informatik and Transformal/Feinarbeit. FB Mathematik
und Informatik Takustr. 9 14195 Berlin, 2000. – Forschungsbericht. http:
//www.zib.de/zuse/Inhalt/Programme/Plankalkuel/Genese/Genese.pdf – geprüft:
11. Juli 2002

[Rose 1988] ROSE, Marshall. *RFC 1081 – Post Office Protocol – Version 3.* http:
//www.faqs.org/rfcs/rfc1081.html. November 1988

[Rosenbach 2003] ROSENBACH, Manfred: *Grundformen des Lernens und Lehrens.* Januar
2003. – http://bebis.cidsnet.de/weiterbildung/sps/allgemein/bausteine/
gestaltung/grundformen.htm – geprüft: 4. Juli 2005

[Rüddigkeit u. a. 2005] RÜDDIGKEIT, Volker ; KABERICH, Günther ; STEIGERWALD,
Friedhelm ; KUHLEY, Klaus ; KIRCHNER, Herbert: *Der IT-Beauftragte in hessischen
Schulen.* April 2005. – http://medien.bildung.hessen.de/support/itbw – geprüft:
15. Mai 2005

[Schinzel und Ruiz Ben 2002] SCHINZEL, Britta ; RUIZ BEN, Ester: *Gendersensitive
Gestaltung von Lernmedien und Mediendidaktik: von den Ursachen für ihre
Notwendigkeit zu konkreten Checklisten.* 2002. – http://mod.iig.uni-freiburg.
de/users/schinzel/publikationen/Info+Gesell/PS/BMBFGenderNM.pdf – geprüft:
28. Juli 2005

[Schmidkunz und Lindemann 1976] SCHMIDKUNZ, Heinz ; LINDEMANN, Helmut: *Das
forschend-entwickelnde Unterrichtsverfahren.* 1. Aufl. München : List Verlag, 1976.
2. Aufl. 1981 – 1992 im Verlag Westarp Wissenschaften, Essen veröffentlicht

[Schneider 2004] SCHNEIDER, Werner: *Differentielle und Persönlichkeitspsychologie
im Kontext der Schule. Vorlesung Pädagogische Psychologie II – Intelligenz und
Begabung I (Intelligenzmessung und Intelligenzmodelle) – Folienskript.* Mai 2004. –
http://www.psychologie.uni-wuerzburg.de/i4pages/Download/Schneider_Lehramt/
SS04/05-18-04.pdf – geprüft: 12. Juni 2004

[Schöning 2002] SCHÖNING, Uwe: *Ideen der Informatik. Grundlegende Modelle und Konzepte.*
München, Wien : Oldenbourg, 2002. – ISBN 3–486–25899–0

[Schrape und Heilmann 2000] SCHRAPE, Klaus ; HEILMANN, Till A.: *Abschlussbericht
zum Projektseminar: »Internet-Einsatz in der Hochschullehre« – Ergebnisse und
Empfehlungen.* April 2000. – http://www.germa.unibas.ch/kmw/schriften/
internetbericht.PDF – geprüft: 5. Mai 2003

[Schubert 1995] SCHUBERT, Sigrid (Hrsg.): *Innovative Konzepte für die Ausbildung*. Berlin, Heidelberg : Springer, 1995 (Informatik aktuell)

[Schulmeister 2002] SCHULMEISTER, Rolf: *Grundlagen hypermedialer Lernsysteme. Theorie – Didaktik – Design*. 3. Aufl. München, Wien : Oldenbourg, 2002

[Schulte 2004] SCHULTE, Carsten: *Lehr- Lernprozesse im Informatik-Anfangsunterricht: theoriegeleitete Entwicklung und Evaluation eines Unterrichtskonzepts zur Objektorientierung in der Sekundarstufe II*, Universität Paderborn, Didaktik der Informatik, Fakultät für Elektrotechnik, Informatik und Mathematik, Dissertation, März 2004. – http://ubdata.uni-paderborn.de/ediss/17/2003/schulte/disserta.pdf – geprüft: 9. April 2005

[Schumacher u. a. 2000] SCHUMACHER, Markus ; MOSCHGATH, Marie-Luise ; ROEDIG, Utz: Angewandte Informationssicherheit – Ein Hacker-Praktikum an Universitäten. In: *Informatik Spektrum* 23 (2000), Juni, Nr. 3, S. 202–211. – http://www.ito.tu-darmstadt.de/publs/pdf/InformatikSpektrum2000.pdf – geprüft: 25. November 2004. – ISSN 0170–6012

[Schwill 1993] SCHWILL, Andreas: Fundamentale Ideen der Informatik. In: *ZDM* 25 (1993), Nr. 1, S. 20–31. – ZDM – Zentralblatt für Didaktik der Mathematik http://www.informatikdidaktik.de/Forschung/Schriften/ZDM.pdf – geprüft: 30. April 2003. – ISSN 0044–4103

[Schwill 1999] SCHWILL, Andreas (Hrsg.): *Informatik und Schule – Fachspezifische und fachübergreifende didaktische Konzepte*. Berlin : Springer, September 1999 (Informatik aktuell). – ISBN 3–540–66300–2

[Sekretariat der KMK 2004a] SEKRETARIAT DER KMK: *Standards für die Lehrerbildung: Bericht der Arbeitsgruppe*. Oktober 2004a. – KMK – Ständige Konferenz der Kultusminister der Länder in der Bundesrepublik Deutschland http://www.kmk.org/Lehrerbildung-Bericht%20der%20AG.pdf – geprüft: 10. April 2006

[Sekretariat der KMK 2004b] SEKRETARIAT DER KMK: *Standards für die Lehrerbildung: Bildungswissenschaften*. Dezember 2004b. – KMK – Ständige Konferenz der Kultusminister der Länder in der Bundesrepublik Deutschland http://www.kmk.org/doc/beschl/standards_lehrerbildung.pdf – geprüft: 5. Juni 2005

[Sesink 2005] SESINK, Werner: Wozu Informatik? Ein Antwortversuch aus pädagogischer Sicht. In: **[Nake u. a. 2005]**, S. 59–62. – http://www.agis.informatik.uni-bremen.de/ARCHIV/Publikationen/hersfeldbericht03.pdf – geprüft: 23. April 2006. – ISSN 0722–8996

[Shaw 1992] SHAW, Mary: *We Can Teach Software Better*. September 1992. – Computing Research News, 4, 4, September 1992, pp. 2, 3, 4, 12; Reprinted in Journal of Computer Science Education, 7, 3, Spring 1993, pp. 4-7 http://spoke.compose.cs.cmu.edu/shaweb/edparts/crn.htm – geprüft 4. August 2002

[Siefkes 2001] SIEFKES, Dirk: Informatikobjekte enstehen durch Hybridisierung. Techniken der Softwareentwicklung und Entwicklung der Softwaretechnik. In:

BAUKNECHT, Kurt (Hrsg.) ; BRAUER, Wilfried (Hrsg.) ; MÜCK, Thomas (Hrsg.):
*Informatik 2001: Wirtschaft und Wissenschaft in der Network Economy? Visionen
und Wirklichkeit – Tagungsband.* Berlin : Springer, September 2001. – http:
//tal.cs.tu-berlin.de/siefkes/texte/2002/Eso.html – geprüft: 28. Mai 2003, S.
798–803

[Siefkes 2005] SIEFKES, Dirk: *Informatikmuster als Grundstock für eine Theorie der
Informatik.* März 2005. – http://tal.cs.tu-berlin.de/siefkes/texte/2005/
Infmust_050314.pdf – geprüft: 2. April 2005

[Spohrer u. a. 1985] SPOHRER, James C. ; POPE, E. ; LIPMAN, M. ; SACK, W. ; FREIMAN, S.
; LITTMAN, D. ; JOHNSON, L. ; SOLOWAY, Elliot: Bug Catalogue: II, III, IV / Yale
University Department of Computer Science. 1985 (386). – Forschungsbericht

[Spohrer und Soloway 1986] SPOHRER, James C. ; SOLOWAY, Elliot: Novice mistakes: arc
the folk wisdoms correct? In: *Comm. ACM* 29 (1986), July, Nr. 7, S. 624–632. –
http://doi.acm.org/10.1145/6138.6145

[Stangl 2004] STANGL, Werner: *[stangl] test & experiment/test: arten.* Mai 2004. –
http://www.stangl-taller.at/TESTEXPERIMENT/testarten.html – geprüft:
11. Juni 2004

[Steinbuch 1957] STEINBUCH, Karl. Informatik: Automatische Informationsverarbeitung.
In: *SEG-Nachrichten (Technische Mitteilungen der Standard Elektrik Gruppe) –
Firmenzeitschrift* (1957), Nr. 4, S. 171

[Sternberg u. a. 1981] STERNBERG, Robert J. ; CONWAY, B. ; BERNSTEIN, M. ; KETRON,
J. C.: Peoples Conceptualisations of Intelligence. In: *Journal of Personality and Social
Psychology* (1981), S. pp. 37–55. – ISSN 0022–3514

[Terhart 2000a] TERHART, Ewald (Hrsg.): *Perspektiven der Lehrerbildung in Deutschland.
Abschlussbericht der von der Kultusministerkonferenz eingesetzten Kommission.*
Weinheim : Beltz Verlag, 2000a (Pädagogik). – Im Auftrag der Kommission
herausgegeen von Ewald Terhart

[Terhart 2000b] TERHART, Ewald: Schüler beurteilen – Zensuren geben. In: BEUTEL,
Silvia-Iris (Hrsg.) ; VOLLSTÄDT, Witlof (Hrsg.): *Leistung ermitteln und bewerten.*
Hamburg : Bergmann + Helbig, Januar 2000b. – ISBN 3–925–83648–9, S. 39–50

[Theis 2003] THEIS, Jürgen: *Untersuchungen zur Schulqualität. BiJu, IGLU/PIRLS, LAU,
PISA, TIMSS und ähnliche Untersuchungen.* Dortmund : GGG Landesverband
Nordrhein-Westfalen (Arbeitskreis Gesamtschule in NRW e.V.), April 2003
(GGG aktuell). – GGG – Gemeinnützige Gesellschaft Gesamtschule e. V. http:
//www.GGG-NRW.de/Qual/QualMain.html – geprüft: 2. Juni 2003

[Thomas 1998] THOMAS, Marco: *Leistungsmessung im projektorientiertem Informatikunterricht.* März 1998. – http://ddi.cs.uni-potsdam.de/HyFISCH/Arbeitsgruppen/PLIB/
Projektarbeit-Modul4/Materialien/Leistungsbewertung.htm – geprüft: 25. Juli 2005

[Thomas 2002] THOMAS, Marco: *Informatische Modellbildung – Modellieren von
Modellen als ein zentrales Element der Informatik für den allgemeinbildenden
Schulunterricht,* Universität Potsdam Didaktik der Informatik, Dissertation, Juli 2002.

- http://ddi.cs.uni-potsdam.de/Personen/marco/Informatische_Modellbildung_ Thomas_2002.pdf – geprüft: 26. Dezember 2002

[Thorndike 1920] THORNDIKE, Edward L.: Intelligence and its uses. In: *Harper's Magazine* (1920), Nr. 140, S. 227–235

[Tischer 1998] TISCHER, Ute: Neue Beschäftigungsfelder und weibliche Qualifikationspotentiale. In: WINKER, Gabriele (Hrsg.) ; OECHTERING, Veronika (Hrsg.): *Computernetze – Frauenplätze. Frauen in der Informationsgesellschaft.* Opladen : Leske+Budrich, 1998. – http://www.fh-furtwangen.de/~winkerg/veroeff.htm, S. 33–55

[Traub 2004] TRAUB, Silke: *Unterricht kooperativ gestalten. Hinweise und Anregungen zum kooperativen Lernen in Schule, Hochschule und Lehrerbildung.* 1. Aufl. Bad Heilbrunn : Klinkhardt, 2004 (Erziehen und Unterrichten in der Schule). – ISBN 3–7815–1337–8

[Varela 1990] VARELA, Francisco J. ; BAECKER, Dirk (Hrsg.): *Kognitionswissenschaft, Kognitionstechnik: eine Skizze aktueller Perspektiven.* 1. Aufl. Frankfurt a. M. : Suhrkamp Verlag, 1990 (suhrkamp taschenbuch wissenschaft 882). – Originaltitel: Cognitive Science. A Cartography of Current Ideas 1988, übersetzt von Wolfram Karl Köck

[Vessey und Conger 1994] VESSEY, Iris ; CONGER, Sue A.: Requirements Specification: Learning Object, Process, and Data Methodologies. In: *Comm. ACM* 37 (1994), Nr. 5, S. 102–113. – ISSN 0001–0782

[Vollmar 2000] VOLLMAR, Roland: Von Zielen und Grenzen der Informatik / Universität Karlsruhe (TH). 2000. – Bericht. leicht erweiterte Fassung des zur 10-Jahres-Feier der Technischen Fakultät der Universität Bielefeld eingeladenen und am 12.5.2000 gehaltenen Vortrages http://www.ubka.uni-karlsruhe.de/vvv/ira/2000/14/14.pdf – geprüft: 28. Mai 2003

[Volmerg u. a. 1996] VOLMERG, Birgit ; CREUTZ, Annemarie ; REINHARDT, Margarethe ; EISELEN, Tanja: *Ohne Jungs ganz anders? Geschlechterdifferenz und Lehrerrolle am Beispiel eines Schulversuchs.* Bielefeld : KleineVerlag, 1996

[Wagenschein 1976] WAGENSCHEIN, Martin: Rettet die Phänomene! (Der Vorrang des Unmittelbaren). In: *Scheidewege* 6 (1976), Nr. 1, S. 76–93

[van Weert 1984] WEERT, Tom J.: Basislehrgang Informatik – »Bürgerinformatik« für alle Schüler. In: **[Arlt und Haefner 1984]**, S. 47–56. – ISBN 3–540–13869–2

[van Weert u. a. 2000] WEERT, Tom J. ; BÜTTNER, Yvonne ; FULFORD, Catherine ; KENDALL, Mike ; DUCHÂTEAU, Charles ; HOGENBIRK, Pieter ; MOREL, Raymond ; IFIP (Hrsg.) ; UNESCO (Hrsg.): *Information and Communication Technology in Secondary Education – A Curriculum for Schools.* Original 1994. Paris : UNESCO, November 2000. – http://wwwedu.ge.ch/cptic/prospective/projets/unesco/ en/curriculum2000.pdf : Produced by working party of the IFIP under auspices of UNESCO. Paris

[Weicker 2003] WEICKER, Nicole: *Didaktik der Informatik – Abschnitt 4 – Lernziele.* Juli 2003. – Folienskript – verfügbar unter http://www.fmi.uni-stuttgart.de/fk/lehre/ ss03/didaktik/lernziele.pdf – geprüft: 5. Dezember 2003

[Weizenbaum 1977] WEIZENBAUM, Joseph: *Die Macht der Computer und die Ohnmacht der Vernunft*. Frankfurt a. M. : Suhrkamp Verlag, 1977. – ISBN 3–518–06738–9

[Weizenbaum 1992] WEIZENBAUM, Joseph: Die Sprache des Lernens. In: WENDT, Gunna (Hrsg.) ; KLUG, Franz (Hrsg.): *Computermacht und Gesellschaft – Freie Reden*. Frankfurt a. M. : Suhrkamp Verlag, September 1992. – ISBN 3–518–29155–6, S. 72–79

[von Weizsäcker 1971] WEIZSÄCKER, Carl F.: *Die Einheit der Natur*. München : Carl Hanser Verlag, 1971

[Westram 1999] WESTRAM, Hiltrud: Schule und das neue Medium Internet – nicht ohne Lehrerinnen und Schülerinnen! Universität Dortmund – Fachbereich Erziehungswissenschaften und Biologie. Januar 1999. – Dissertation http://eldorado.uni-dortmund.de/FB12/inst3/forschung/1999/westram – geprüft: 25. November 2004

[Wiedenbeck und Ramalingam 1999] WIEDENBECK, Susan ; RAMALINGAM, Vennila: Novice comprehension of small programs written in the procedural and object-oriented styles. In: *Int. J. Human-Computer Studies* (1999), Nr. 51, S. 71–87. – http://folk.uio.no/christho/inf3240/downloads/WiedenbeckNovice.pdf – geprüft: 26. Juli 2005

[Wirth 1971] WIRTH, Niklaus: Program Development by Stepwise Refinement. In: *Comm. ACM* 14 (1971), April, Nr. 4, S. 221–227

[Wirth 1999] WIRTH, Niklaus: An Essay on Programming / Eidgenössische Technische Hochschule, Institut für Computersysteme. Zürich, March 1999 (315). – Forschungsbericht

[Witten 2003] WITTEN, Helmut: Allgemeinbildender Informatikunterricht? Ein neuer Blick auf H. W. Heymanns Aufgaben allgemeinbildender Schulen. In: **[Hubwieser 2003]**, S. 59–75. – http://bscw.schule.de/pub/nj_bscw.cgi/S444a5148/d160688/Allgemeinbildender_Informatikunterricht.pdf – geprüft: 22. April 2006. – ISBN 3–88579–361–X

[Wittmann 1981] WITTMANN, Erich C.: *Grundfragen des Mathematikunterrichts*. 6. neu bearbeitete Aufl. Braunschweig : Friedrich Vieweg, 1981

[Zwick und Renn 2000] ZWICK, Michael M. ; RENN, Ortwin: *Die Attraktivität von technischen und ingenieurwissenschaftlichen Fächern bei der Studien- und Berufswahl junger Frauen und Männer*. Stuttgart : Akademie für Technikfolgenabschätzung in Baden-Württemberg, 2000

Personenverzeichnis

Stichwortverzeichnis

Seitenzahlen, auf denen ein Begriff definiert oder [näher] erklärt wird (auch in Form eines Abschnitts) sind fett gedruckt. Bezeichungen für Kapitel (und Anhänge) wurden in das Stichwortverzeichnis aufgenommen. Zur Unterscheidung von anderen Stichworten werden sie fett gedruckt.

Teubner Lehrbücher: einfach clever

Dietrich Boles

Programmieren spielend gelernt mit dem Java-Hamster-Modell

3., überarb. u. erw. Aufl. 2006. 394 S.
mit 186 Abb. Br. EUR 24,90
ISBN 3-8351-0064-5

Grundlagen: Programmierung - Programmier-sprachen - Programmentwicklung - Computer - Aussagenlogik - Imperative Programmie-rung: Grundlagen des Hamster-Modells - Anweisungen und Programme - Prozeduren - Auswahlanweisungen - Wiederholungsanwei-sungen - Boolesche Funktionen - Programm-entwurf - Boolesche Variablen - Zahlen, Varia-blen und Ausdrücke - Prozeduren und Funk-tionen - Funktionsparameter - Rekursion

Mit dem Hamster-Modell wird Programmier-anfängern ein einfaches aber mächtiges Modell zur Verfügung gestellt, mit dessen Hilfe Grundkonzepte der Programmierung auf spielerische Art und Weise erlernt wer-den.

Stand Juli 2006.
Änderungen vorbehalten.
Erhältlich im Buchhandel
oder beim Verlag.

B. G. Teubner Verlag
Abraham-Lincoln-Straße 46
65189 Wiesbaden
Fax 0611.7878-400
Teubner www.teubner.de

Teubner Lehrbücher: einfach clever

Matthias Schubert

Datenbanken

Theorie, Entwurf und
Programmierung
relationaler Datenbanken

2004. 352 S. Br. EUR 29,90
ISBN 3-519-00505-0

Einführungen aus der Sicht der Anwender,
aus der Sicht der Theoretiker und aus der
Sicht der Programmierer - Der Aufbau einer
Beispieldatenbank Schritt für Schritt - Relatio-
nale Theorie - Index- und Hashverfahren zur
Optimierung von Datenbankzugriffen - Ein
eigenständiger SQL-Kurs - Analyse und
Design von Datenstrukturen und Tabellen -
Transaktionen, Recovery und Konkurrierende
Zugriffe

Was sind Datenbanken, wie entwirft man
eigene Datenbanken und wie kann man mit
ihnen optimal arbeiten? Lebendig und umfas-
send führt Sie dieses Buch in die Grundlagen
von Theorie, Programmierung und dem Entwurf relationaler Datenbanken ein. Aus verschiedenen Perspektiven von Anwendern,
Programmierern und Datenbankadministra-
toren werden die unterschiedlichsten Anforderungen beleuchtet und ein umfassendes
Verständnis für die Problematik geweckt.
Eine übersichtliche Grafik dient als Wegwei-
ser durch das Buch. An jedem Kapitelende
finden Sie neben zahlreichen Fragen und
Aufgaben ausführliche Zusammenfassungen
zur Wiederholung und Intensivierung des
Stoffes. Auf der Homepage zum Buch stehen
alle Beispieldateien zum Download bereit.

Stand Juli 2006.
Änderungen vorbehalten.
Erhältlich im Buchhandel
oder beim Verlag.

B. G. Teubner Verlag
Abraham-Lincoln-Straße 46
65189 Wiesbaden
Fax 0611.7878-400
www.teubner.de

Printed in the United States
By Bookmasters